烟草行业
实验室安全管理要求
技术指南

YANCAO HANGYE
SHIYANSHI ANQUAN GUANLI YAOQIU JISHU ZHINAN

主　编　胡清源　蔡汉力　汪洪焦　杨　进
副主编　徐远卓　陈　宸　杨国涛　张　翼　刘　洋
　　　　陈玉松　骆　震　刘国愈　刘　锋　徐　畅
　　　　张其东　林叶春　黄广川　杨　雪　贾云帧
　　　　崔　晨　王易鹏　王　迪　王永胜　潘立宁
　　　　孙　凯　徐杨斌

华中科技大学出版社
http://press.hust.edu.cn
中国·武汉

内 容 提 要

为使烟草企业实验室安全管理部门、相关企事业单位及相关人员更好地理解、掌握《烟草行业实验室安全管理要求》(YC/T 591—2021),指导烟草企业实验室按照新要求开展安全管理工作,深入推进安全生产标准化建设,特编写了本书。本书对《烟草行业实验室安全管理要求》(YC/T 591—2021)的条文进行逐条解释说明,说明制定该条款的目的、依据,执行中应注意的问题,以及相关的知识及能力拓展,以便初学者能够尽快理解、掌握各条款内容。

图书在版编目(CIP)数据

烟草行业实验室安全管理要求技术指南 / 胡清源等主编. -- 武汉 : 华中科技大学出版社,2025. 5. -- ISBN 978-7-5772-1706-2

Ⅰ. TS41-33

中国国家版本馆 CIP 数据核字第 2025BW5527 号

烟草行业实验室安全管理要求技术指南
Yancao Hangye Shiyanshi Anquan Guanli
Yaoqiu Jishu Zhinan

胡清源　蔡汉力
汪洪焦　杨　进　主编

策划编辑:吴晨希
责任编辑:王炳伦
封面设计:原色设计
责任校对:李　琴
责任监印:朱　玢
出版发行:华中科技大学出版社(中国·武汉)　　电话:(027)81321913
　　　　　武汉市东湖新技术开发区华工科技园　　邮编:430223
录　　排:华中科技大学惠友文印中心
印　　刷:武汉科源印刷设计有限公司
开　　本:710mm×1000mm　1/16
印　　张:21
字　　数:400 千字
版　　次:2025 年 5 月第 1 版第 1 次印刷
定　　价:98.00 元

前言
PREFACE

　　实验室是开展科技创新活动的重要场所,实验室培养已成为科技人才成长的重要渠道。近年来,社会经济的快速发展和科技、教育水平的日益提高促进了实验室软硬件建设,使得实验室场地规模不断扩大,仪器设备及试剂药品日益增多,科研活动愈加频繁,实验室人员流动性加大,这些均对实验室安全管理提出了新的要求,迫切需要改革现有的管理体制。尽管实验室事故在事故类型、发生原因、危险物质类别等方面存在差异,但其发生的根本原因是实验室安全管理机制不健全、管理制度不到位造成的安全管理不善。实验室安全事故频发,为实验室安全管理敲响了警钟,加强实验室安全管理,提高安全管理水平,确保其安全平稳运行已成为实验室管理部门的一项重要任务。

　　回顾中国烟草科技发展历程,烟草行业的科技创新为提升烟草质量提供了保障,烟草行业实验室是行业技术创新的核心部门。烟草行业实验室作为烟草科技创新的重要场所,其安全平稳运行至关重要。随着国家和烟草行业对安全生产认识程度的不断提高,烟草行业组织编制了烟草行业实验室安全管理相关的标准、规范、规定,为确保实验室安全运行奠定了基础。

　　2021年,国家烟草专卖局发布了《烟草行业实验室安全管理要求》(YC/T 591—2021)(以下简称《要求》)。为使烟草企业实验室安全管理部门、相关企事业单位及相关人员更好地理解、掌握《要求》,指导烟草企业实验室按照新要求开展安全管理工作,深入推进安全生产标准化建设,特编写了本书。

　　本书对《要求》的条文进行逐条解释说明,说明制定该条款的目的、依据,执行中应注意的问题,以及相关的知识和能力拓展,以便初学者能够尽快理解、掌握条款内容,避免查阅相关文献资料。

　　本书采用不同字体将标准条文及注解部分加以区分,层次分明,阅读方便。

　　本书可供烟草企业安全管理部门、实验室安全管理部门、烟草行业科研人员及科研辅助人员,相关企事业单位及相关人员在实施安全生产标准化中进行参考,也可供有关单位进行烟草企业实验室安全管理教育培训使用。

本书在编写和审定过程中,得到了烟草企业实验室主管部门的大力支持和帮助,在此一并表示感谢。

由于编写时间有限,书中难免存在不妥之处,敬请广大读者给予指正。

编者

2024 年 8 月

目录
CONTENTS

第一章

绪论

本章对《要求》的"引言"部分及"1 范围"部分进行解读说明。

> 引言
>
> 《烟草行业实验室安全管理要求》是以《安全生产法》《消防法》《职业病防治法》和《危险化学品安全管理条例》等为指导,结合烟草行业实验室安全管理的实际要求而编制的。
>
> 《烟草行业实验室安全管理要求》编制的目的是贯彻"安全第一、预防为主、综合治理"安全生产管理工作方针,提供烟草行业实验室安全管理标准化、科学化、规范化的管理依据,是保证烟草行业实验室安全管理体系有效运行的技术支持,从而使烟草行业实验室的风险处于可控状态,持续提升烟草行业整体的实验室安全生产管理水平。

【解读】 本部分明确了《要求》制定的依据、目的及意义。

安全生产是关乎国计民生以及行业发展的重要前提之一,习近平总书记针对安全生产提出了"发展决不能以牺牲人的生命为代价,这必须作为一条不可逾越的红线"的红线意识。2021 年 9 月 1 日,新《安全生产法》已经通过了全国人大常委会审议并正式实施,进一步明确了企业安全责任主体,加大了对责任主体的事故惩罚力度,某种意义上是对烟草行业的安全生产管理提出了更高的要求。目前,烟草行业实验室安全管理的研究相对落后于行业工商企业安全管理的步伐,而针对烟草行业实验室安全管理标准规范方面的研究仍是一项空白。随着烟草行业工商企业安全管理标准体系建设的实施和推动,实验室安全管理水平提升的必要性更加凸显。

（1）目的。

实验室作为烟草行业科技发展的关键部门,其安全管理状况至关重要,为确

保实验室安全,保障科研活动的正常有序进行,本项目研究的最终成果《烟草行业实验室安全管理要求》(YC/T 591—2021)将起到源头管控、过程监督的作用,从根本上解决目前行业实验室安全管理所面临的问题,最终提升实验室管理本质安全水平。《要求》的建立一方面能够填补行业实验室安全管理标准的空白;另一方面还可以紧密结合烟草行业实际情况,将实验室危险源的管理工作更加细化和完善,使烟草行业安全生产标准化规范得到进一步完善和延伸。建立实验室安全管理要求可以实现行业实验室"优化管理、简化流程、沉淀经验、协同共赢"等综合管理效益,最终使烟草行业对实验室安全管理达到统一化和规范化的最佳秩序,为烟草行业实验室安全生产管理提供有力保障。

(2)意义。

烟草行业实验室标准化管理是开展烟草科研工作的重要保障,同时也是获得最佳秩序和最大经济效益的前提。随着行业实验室规模扩大和设备材料的不断增加,相应的安全管理难度也随之不断加大,明确烟草行业实验室安全管理的标准要求,及安全技术和管理等各个环节的工作要求,已成为实验室规范化安全管理的核心内容。

(3)必要性。

实验室作为烟草行业的技术创新核心部门,日常安全管理工作仍不够健全和完善,传统的实验室安全管理模式已经显露出越来越严重的弊端,从而使实验室安全管理工作成为行业内的一大安全隐患。因此,建立行业实验室安全管理规范,按照"谁主管、谁负责"和"全员、全过程、全方位、全天候"的原则,依靠先进的管理理念,明确职责,建立健全统一的标准规范来提升实验室安全管理的科学性和有效性,控制实验室日常工作中的危险因素,降低或消除实验室安全事故隐患,已经成为行业实验室安全管理迫在眉睫的重要工作。

1　范围

本文件规定了烟草行业实验室安全管理的相关要求。

本文件适用于烟草行业实验室。

【解读】　本部分明确了《要求》的适用范围及主要内容。

本规范适用于烟草行业工业企业技术中心和商业企业质检站,与烟草行业相关的其他具有实验室的企业可参照执行。

《要求》的技术内容要点:实验室安全管理规范通过国内外安全管控理论、相关标准借鉴和烟草行业实验室业务实际三个维度的内在关联进行验证,全面梳理烟草行业实验室安全管理脉络,最终形成符合行业实验室安全管理要求的管理规范。对行业实验室物品、仪器设备和工艺流程等的安全要素进行分级分类梳理,并针对各要素制定完整的安全流程和措施规范,形成行业实验室安全管理规范。

具体包括以下 5 个部分内容：①实验室安全管理通用要求；②实验室安全技术管理要求；③职业健康安全管理；④应急管理；⑤实验室废弃物的收集、标识及处置。《烟草行业实验室安全管理要求》的体系结构如图 1-1 所示。

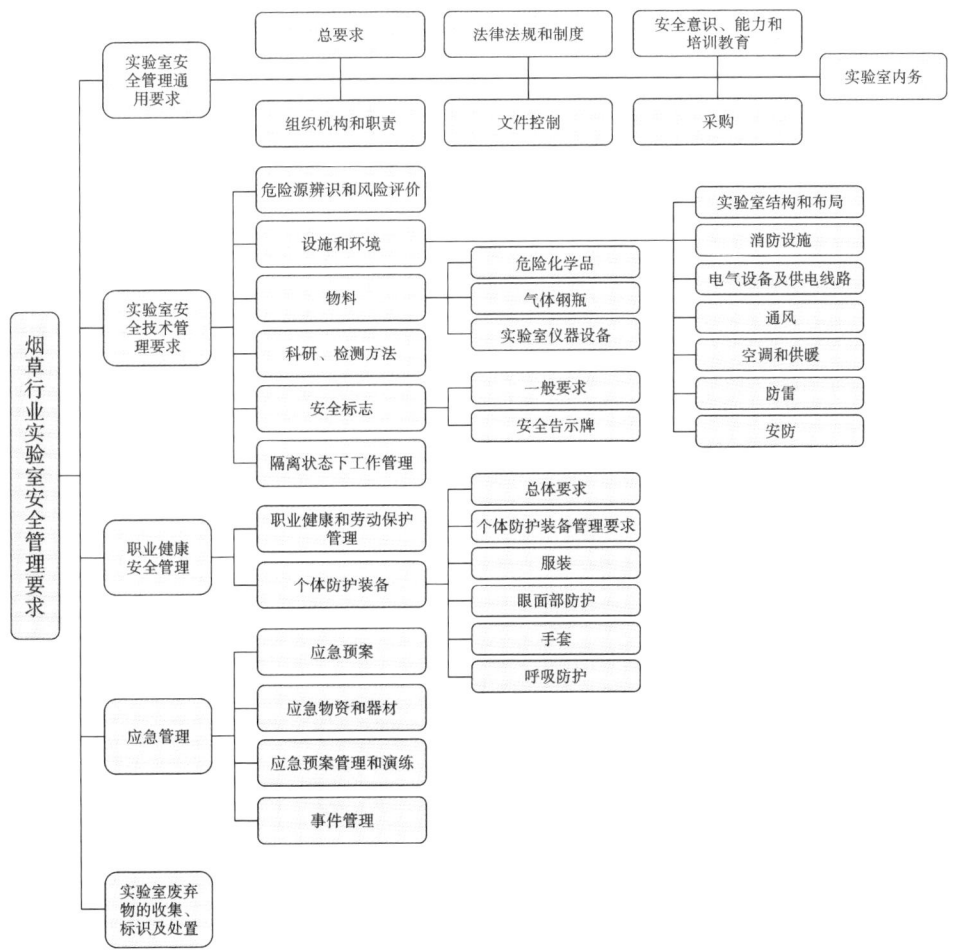

图 1-1 《烟草行业实验室安全管理要求》的体系结构

第二章

规范性引用文件

　　本章明确了《要求》制定过程中引用和参考的国家标准及行业标准文件,共计35个。

　　规范性引用文件是标准内容的组成部分之一。本标准与国家现行安全相关的法律、法规及相关标准保持协调一致,对涉及检测实验室安全要求,凡是我国有相应标准的,采用直接引用的原则,不展开、不重复,如建筑标准和消防标准等,对检测实验室专用的特定要求进行展开。同时,对标准的使用,不超过现有适用标准边界。《要求》共引用如下35个标准。

　　(1)GB/T 2099(所有部分) 家用和类似用途插头插座。

　　该标准有通用要求和特殊要求两部分。第1部分为通用要求,规定了家用和类似用途的插头插座的标志、防触电保护、结构、电气性能、机械性能等技术要求,包括额定值、分类、标志、尺寸检查、防触电保护、接地措施、端子和端头、固定式插座的结构、插头和移动式插座的结构、联锁插座、耐老化、由外壳提供的防护和防潮、绝缘电阻和电气强度、接地触头的工作、温升、分断容量、正常操作、拔出插头所需的力、软缆及其连接、机械强度、耐热、螺钉、载流部件及其连接、爬电距离、电气间隙和通过密封胶的距离,以及绝缘材料的耐非正常热、耐燃和耐电痕化,防锈性能等内容。适用于户内或户外使用、家用和类似用途、仅用于交流电、额定电压在 50 V 以上但不超过 440 V、额定电流不超过 32 A、带或不带接地触头的插头和固定式或移动式插座。对于装有无螺纹端子的固定式插座,额定电流最大为16 A。该标准不包括暗装式安装盒的要求,只包括对插座进行试验所必要的明装式安装盒的要求。第2部分为特殊要求,规定了器具插座的特殊要求、转换器的特殊要求、固定式无联锁带开关插座的特殊要求、固定式有联锁带开关插座的特殊要求、带熔断器插头的特殊要求、延长线插座的特殊要求、安全特低电压

(SELV)插头插座的特殊要求以及信息插座的特殊要求。

(2)GB 2894 安全标志及其使用导则。

该标准规定了传递安全信息的标志及其设置、使用的原则,包括禁止标志、警告标志、指令标志、提示标志、文字辅助标志、激光辐射窗口标志和说明标志,以及颜色、安全标志牌的要求(标志牌的衬边、标志牌的材质、标志牌表面质量),标志牌的型号选用,标志牌的设置高度,安全标志牌的使用要求,检查与维修等内容。适用于公共场所、工业企业、建筑工地和其他有必要提醒人们注意安全的场所。

(3)GB 3836.14 爆炸性环境 第 14 部分:场所分类 爆炸性气体环境。

该标准规定了可能出现可燃性气体、蒸气或薄雾的危险场所分类,场所分类程序涉及释放源、区域类型和区域范围,此外还规定了通风的主要类型、通风等级、通风的有效性等内容,作为支撑正确选择和安装这些危险场所用电气设备的基础。该标准适用于在标准大气条件下,由于出现可燃性气体或蒸气与空气混合可能产生点燃危险的场所。但不适用于煤矿瓦斯气体;火炸药加工和制造;出现可燃性粉尘或纤维可能引起的危险的场所;超出本部分所涉及的异常灾难性事故;医疗室内;居民住宅。

(4)GB/T 5013(所有部分) 额定电压 450/750 V 及以下橡皮绝缘电缆。

该标准分为 8 个部分,即:一般要求、试验方法、耐热硅橡胶绝缘电缆、软线和软电缆、电梯电缆、电焊机电缆、耐热乙烯-乙酸乙烯酯橡皮绝缘电缆和特软电线。第 1 部分的一般要求包括标志,绝缘线芯识别,电缆结构的一般要求等内容。适用于额定电压 U_0/U 为 450/750 V 及以下,硫化橡皮绝缘和护套(若有)的硬、软电缆,用于交流额定电压不超过 450/750 V 的动力装置。第 2 部分的试验方法包括电气性能试验、成品软电缆的机械强度试验、IE 4 型绝缘橡皮混合物在空气烘箱和空气弹老化后的机械性能试验等。第 3 部分的耐热硅橡胶绝缘电缆给出了额定电压 300/500 V 耐热硅橡胶绝缘电缆的技术要求。第 4 部分的软线和软电缆给出了额定电压 450/750 V 及以下橡皮绝缘编织软件和橡皮绝缘橡皮或氯丁或其他相当的合成弹性体护套软线和软电缆的产品技术要求。第 5 部分的电梯电缆给出了额定电压 300/500 V 橡皮绝缘电梯电缆的技术要求。第 6 部分的电焊机电缆给出了橡皮绝缘电焊机电缆的技术要求。第 7 部分的耐热乙烯-乙酸乙烯酯橡皮绝缘电缆给出了额定电压 450/750 V 及以下乙烯-乙酸乙烯酯橡皮绝缘电缆的技术要求。第 8 部分的特软电线规定了额定电压 300/300 V、要求特别柔软场合(如电熨斗)使用的橡皮绝缘和纺织物编织层的特软电线的技术要求。

(5)GB/T 5023(所有部分) 额定电压 450/750 V 及以下聚氯乙烯绝缘电缆。

该标准分为 7 个部分,即一般要求、试验方法、固定布线用无护套电缆、固定

布线用护套电缆、软电缆(软线)、电梯电缆和挠性连接用电缆以及二芯或多芯屏蔽和非屏蔽软电缆。第 1 部分的一般要求包括标志、绝缘线芯识别、电缆结构的一般要求、电缆使用导则等内容。适用于额定电压 U_0/U 为 450/750 V 及以下聚氯乙烯绝缘和护套(若有)软电缆和硬电缆,用于交流标称电压不超过 450/750 V 的动力装置。第 2 部分的试验方法包括 GB/T 2951.11—2008 电缆和光缆绝缘和护套材料通用试验方法 第 11 部分:通用试验方法——厚度和外形尺寸测量——机械性能试验(IEC 60811-1-1:2001,IDT);GB/T 5023.1—2008 额定电压 450/750 V 及以下聚氯乙烯绝缘电缆 第 1 部分:一般要求(IEC 60227-1:2007,IDT);GB/T 18380.12—2008 电缆和光缆在火焰条件下的燃烧试验 第 12 部分:单根绝缘电线电缆火焰垂直蔓延试验(IEC 60332-1-2:2004,IDT)。第 3 部分的固定布线用无护套电缆详细规定了额定电压 450/750 V 及以下固定布线用聚氯乙烯绝缘单芯无护套电缆的技术要求。第 4 部分的固定布线用护套电缆详细规定了额定电压 300/500 V 轻型聚氯乙烯护套电缆的技术要求。第 5 部分的软电缆(软线)详细规定了额定电压 300/500 V 及以下聚氯乙烯软电缆(软线)的技术要求。第 6 部分的电梯电缆和挠性连接用电缆详细规定了额定电压 450/750 V 及以下扁形和圆形电梯电缆和挠性连接用电缆的技术要求。第 7 部分的二芯或多芯屏蔽和非屏蔽软电缆详细规定了额定电压 300/500 V 及以下聚氯乙烯绝缘屏蔽和非屏蔽绝缘控制电缆的技术要求。

(6)GB 5085.7 危险废物鉴别标准 通则。

该标准规定了危险废物的鉴别程序和鉴别规则,包括危险废物混合后判定规则和危险废物利用处置后判定规则等内容。适用于生产、生活和其他活动中产生的固体废物的危险特性鉴别以及液态废物的鉴别;不适用于放射性废物鉴别。

(7)GB 7231 工业管道的基本识别色、识别符号和安全标识。

该标准规定了工业管道的基本识别色、识别符号和安全标识等内容。适用于工业生产中非地下埋设的气体和液体的输送管道。

(8)GB 39800 个体防护装备配备规范。

该标准规定了个体防护装备选用的原则和要求,包括作业类别、个体防护装备的防护性能以及选用等内容。适用于各生产经营单位和个人选用个体防护装备。

(9)GB 13495.1 消防安全标志 第 1 部分:标志。

该标准规定了用于消防安全领域的标志,包括分类、常用型号、尺寸、颜色、衬边、色度、光度等内容。适用于所有需要设置消防安全标志的场所;不适用于 GB/T 4327—2008《消防技术文件用消防设备图形符号》规定的消防技术文件和各类地图所用的图形符号。

(10)GB 15258 化学品安全标签编写规定。

该标准规定了化学品安全标签的术语和定义、标签内容、制作和使用要求。适用于化学品安全标签的编写、制作与使用。产品安全标签另有标准规定的,如农药、气瓶等,按其标准执行。

(11)GB 15562.2 环境保护图形标志 固体废物贮存(处置)场。

该标准规定了一般固体废物和危险废物贮存、处置场环境保护图形标志及其功能,包括图形符号类型、标志的形状及颜色、标志牌的设置、实施监督、检查与维修等内容。适用于环境保护行政主管部门对固体废物的监督管理。

(12)GB 15603 危险化学品仓库储存通则。

该标准规定了危险化学品仓库储存的基本要求、储存要求、装卸搬运与堆码、入库作业、在库管理、出库作业、个体防护、安全管理、人员与培训等内容。适用于危险化学品储存、经营企业的危险化学品仓库储存管理。

(13)GB 15630 消防安全标志设置要求。

该标准规定了消防安全标志的设置场所、原则、要求和方法等。适用于使用消防安全标志作为传递消防安全信息的场所。

(14)GB/T 16483 化学品安全技术说明书 内容和项目顺序。

该标准规定了化学品安全技术说明书(SDS)的结构、内容和通用形式。适用于化学品安全技术说明书的编制。

(15)GB 17914 易燃易爆性商品储存养护技术条件。

该标准规定了易燃易爆性商品储存养护技术条件的术语和定义、储存条件、入库验收、堆垛、养护技术、安全操作、出库和应急处理等要求。适用于易燃性商品和易爆性商品的储存养护。

(16)GB 17915 腐蚀性商品储存养护技术条件。

该标准规定了腐蚀性商品储存养护技术条件的术语和定义、储存条件、储存要求、养护技术、安全操作、出库、应急处理等要求。适用于腐蚀性商品的储存养护。

(17)GB 17916 毒害性商品储存养护技术条件。

该标准规定了毒害性商品储存养护技术条件的术语和定义、储存条件、入库验收、堆垛、养护技术、安全操作、出库和应急处理等要求。适用于毒害性商品的储存养护。

(18)GB/T 18883 室内空气质量标准。

该标准规定了室内空气质量参数及检验方法。适用于住宅和办公建筑物,其他室内环境可参照本标准执行。

(19)GB/T 24001 环境管理体系 要求及使用指南。

该标准规定了组织能够用于提升其环境绩效的环境管理体系要求,包括组织

所处的环境、领导作用、策划、支持、运行、绩效评价以及改进等内容。适用于任何规模、类型和性质的组织,并适用于组织基于生命周期观点所确定的其活动、产品和服务中能够控制或能够施加影响的环境因素。

(20)GB 25972 气体灭火系统及部件。

该标准规定了气体灭火系统及构成部件的术语和定义、型号编制方法、要求、试验方法、检验规则、使用说明书编写要求、灭火剂充装要求。适用于七氟丙烷(HFC227ea)灭火系统、三氟甲烷(HFC23)灭火系统、惰性气体灭火系统〔包括:IG01(氩气)灭火系统、IG100(氮气)灭火系统、IG55(氩气、氮气)灭火系统、IG541(氩气、氮气、二氧化碳)灭火系统〕。

(21)GB/T 27476.1 检测实验室安全 第1部分:总则。

该标准规定了检测实验室安全的通用要求,包括安全管理要求及安全技术要求。适用于检测实验室,校准和科研实验室可参照使用。适用于固定场所内的实验室,其他场所的实验室可参照使用,但可能需要附加要求。

(22)GB/T 27476.2 检测实验室安全 第2部分:电气因素。

该标准规定了检测实验室与电气因素有关的安全要求,包括安全管理要求及安全技术要求,以提高实验室的电气安全,将人员伤害降到最低并防止财产损失。适用于检测实验室,校准和科研实验室可参照使用。适用于固定场所内的实验室,其他场所的实验室可参照使用,但可能需要附加要求。

(23)GB/T 29639 生产经营单位生产安全事故应急预案编制导则。

该标准规定了生产经营单位生产安全事故应急预案的编制程序、体系构成和综合应急预案、专项应急预案、现场处置方案的主要内容以及附件信息。适用于生产经营单位生产安全事故应急预案编制工作,核电厂、其他社会组织和单位的应急预案编制可参照本标准执行。

(24)GB 50016 建筑设计防火规范。

该规范规定了厂房和仓库,甲、乙、丙类液体、气体储罐(区)和可燃材料堆场,民用建筑,建筑构造,灭火救援设施,消防设施的设置,供暖、通风和空气调节,电气,木结构建筑,城市交通隧道等内容。适用于厂房,仓库,民用建筑,甲、乙、丙类液体储罐(区),可燃、助燃气体储罐(区),可燃材料堆场,城市交通隧道新建、扩建和改建的建筑。人民防空工程、石油和天然气工程、石油化工工程和火力发电厂与变电站等的建筑防火设计,当有专门的国家标准时,宜从其规定。不适用于火药、炸药及其制品厂房(仓库)、花炮厂房(仓库)的建筑防火设计。

(25)GB 50057 建筑物防雷设计规范。

该规范规定了建筑物的防雷分类、防雷措施、防雷装置、防雷击电磁脉冲等内容。适用于新建、扩建、改建建(构)筑物的防雷设计。

(26)GB 50058 爆炸危险环境电力装置设计规范。

该规范规定了爆炸性气体环境、爆炸性粉尘环境和爆炸性环境的电力装置设计等内容。适用于在生产、加工、处理、转运或储存过程中出现或可能出现爆炸危险环境的新建、扩建和改建工程的爆炸危险区域划分及电力装置设计。不适用于矿井井下；制造、使用或贮存火药、炸药和起爆药、引信及火工品生产等的环境；利用电能进行生产并与生产工艺过程直接关联的电解、电镀等电力装置区域；使用强氧化剂以及不用外来点火源就能自行起火的物质的环境；水、陆、空交通运输工具及海上和陆地油井平台；以加味天然气作燃料进行采暖、空调、烹饪、洗衣以及类似的管线系统；医疗室内；灾难性事故。

(27)GB 50140 建筑灭火器配置设计规范。

该规范规定了灭火器配置场所的火灾种类和危险等级、灭火器的选择、灭火器的设置、灭火器的配置、灭火器配置设计计算等内容。适用于生产、使用或储存可燃物的新建、改建、扩建的工业与民用建筑工程。不适用于生产或储存炸药、弹药、火工品、花炮的厂房或库房。

(28)GB 50736 民用建筑供暖通风与空气调节设计规范。

该规范规定了室内空气计算参数、室外设计计算参数、供暖、通风、空气调节、空气调节冷热源、监测与控制、消声与隔振、绝热与防腐等内容。适用于新建、改建和扩建的民用建筑的供暖、通风与空气调节设计，不适用于有特殊用途、特殊净化与防护要求的建筑物以及临时性建筑物的设计。

(29)GA 1002 剧毒化学品、放射源存放场所治安防范要求。

该标准规定了剧毒化学品、放射源存放场地(部位)风险等级划分与治安防范级别、治安防范要求和管理要求。适用于剧毒化学品、放射源存放场所(部位)治安防范系统设计、建设、验收和管理。不适用于豁免放射源存放场所(部位)。

(30)GA 1511 易制爆危险化学品储存场所治安防范要求。

该标准规定了易制爆危险化学品储存场所的分类、防护区域和部位、人力防范要求、实体防范要求、技术防范要求和安全防范系统的检验、验收、运行与维护。适用于易制爆危险化学品储存场所以治安防范为目的的安全防范系统的建设、运行和管理。

(31)GBZ 1 工业企业设计卫生标准。

该标准规定了工业企业选址与总体布局、工作场所、辅助用室以及应急救援的基本卫生学要求。适用于工业企业新建、改建、扩建和技术改造、技术引进项目的卫生设计及职业病危害评价。事业单位和其他经济组织建设项目的卫生设计及职业病危害评价、建设项目施工期持续数年或施工规模较大、因各种特殊原因需要的临时性工业企业设计，以及工业园区的总体布局等可参照本标准执行。

(32)GBZ 2.1 工作场所有害因素职业接触限值 第 1 部分:化学有害因素。

该标准规定了工作场所职业接触化学有害因素的卫生要求、检测评价及控制原则,包括工作场所空气中化学有害因素的职业接触限值、工作场所空气中粉尘的职业接触限值、工作场所空气中生物因素的职业接触限值、生物监测指标和职业接触生物限值、化学有害因素控制的优先原则、职业接触控制要点、工作场所化学有害因素职业接触控制要求、控制措施、化学有害因素职业接触水平及其分类控制等内容。适用于工业企业卫生设计以及工作场所化学有害因素职业接触的管理、控制和职业卫生监督检查等。

(33)GBZ 2.2 工作场所有害因素职业接触限值 第 2 部分:物理因素。

该标准规定了工作场所物理因素职业接触限值,包括超高频辐射职业接触限值、高频电磁场职业接触限值、工频电场职业接触限值、激光辐射职业接触限值、微波辐射职业接触限值、紫外辐射职业接触限值、高温作业职业接触限值、噪声职业接触限值、手传振动职业接触限值、煤矿井下采掘工作场所气象条件、体力劳动强度分级、体力工作时心率和能量消耗的生理限值等内容。适用于存在或产生物理因素的各类工作场所,工作场所卫生状况、劳动条件、劳动者接触物理因素的程度、生产装置泄漏、防护措施效果的监测、评价、管理、工业企业卫生设计及职业卫生监督检查等。不适用于非职业性接触。

(34)YC/T 384.1 烟草企业安全生产标准化规范 第 1 部分:基础管理规范。

该标准规定了烟草企业安全生产标准化的基础管理规范要求,包括安全责任体系、法律法规和制度、安全意识和能力培训教育、运行控制管理、安全风险分级管控和事故隐患排查治理、应急准备和响应、未遂事件和事故管理、绩效评定和持续改进等内容。适用于省级烟草公司(局)、省级工业公司等省级公司、烟草加工和烟草商业生产经营单位。其中,烟草商业生产经营单位特指地市级烟草公司,烟草加工单位含烟叶复烤、卷烟制造、雪茄烟制造、再造烟叶生产的单位。烟草配套和多元化投资的其他生产经营单位,如醋酸纤维、烟草印刷等单位可参照执行。

(35)YC/T 554 烟草行业实验室设计规范。

该标准规定了烟草行业实验室设计的技术要求,包括实验室组成与分类,实验室布置与功能,气体供应系统设计,建筑结构设计,公用工程设计,智能控制与信息化设计,消防、安全、节能、环保等内容。适用于烟草行业技术中心实验室设计,烟草行业各级质检机构、烟草行业重点实验室、研究院(所)实验室亦可参照执行,同时可供相关设计单位工程技术人员参考使用。

本规定涉及引用标准分类如下。

(一)职业健康安全标准

GB/T 45001—2020《职业健康安全管理体系 要求及使用指南》等同采用 BS

OHSAS 18001:2007《职业健康安全管理体系 要求》,是广泛应用的职业健康安全管理体系标准。该标准提出组织建立、实施和保持有效的职业健康安全管理体系要素,包括总要求、职业健康安全方针、策划、实施和运行、检查、管理评审六个要素。这些要素可以与其他管理要求相结合,帮助组织实现安全和经济目标。该标准旨在使组织在制定和实施其方针和目标时能够考虑法律法规要求和职业健康安全风险信息。GB/T 45001—2020《职业健康安全管理体系 要求及使用指南》可用于组织职业健康安全管理体系的认证、注册和(或)自我声明,适用于任何类型和规模的组织。

GBZ 2.1—2019《工作场所有害因素职业接触限值 第1部分:化学有害因素》规定了工作场所化学因素的接触限值,包括化学物质、粉尘和生物因素。化学有害因素的职业接触限值包括时间加权平均允许浓度(PC-TWA)、短时间接触允许浓度(PC-STEL)和最高允许浓度(MAC)三类。该标准规定了工作场所空气中包括的339种化学物质,47种粉尘的容许浓度,以及化学因素的监测方法。

GBZ 2.2—2007《工作场所有害因素职业接触限值 第2部分:物理因素》规定了工作场所物理因素的接触限值。物理因素主要包括超高频辐射、高频电磁场、工频电场、激光辐射(紫外线、可见光、红外线、远红外线)、微波辐射、紫外辐射、高温作业、噪声和手传振动等。该标准对各种类型的物理因素给出了具体的限值及监测方法。

GB/T 12801—2008《生产过程安全卫生要求总则》规定了生产过程安全卫生的基本要求、控制生产过程安全卫生影响因素的一般要求、安全卫生防护技术措施、安全卫生管理措施等。

(二)安全标志相关标准

GB 2894—2008《安全标志及其使用导则》规定了传递安全信息的标志及其设置、使用的原则,具体规定了标志类型、颜色、安全标志牌的要求、标志牌的型号选用、标志牌的设置高度、安全标志牌的使用要求以及检查与维修等内容。

实验室设置的安全标志还应符合以下标准:GB 13495.1—2015《消防安全标志 第1部分:标志》规定了与消防有关的安全标志及其标志牌的制作、设置位置;GB 15630—1995《消防安全标志设置要求》规定了消防安全标志的设置场所、原则、要求和方法、检查与维护等要求;GB/T 7144—2016《气瓶颜色标志》规定了作为充装气体识别标志的气瓶外表面涂色和字样;GB 7231—2003《工业管道的基本识别色、识别符号和安全标识》规定了工业管道的基本识别色、识别符号和安全标识。

(三)化学品相关标准

GB 6944—2012《危险货物分类和品名编号》规定了危险货物分类、危险货物

危险性的先后顺序和危险货物编号;GB 13690—2009《化学品分类和危险性公示通则》规定了有关全球化学品统一分类和标签制度(GHS)的化学品分类及其危险公示;GB 15258—2009《化学品安全标签编写规定》规定了化学品安全标签的要求、内容、样式、制作、使用要求;GB 15603—2022《危险化学品仓库储存通则》规定了常用化学危险品储存的基本要求、储存场所的要求、储存安排及储存量限制、化学危险品的养护、化学危险品的出入库管理、消防措施、废弃物处理等要求;GB/T 16483—2008《化学品安全技术说明书 内容和项目顺序》规定了化学品安全技术说明书(SDS)的结构、内容和通用形式,适用于化学品安全技术说明书的编制;GB 30000.7—2013《化学品分类和标签规范 第 7 部分:易燃液体》规定了易燃液体的术语和定义、分类标准、判定逻辑和指导、标签。

(四)个体防护装备相关标准

GB 39800—2020《个体防护装备配备规范》规定了个体防护装备选用的原则和要求。该标准规定了 39 种作业类别及主要危险特征、72 种个体防护装备的防护性能、39 种作业可以使用或建议佩戴的个体防护装备、判废规定、个体防护装备选用程序和判废程序、个体防护装备使用期限等要求。

其他个体防护装备相关标准:GB/T 12624—2020《手部防护 通用测试方法》规定了防护手套的技术要求及相应的测试方法、标志标识和使用说明;GB 14866—2023《眼面防护具通用技术规范》规定了眼面部防护产品的分类、一般要求、几何光学性能要求、物理光学性能要求、物理和机械性能要求、标识、制造商提供的信息等;GB/T 18664—2002《呼吸防护用品的选择、使用与维护》与 GB 39800—2020《个体防护装备配备规范》对呼吸防护用品选用原则与要求的规定相符合,具体规定了选择、使用和维护呼吸防护用品的方法;GB/T 23466—2009《护听器的选择指南》规定了护听器的选择原则、方法和培训要求等。

以下标准规定了具体个体防护装备的检验方法等要求:GB 2626—2019《呼吸防护 自吸过滤式防颗粒物呼吸器》、GB 2811—2019《头部防护 安全帽》、GB 2890—2022《呼吸防护 自吸过滤式防毒面具》、GB/T 3609.1—2008《职业眼面部防护 焊接防护 第 1 部分:焊接防护具》、GB/T 3609.2—2009《职业眼面部防护 焊接防护 第 2 部分:自动变光焊接滤光镜》、GB 6220—2023《呼吸防护 长管呼吸器》、GB 8965.1—2020《防护服装 阻燃服》、GB 8965.2—2022《防护服装 焊接服》、GB 21148—2020《足部防护 安全鞋》、GB 12014—2019《防护服装 防静电服》、GB/T 16556—2007《自给开路式压缩空气呼吸器》、GB/T 17622—2008《带电作业用绝缘手套》、GB/T 22845—2009《防静电手套》。

(五)建筑设计标准

本标准未包含建筑设计的全面要求,涉及安全的相关标准:GB 50016—2014

《建筑设计防火规范》是综合性的防火技术标准;GB 50057—2010《建筑物防雷设计规范》规定了建筑物的防雷分类、防雷措施、防雷装置、防雷击电磁脉冲等内容;GB 50140—2005《建筑灭火器配置设计规范》规定了灭火器配置场所的火灾种类和危险等级、灭火器的选择、灭火器的设置、灭火器的配置、灭火器配置设计计算等;GB 50736—2012《民用建筑供暖通风与空气调节设计规范》适用于新建、改建和扩建的民用建筑的供暖、通风与空气调节设计,规定了室内空气计算参数、室外设计计算参数、供暖、通风、空气调节、空气调节冷热源、监测与控制、消声与隔振、绝热与防腐等要求。

GB 50009—2012《建筑结构荷载规范》规定了建筑设计中荷载分类和荷载组合、永久荷载、楼面和屋面活荷载、吊车荷载、雪荷载、风荷载、温度作用、偶然荷载等;GB/T 50034—2024《建筑照明设计标准》适用于新建、扩建和改建以及二次装修的居住、公共和工业建筑的照明设计,规定了照明方式和照明种类、照明光源选择、照明装置及其附属装置选择、照明数量和质量、照明标准值、照明节能、照明配电及控制、照明管理与监督等;GBZ 1—2010《工业企业设计卫生标准》适用于所有新建、扩建、改建建设项目和技术改造、技术引进项目的职业卫生设计及评价。标准规定了工业企业的选址与整体布局、防尘与防毒、防暑与防寒、防噪声与振动、防非电离辐射及电离辐射、辅助用室等方面的内容。

（六）烟草行业相关标准

YC/T 384.1—2018《烟草企业安全生产标准化规范 第 1 部分:基础管理规范》规定了烟草企业安全生产标准化的基础管理规范要求,包括安全责任体系、法律法规和制度、安全意识和能力培训教育、运行控制管理、安全风险分级管控和事故隐患排查治理、应急准备和响应、未遂事件和事故管理、绩效评定和持续改进等内容。

YC/T 554—2017《烟草行业实验室设计规范》规定了烟草行业实验室设计的技术要求,包括实验室组成与分类、实验室布置与功能、气体供应系统设计、建筑结构设计、公用工程设计、智能控制与信息化设计、消防、安全、节能、环保等内容。

第三章

术语和定义

本章明确了《要求》涉及的相关术语及其定义，共 8 节。

第一节 危 险 源

一、标准条款

> 危险源 hazard
> 可能导致人身伤害和（或）健康损伤的根源、状态或行为，或其组合。
> ［来源：GB/T 45001—2020，3.6］

二、标准解读

根据 GB/T 45001—2020《职业健康安全管理体系 要求及使用指南》中的定义，危险源是指可能导致人身伤害和（或）健康损害的根源、状态或行为，或其组合。简而言之，就是事故发生的根源或源头，凡是有导致安全事故发生的各种因素都称为危险源。危险源包括不安全状态、不安全行为和安全管理缺陷。不安全状态是使事件能发生的不安全的物体条件、物质条件和环境条件。不安全行为是违反安全规则或安全原则，使事件有可能或有机会发生的行为。安全管理缺陷是管理人员在履行其安全生产管理职能方面的缺陷。

人们在研制、使用与维护复杂系统的过程中,萌发了系统安全的思想。现代事故预防理论与方法体系是系统安全的核心。美国研制民兵式洲际导弹过程中产生了系统安全的概念,所以系统安全是人们针对复杂的安全性问题而开发、研究出来的安全理论、原则与方法的体系。系统安全是指在系统寿命期间内应用系统安全工程和管理的方法,来辨识系统中的危险源,并且采取控制措施使其危险性降到最小,在规定的性能、时间和成本范围内使系统达到最佳的安全程度。

依据系统安全的观点,事故的发生是因为系统中有危险源的存在。危险源是指可能导致事故、造成人员伤害以及财产损失或环境污染等潜在的不安全因素。系统中不可避免地会存在着某些种类的危险源,不同类型的危险源也有不同的危险性。辨识系统中的危险源,并采取相应措施消除和控制系统中的危险源,从而使系统达到一种相对安全状态就是系统安全的基本内容。按照危险源在事故发生、发展过程中的作用,危险源可分为第一类危险源和第二类危险源两类。

(一)第一类危险源

第一类危险源指系统中存在的、可能发生的意外释放的能量或危险物质。作用于人体的过量的能量或者干扰人体与外界能量交换的危险物质是造成人员伤害的最直接的原因。在实际工作中往往把产生能量的能量源或拥有能量的能量载体,视为第一类危险源。

常见的第一类危险源如下。

(1)能量载体。

(2)使物体或人体具有较高的势能的设备、场所及装置。

(3)产生或者提供能量的设备、装置。

(4)一旦失控可能就会产生巨大能量的设备、装置及场所。

(5)人体一旦与之接触将导致人体能量的意外释放的物体。

(6)加工、生产与储存危险物品的设备、装置及场所。

(7)一旦失控可能产生能量蓄积或突然释放的装置。

(8)各种有毒、有害以及可燃爆炸等危险物质。

第一类危险源具有的能量越多,其发生的事故后果就越严重。第一类危险源若是处于低能量的状态就比较安全。第一类危险源包含的物质越多,其对人的新陈代谢干扰也会越严重,相应的危险性也会越大。为了使第一类危险源安全地运转,必须采取有效的措施约束、限制能量。

(二)第二类危险源

第二类危险源指导致约束、限制能量措施失败或破坏的各种不安全的因素。在生产、生活中,为了使能量更好地按照人们的意志在系统中发挥作用,人们要

采取一些有效的措施来约束和限制能量,目的是防止能量的意外释放。然而,实践证明,即使采取控制措施也不是完全可靠的,因为存在太多的不确定因素,所采取的约束、控制能量的措施很有可能失效,能量屏蔽可能被破坏从而发生事故。

(1)在涉及人为因素的系统安全中,使用"人失误"这个术语。人失误是指人为违反预定标准的行为。人失误可能直接导致第一类危险源失控,使物质或能量意外释放。

(2)物方面的因素可以归结为物的故障。故障是指不能够实现预定功能的现象。若是约束、限制能量或危险物质的有效措施失效则表现为物的故障很有可能使事故发生。

(3)环境因素指的是系统运行环境,包括照明、温度、湿度等物理环境以及商业和社会的软环境。恶劣的物理环境很有可能引起物的故障或人失误。引起人失误的因素是多方面的。

第二类危险源往往是一些围绕第一类危险源随机发生的现象,它们出现的情况决定事故发生的可能性。同样地,第二类危险源表现得越是频繁,事故发生的可能性就越大。

通常,事故发生是两类危险源共同作用的结果。第一类危险源是事故发生的前提,事故发生时释放出的能量或危险物质是导致人员伤害或财物损失的能量主体,并决定事故后果的严重性。如果没有第一类危险源就谈不上能量或危险物质的意外释放。第二类危险源出现的难易决定事故发生可能性的大小,两类危险源共同决定着危险源的危险性。因此,在事故的发生、发展过程中,两类危险源是相互依存、相辅相成的。

(三)实验室危险源来源

实验室危险源来源主要有以下几个方面。

1. 危险化学品

实验室涉及的危险化学品,包括强酸、强碱类腐蚀性危险化学品,易制毒危险化学品,易制爆危险化学品,易燃品和其他危险化学品等。强酸、强碱与某些强氧化剂等具有强烈腐蚀性、刺激性,挥发产生的烟雾等被人体吸入会造成严重的呼吸道伤害,若实验人员未做好个人防护,接触到裸露的皮肤或局部组织甚至不慎溅入眼睛,则会造成强烈刺激和灼伤,严重者甚至导致烧伤或组织器官坏死,给实验人员造成不可逆转的身体伤害。易制毒危险化学品、易制爆危险化学品(如高锰酸钾、丙酮、甲苯、乙醚、三氯甲烷、高氯酸硝酸和相应的盐类、过氧化物、氢气、甲烷等)若在运输、存储和使用过程中操作不当,极会引起中毒、爆炸、火灾等事故,进而导致人身伤害、财产损失等。

2. 仪器设备、耗材

实验室所用的仪器设备和耗材,其中不乏一些涉及高温、高压或超低温的仪器、电气设备和玻璃器皿等。高温、高压或超低温仪器设备若是实验人员未按规程操作或没有关注仪器使用注意事项,或设备老化但管理人员对其缺乏积极的检修维护,就可能出现烧伤、爆炸等安全事故,如 2000 年南京化工大学(今南京工业大学)高分子实验室一电热烘箱由于温度失控而发生爆炸。此外,有些仪器设备在使用过程中可能产生有毒有害物质或易燃易爆气体,此类危险源也应该引起重视。电气设备如果安装调试不合规范、未结合实际,或者未做好定期检查维护,容易引发触电事故。化学实验室里常备的玻璃耗材则是导致割伤、划伤等人身伤害的危险源。

3. 实验室废弃物

此类危险源是极易被忽视的,但实验室废弃物也是威胁实验室安全的一大隐患。常见的实验室废弃物有化学固体废物、无机废液、废旧化学试剂、空瓶、废弃样品材料、已被污染的手套口罩等。针对此类危险源,安全封存、妥善管理和有效处理几个环节都须做好,否则也很容易导致爆炸、火灾或是灼伤、中毒等危害,有时还会造成环境污染甚至威胁社会。

4. 人为方面隐患

人员作为实验室使用的主体之一,流动性很强,加之实验室人员复杂,部分新进入岗位人员和相关方人员对实验操作不甚熟悉,或是安全意识淡薄未做相应防护,以及处理事故的应急能力不够,极易出现各种安全事故和次生危害。

5. 其他危险源来源

水、电、门窗、光照通风、给排水、温湿度、消防通道、建设规划等室内外环境方面若是存在不合理设计和使用情况,或者通道被堵、设备老化,也是实验室需要关注的隐患所在,轻则影响实验室正常运行,重则导致多种安全事故造成人身伤害和财产损失。管理不善是威胁实验室安全的另一因素,如制度不健全、人员不专业、培训不及时、防护投入少、监管力度小等管理方面的疏忽,也会从一定程度上增加实验室安全方面的隐患。

(四)实验室危险源分类

按照"三类危险源理论",可将实验室危险源分为三类。

1. 主体源(第一类危险源)

主体源包括处于某种状态的、能够提供导致事故的能量或毒性的物质;导致安全事故发生的最基本的要素;决定事故严重程度的因素。如高速旋转的具有一定能量的物体、高温高压有毒有害的物质、易燃易爆危险化学品、潜在的对人和环境具有危害的生物因子等。有毒有害化学品与易制毒危险化学品及其废弃物、高

压容器等物质型危险源。

2．条件源（第二类危险源）

条件源指满足能够导致第一类危险源的能量或毒性意外释放和使意外释放的能量或毒性演变为事故所需的必要条件的一切因素。事故发生的必要条件是决定事故发生可能性的因素，包括使第一类危险源的能量或毒性意外释放的条件和防控的失败。电源及电器危险源、声能危险源、光能危险源、高温高压内能危险源等能量型危险源。

3．致因源（第三类危险源）

致因源指能够影响或导致第一、二类危险源产生的因素，包括人的因素和各种环境因素、实验室环境条件、安全管理决策及组织失误（组织程序、组织文化、制度规则、人不安全行为、失误）。例如，消防器材完整性与有效性，疏散通道畅通与否，门窗、锁及搭扣完整情况，制度上墙情况，安全管理员落实情况，安全培训制度及执行情况，安全自查执行情况，实验室使用记录情况，安全事故处理预案制度，实验室开放及钥匙管理制度等都属于此类。

第三类危险源的存在，促使第一、二类危险源的出现与作用；第二类危险源的存在，促使第一类危险源可能转变为安全事故。

三类危险源的事故作用模型如图 3-1 所示。第一类危险源决定事故后果的严重程度；第二类危险源决定事故发生的可能性大小；第三类危险源决定第一、二类危险源出现的可能性大小。

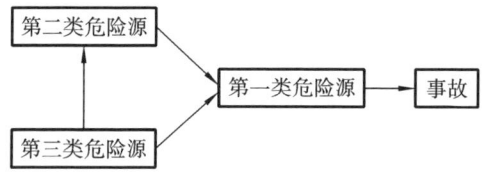

图 3-1　三类危险源的事故作用模型

（五）实验室常见危险源类型

（1）化学危险源：包括易燃、易爆、有毒、腐蚀等化品，如酸、碱、有机溶剂、气体等。

（2）生物危险源：包括细菌、病毒、真菌等微生物，以及动植物毒素等。

（3）物理危险源：包括高温、低温、辐射、噪声、振动等物理因素。

（4）机械危险源：包括旋转机械、压力容器、高压电等设备。

（5）火灾危险源：包括易燃物品、电器设备、热源等。

（6）环境危险源：包括氧气不足、有害气体、粉尘等。

（7）行为危险源：操作失误、管理不善等。

(六)实验室危险源相关事故

1. 2015 年中国矿业大学实验室爆炸事故

2015 年 4 月 5 日中午,位于徐州的中国矿业大学化工学院一实验室发生爆炸事故,致 5 人受伤,1 人抢救无效死亡。

发生爆炸的直接原因是违规配置试验用气,气瓶内甲烷含量达到爆炸极限范围,开启气瓶阀门时,气流快速流出产生摩擦热能或静电,从而导致瓶内气体发生爆炸,导致事故发生;而实验人员在实验时操作不当,是事故发生的间接原因。

危险源:甲烷气瓶。

2. 2013 年南京理工大学实验室爆炸事故

2013 年 4 月 30 日 9 时左右,南京理工大学一处废弃实验室发生爆炸事故引发房屋坍塌,造成 1 死 3 伤。该实验室早已废弃,其中的化学物品早已搬走,施工人员是学校请来拆除实验室空调的,他们发现实验室内有一些值钱的铁废料,于是进行了切割,而旁边放着煤气罐和氧气瓶,操作时引发了事故。

危险源:煤气罐和氧气瓶。

3. 2015 年清华大学实验室爆炸

2015 年 12 月 18 日上午,清华大学化学系一间实验室发生爆炸火灾事故,一名正在做实验的博士后当场死亡。事故原因:博士后在实验室内使用氢气做化学实验时发生爆炸。

危险源:氢气。

4. 2016 年上海市东华大学实验室爆炸事故

2016 年 9 月 21 日 9 时许,上海市东华大学松江校区一个实验室内,郭宏振根据其导师聂某的要求,指导研究生陈某和程某进行氧化石墨烯制备实验。

其间,郭宏振告知陈某和程某,在反应体系中添加浓硫酸,浓硫酸遇水会产生高温,需要用冰,郭宏振帮陈某和程某取冰,并帮陈某和程某搭建了一个温度控制体系。

当日 10 时 40 分许,程某向郭宏振询问,如何向反应体系添加高锰酸钾,郭宏振让程某称重 100 g 高锰酸钾后,向程某示范如何将高锰酸钾加入盛有 750 mL 浓硫酸的锥形瓶中,在将高锰酸钾添加了大约三分之一时,发生了爆炸。

事发时,郭宏振及陈某、程某均未佩戴护目镜,也未在通风橱内拉下安全门后进行实验,三名学生共同的导师聂某未在场,实验室内也无其他实验室安全管理工作人员或指导人员在场。

据郭宏振回忆,爆炸发生时,他的眼睛瞬间失明。判决书显示,受伤后,郭宏振被送往上海交通大学医学院附属瑞金医院,诊断为二度化学性灼伤,眼和附属器官发生化学性灼伤和多发性切割伤。郭宏振又辗转各地多家医院进行后续治疗。

案件审理过程中,法院委托的上海枫林司法鉴定有限公司出具的司法鉴定意见书认为:郭宏振右眼盲目 5 级,左眼重度视力损害,构成四级伤残;面部增生性皮肤瘢痕形成,构成八级伤残;右侧眼睑轻度畸形,构成十级伤残,张口受限 1 度,构成十级伤残。

危险源:浓硫酸、高锰酸钾。

5. 2018 年北京交通大学实验室爆炸事故

2018 年 12 月 26 日,北京交通大学环境工程实验室内学生进行垃圾渗滤液污水处理实验时,发生爆炸引发火灾。经核实,事故造成 3 名参与实验的学生死亡。

事故原因:在进行垃圾渗滤液污水实验时,使用搅拌机搅拌镁粉和磷酸使其发生反应的过程中,料斗内产生的氢气被搅拌机转轴处金属摩擦、碰撞产生的火花点燃爆炸,继而引发镁粉粉尘云爆炸,爆炸引起周边镁粉和其他可燃物燃烧,造成现场 3 名学生死亡。

危险源:镁粉粉尘。

6. 2021 年中山大学药学院实验室伤人事故

2021 年 7 月 27 日上午 10 时 40 分左右,中山大学 505 实验室在清理通风柜时发现之前毕业生遗留在烧瓶内的未知白色固体,一博士研究生用水冲洗时发生炸裂,炸裂产生的玻璃碎片刺破该生手臂动脉血管。在场同学和老师及时施救,120 救护车将受伤学生送至广东省中医院大学城医院进行处理后经医院协调转至广州和平骨科医院,经治疗后该生伤情得到控制,无生命危险。经与 505 实验室负责老师沟通,导致炸裂的未知白色固体中可能含有氢化钠或氢化钙,遇水发生剧烈反应而炸裂。

危险源:烧瓶内遗留白色固体。

第二节　危险源辨识

一、标准条款

> 危险源辨识 hazard identification
> 识别危险源的存在并确定其特性的过程。
> [来源:GB/T 16856—2015,3.7]

二、标准解读

危险源辨识指一个过程,包括两方面:一是识别危险源的存在,即采用一些特定的方法和手段找出所有与组织运行活动有关的危险源;二是确定危险源的特性,即对所识别的危险源进行分析并确定其类别和特点。根据 GB/T 16856—2015《机械安全 风险评估 实施指南和方法举例》,常见危险源辨识方法有两种:自上而下法、自下而上法。识别工具有:工作危害分析法(JHA)、安全检查表法(SCL)、危险性与可操作性分析法(HAZOP)、事故树分析法(ETA)、故障树分析法(FTA)等。危险源辨识是职业健康安全管理活动的最基本活动。

危险源辨识的意义在于可有效地预防事故发生,减少财产损失、人员伤亡和伤害。危险源辨识是从技术带来的负效应出发,分析、论证和评估由此产生的损失和伤害的可能性、影响范围、严重程度及应采取的对策措施。危险源辨识作为企业管理的重要组成部分,无论是从降低企业的经济损失、提高企业的生产效率,还是从提高企业的诚信度和全体员工的素质等方面,都具有十分重要的意义。

(一)危险源辨识是安全生产管理的重要组成部分

"安全第一,预防为主,综合治理"是我国安全生产的基本方针,作为预防事故重要手段的危险源辨识,在贯彻安全生产方针中起着十分重要的作用,通过危险源辨识可确认企业是否具备安全生产条件,是否在生产过程中贯彻安全生产方针和"以人为本"的管理理念。

(二)危险源辨识有助于重视安全投入

危险源辨识不仅能确认系统的危险性,还能进一步考虑危险源发展为事故的可能性及事故造成损失的严重程度,进而计算事故造成的危害,即风险率。并以此说明系统危险可能造成负效益的大小,以便合理地选择控制、消除事故发生的措施,确定安全投入的多少,从而使安全投入和可能减少的负效益达到合理的平衡。

(三)危险源辨识有助于提高安全管理水平

危险源辨识可以促使企业的安全管理模式发生转变。

1. 将"事后处理"转变为"事先预防"

传统安全管理方法的特点是凭经验进行管理,多为事故发生后再进行处理的"事后处理"。通过危险源辨识,可以预先识别系统的危险性,分析企业(项目)的安全状况,全面地评价系统及各部分的危险程度和安全管理状况,促使企业(项目)达到规定的安全要求。

2. 将"单一管理"转变为"全面管理"

危险源辨识使企业所有部门都能按照要求,认真评价本部门的安全状况,将安全管理范围扩大到企业各部门、各个环节,使企业的安全管理实现全过程、全方位的系统安全管理。

3. 将"经验管理"转变为"目标管理"

仅凭经验、主观意志和思想意识进行安全管理是没有统一的标准、目标的,而危险源辨识可使各部门全体员工明确各自的安全指标要求,在明确的目标下,统一步调,分头行动,从而使安全管理工作做到科学化、系统化和标准化。

【应用示例 3-1】 高校实验室危险源辨识

教育部近 5 年来共检查了 186 所高校,并将实验室危险源分为 13 类,其中化学安全问题最为突出。以 2021 年检查结果为例(见图 3-2),化学安全问题占 32.96%。

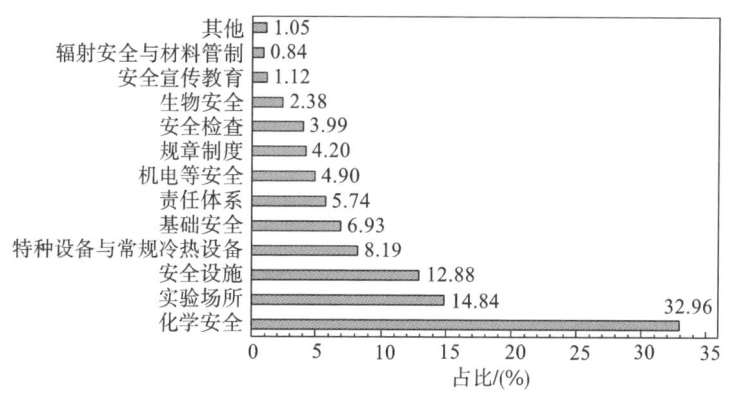

图 3-2 2021 年教育部实验室安全现场检查隐患统计

大部分高校在实验室环境与管理、安全设施、规章制度、组织体系、水电安全及个人防护、化学安全 6 个方面均存在安全隐患,多数高校实验室环境与管理、安全设施管理落实不到位,实验室"重使用,轻管理"的现象依旧严重,准确高效地降低实验室风险并提高实验室安全管理效率是所有高校亟须解决的问题。

高校实验室危险源种类多、数量大、分布广、危险性高,尤其是易燃易爆气瓶、易燃易挥发和易制毒易制爆化学品、特种设备等都给实验室安全带来了极大的隐患。高校实验室事故类型复杂多变,涉及多种危险源,与重大事故相关的危险源相对集中,如图 3-3 所示,2015—2022 年,导致高校实验室重大事故(存在人员严重伤亡)的危险源主要为化学品,其次是气瓶和反应釜。化学品和气瓶作为可移动的重大危险源,可控性更低,因此高校亟须开展气瓶和化学品危险性分析与评价的研究。

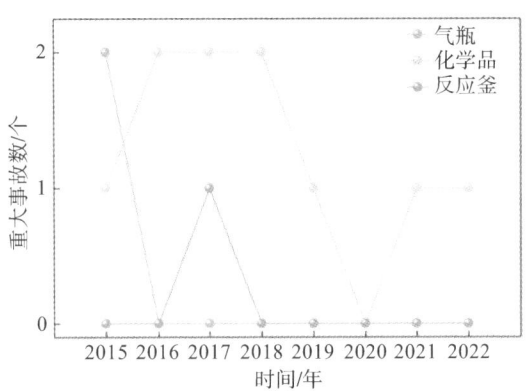

图 3-3　重大危险源分布

气瓶作为一种承压设备,本身具有爆炸的危险性,当可燃气体与助燃气体混放时,爆炸危险性会更高。理工科实验室内常存放有大量气瓶,分布在实验人员周围,一旦气瓶漏气将会产生爆炸、燃烧、碰撞的危险。此外,即使气体本身为惰性气体,在密闭的实验环境中达到一定的浓度也会造成实验人员中毒或窒息死亡。因此,分析实验室气瓶的故障类型,将会为预防实验室气瓶事故提供保障。

化学品是实验室必不可少的实验材料,多数实验室存在化学品混放的现象,如氧化剂和还原剂、强酸和强碱、固体和液体等放在同一试剂柜,部分实验室的化学品标签损坏、无使用记录,危险化学品没有实行专人专管的措施等。

【应用示例 3-2】　化学类实验室主要危险源统计辨识(见表 3-1)

表 3-1　化学类实验室主要危险源统计辨识

类别	统计辨识
仪器设备	本实验室特种设备名称及数量,如烘箱 2 台、离心机 1 台等,主要涉及机械、低温、高温、压力容器设备等危险类型
危险物质	本实验室使用的危险化学品名称及废弃物名称等,主要涉及实验室内化学品、废弃物等危险类型
实验过程	实验过程中可能会产生的放热、爆炸,有毒物质产生(如氢气)、易燃气体产生(如氢气),加热导致液体喷溅,加热导致玻璃破裂,危险化学品泄漏等,主要涉及实验操作中会产生的物质反应、喷溅、泄漏等危险类型

续表

类别	统计辨识
环境因素	实验室环境中存在温度过高、粉尘、噪声、挥发气体浓度高等问题,主要涉及环境因素产生的一些自然或不可控的危险
人为因素	与人相关保护性措施、指令性要求,或人的行为可能诱发的危险

第三节 风　　险

一、标准条款

风险 risk

发生危险事件或有害暴露的可能性,与随之引发的人身伤害或健康损害的严重性的组合。

[来源:GB/T 28001—2011,3.21]

二、标准解读

(一)"风险"概念演化过程

风险,就是指某种特定的危险事件(事故或意外事件)发生的可能性与其产生的后果的严重性的组合。通过风险的定义可以看出,风险是由两个因素共同作用组合而成的:一是该危险事件发生的可能性,即危险概率;二是该危险事件发生所产生的后果。风险具有客观性、普遍性、必然性、可识别性、可控性、损失性、不确定性和社会性。

在全球化发展背景下,人类实践所导致的全球性风险占据主导地位,在这样的社会里,各种全球性风险对人类的生存和发展存在着严重的威胁,也就是说人类正处在"风险社会"。以德国社会学家 Ulrich Beck 为代表的一批学者率先提出了"风险社会"的概念,他们指出,只有在自然和传统不再占据主导地位,由人决定的地方,才会有风险的存在。科学技术的发展加速了全球化进程,也使人类社会进入风险时代,经济增长的可持续性、技术的两面性及部分科学研究的缺陷性都是造成风险的可能因素。在发达的现代社会,生产力呈指数级增长,财富以乘数效应积累,而风险也在以前所未有的程度释放,科学技术飞跃发展,经济全球化快速扩展,风险社会已经成为现代化社会的时代特征。人类对风险的认知使一些风险处于人类可应对乃至可控制状态,从而降低或消除某种风险所带来的负面影响。

社会风险具有随机性、可测性、危害性等特点,个体只有了解足够的信息才能准确地判断并应对风险。因此,风险是一种状态,即风险后果的随机性与人们对其的关注存在必然联系;而这种不确定性也可以看作一种思想意识状态,是一种基于已有知识和新信息的"计算"形式的产物,这是当代风险社会的一大特征,也是人们把握风险的最有利的理论途径。

另外,由于风险问题常常伴随着科学决策而产生,因此,必须要对风险有一个科学的认知,并且结合国家和社会的力量以有效规避风险。在这个过程中,作为前提的"风险认知"就变得十分重要。

1960 年,Bauer 首次跳出心理学范畴将风险认知引入消费者行为学研究中,他认为,消费者的任何消费,都可能产生与其预期不一致的结果,而这种不确定性就是最初的风险认知。

1967 年,Cox 将风险认知定义为风险可能性和风险损失程度之间的函数,即购买前主观认知会产生不良后果的概率和购买失利所感知的损失程度。

1967 年,Cunningham 修改和完善了风险认知的定义,他认为不确定性和后果两部分(即某个结果发生的主观可能性和一旦发生所导致的危害性)共同构成风险分析。实证分析显示,对行为决策所带来的不确定性和结果重视程度越高的消费者,其风险认知度越高。

1973 年,风险认知的理论模型和测量系统的建立使得 Bettman 进一步证实了上述结论。他也认为风险认知既包括对购买后果的不确定性的认知,也包括对购买失利所致结果的不确定性的认知。

1991 年,Murray 丰富了风险认知的概念,加入了购买决策的利益认知和购买失利后的潜在损失认知两方面,细化了风险认知的实际利益、行为等内容的描述。

1995 年,学者们逐渐发现社会心理因素在风险认知中扮演重要的角色。一方面,人们对外界事物各种客观风险所形成的主观感受和评价构成了风险认知;另一方面,个体积累的信息和经验也会对风险认知产生多重影响。

2010 年,许多科学家认为,风险认知是对各种风险因素的主观认识和评价,是一种社会和文化意识范畴,不同社会环境及文化背景下生活的人们所具有的价值观、文化认知和历史认同,其本身就是特定的心理模式。虽然有关风险认知的演变和观点看上去复杂而难以捉摸,实际上风险认知就是对风险的态度和直觉的

判断,理论与实践共同影响这种判断,其中包括对于风险的认知和判断、主观的评价与偏好、风险应对的态度和行为等。事实上,风险认知已经悄然扎根在现代社会中每个个人和集体的意识之中,对于目前全球的风险因素大家都有一定的认识,包括饥荒、恐怖主义、传染病、污染等,尤其是像交通和食品这些日常生活中的风险是人们最为关注的问题。以航空为例,风险存在于违背地心引力的技术活动本质之中,尽管其风险很小,但在巧合情况和人为因素的作用下,飞机从空中坠落就会造成生命损失,因此搭乘飞机不可能是"零风险",这属于科学的"风险认知"。

(二)风险的定义

"风险"一词早在17世纪就已经出现,它来自西班牙的航海术语,意思是航海时遇上危机或触礁,反映了资本主义早期商贸航行活动中的不确定性因素。随着社会的发展,"风险"这一概念的含义不断得以丰富。当前,对于风险的概念可以从经济学、管理学、保险学等不同的角度去认识。风险常被用于描述人们的财产受损和人员伤亡的危险情景;说明人们从事某项事业面临损失的情景;是人们为获得某种利益和某种成功而甘愿付出的代价等。曾经流行的风险定义:风险是损失的可能性;风险是损失的机会或概率;风险是潜在损失;风险是潜在损失的变化范围与幅度等。虽然风险的说法不统一,但其具有两个基本特征,即不确定性和损失性。

在工业生产系统中,风险可以理解为在特定条件下,某一危害事件发生的概率与危害后果的组合。风险具有概率和后果的双重性,风险 R 可用发生概率 P 和损失程度 L 的函数来表示,即:

$$R = f(P, L)$$

这一定义不仅确认风险是客观存在的,而且说明其大小也是可以科学度量的。根据定义可知,风险的存在与客观环境有关,与一定的时空条件有关,与人们对某一事件所抱的期望值有关。当这些情况发生变化时,风险也可能发生变化。通常,风险是伴随着人类的生存与活动而存在的,若没有人类的生存需要和活动,也就不存在风险。

(三)风险的构成要素

为了进一步理解风险的含义,还必须弄清风险的构成要素:风险因素、风险事件、风险损失,以及它们之间的关系。

1. 风险因素

风险因素是指能够引起风险事故发生或增加风险事故发生频率和程度的因素,是风险事故发生的潜在原因,是造成损失的间接和内在原因。根据其性质,通常把风险因素分为实质性风险因素、道德风险因素和心理风险因素三类。

实质性风险因素,属于有形因素,指能造成损失或增加损失机会与损失程度的物质条件,如失灵的刹车系统、恶劣的气候、易爆物品等。

道德风险因素,属于无形因素,与人的不正当社会行为和个人的品德修养有关。常常表现为不良企图或恶意行为、故意促使风险事故发生或损失扩大,如不诚实、纵火、勒索、扣押人质谋钱财等。

心理风险因素,也属于无形因素,是指可能引起风险事故发生和发展的人的心理状态方面的原因,如违章作业、一时疏忽造成合同上的漏洞等。心理风险因素偏向于人的无意或疏忽,而道德风险因素强调的是人的故意或恶行。

2. 风险事件

风险事件是直接造成损失或损害的风险条件,是酿成事故和损失的直接原因和条件。风险事件的发生使潜在损失转化为现实,它的可能发生或可能不发生正是这种风险外在表现形式。例如,因水灾中断交通而引起的巨大经济损失,水灾就成为风险事件。因此,风险事件是损失的媒介,它的偶然性是由客观存在的不确定性所决定的。

3. 风险损失

风险控制与管理中的损失不同于一般损失,它是风险的结果,是风险承担者不愿看到的后果,是指非故意的、非计划的和非预期的经济价值的减少。这种损失分为直接损失和间接损失两种:直接损失是指实质性的经济价值的减少,是可以观察、计量和测定的;间接损失是由直接损失引起的破坏事实,一般是指额外的费用损失、收入的减少和责任的追究。例如,机器损失导致生产线中断所引起的直接损失是机器的价值和产出的减少;而因未能按期交货而引起客户索赔及造成订单减少,就是间接损失。

风险因素、风险事件和风险损失三者之间是紧密相关的。风险因素引发风险事件,风险事件导致风险损失,产生实际结果与预期结果的差异,这就是风险。

图 3-4 为用"多米诺骨牌理论"表述各风险因素间的关系。由该图可以看出,一旦风险因素这张"骨牌"倾倒,其他"骨牌"都将相继倾倒。因此,为了预防风险、降低风险损失,就需要从源头上抓起,力求使风险因素这张"骨牌"不倾倒。同时尽可能提高其他"骨牌"的稳定性,即在一张"骨牌"倾倒的情况下,其后的"骨牌"仅仅是倾斜而不是倾倒,或即使是倾倒,也表现为缓慢倾倒而不是迅速倾倒。

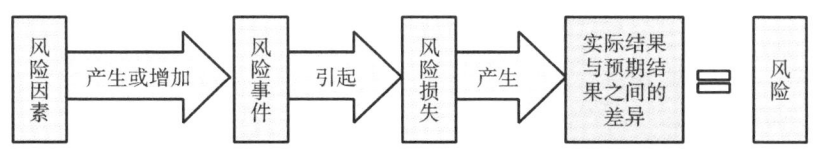

图 3-4　风险因素、风险事件、风险损失与风险之间的关系

(四)安全、危险、事故与风险之间的关系

1. 安全(safety)

"安全"是人们最常用的词汇,从汉语字面上看,"安"是指"无危则安",不接受

威胁,没有危险等;"全"是指"无损则全",完整、完满、齐备或指没有伤害、无残缺、无损坏、无损失等。显然,"安全"通常是指人和物在社会生产、生活实践中没有或不受或免除了侵害、损坏和威胁的状况。

定义1:安全泛指没有危险、不受威胁和不出事故的状态。

定义2:安全是指没有危险、不受威胁、不出事故,即消除能导致人员伤害,发生疾病、死亡,或造成设备、财产破坏、损失,以及危害环境的条件。

定义3:安全是指导致损伤的危险程度在容许的水平,受损害的程度在容许的水平,受损害的程度和损害概率较低的通用术语。

定义4:安全是指消除能导致人员伤害、疾病或死亡,或引起设备、财产或经济破坏和损失,或危险环境的条件。"无危则安,无损则全"是安全的定性内涵。安全的定量表达则用"安全性"或"安全度"来反映,其数值表达为 $0 \leqslant S \leqslant 1$。

定义5:安全是指免除了不可接受的损害风险的状态。

安全的本质是反映人、物以及人与物的关系,并使其实现协调运转。安全是事物遵循客观规律运动的表现形式、状态,是人按客观规律要求办事的结果;事故、灾害则是事物异常运动经过量变积累而发生质变的表现形式,是人违背客观规律或不掌握客观规律而受到惩罚、付出的代价。人们通过改变、防止事物异常运动的努力可以控制、预防事故或灾害的发生,使事物按客观规律运动,从而保证安全。然而,由于人类对危险的认识与控制受到许多社会、自然或自身条件的限制,所以安全是一个相对的概念,其内涵和标准随着人类社会发展而变化。在不同的时代,人类面临的安全问题是不一样的,安全的内涵不断演变。在人类社会的不同历史发展阶段,人类对安全内涵的理解和安全标准存在很大差异。总之,安全是一个相对的概念,是认识主体在某一限度内不受到损伤和威胁的状态。

2. 危险(hazard)

危险和事故在逻辑上有一定关联,都会导致人员伤亡或疾病,或导致系统、设备、社会财富损失、损坏及环境破坏,但是危险并不等于事故,它是导致事故的潜在条件,危险是事故的前兆,只有在一些触发事件刺激下,危险才可能演变成事故。危险在一定的条件下可以转变成为事故,危险与事故在逻辑上具有因果关系。

定义1:危险是指有遭遇不幸或造成灾难的可能不安全。

定义2:危险是指具有威胁性的事件或在一定时间和地区范围内潜在的破坏性现象发生的概率。

定义3:危险并非指已造成实际的损害,而是指极有可能造成损害,是对受害人人身和财产很可能造成损害的一种威胁。

定义4:危险是指未来灾害损失的不确定性,包括发生与否,发生的时间、后果与影响的不确定性。

安全和危险是相互矛盾的,它们相伴存在。安全是相对的,危险是绝对的。

危险的绝对性表现在,事物一诞生,危险就存在。中间过程的危险势可能变大或变小,但不会消失,危险存在于一切系统的任何时间和空间中。不论我们的认识多么深刻,技术多么先进,设施多么完善,危险始终不会消失,人、机和环境综合功能的残缺始终存在。

安全和危险是一对矛盾的统一体。一方面,双方互相排斥,互相否定,安全度越高,危险势就越小,安全度越低,危险势就越大;另一方面,安全与危险两者互相依存,共同处于一个统一体中,存在向对方转化的趋势。安全与危险的矛盾转化过程具有阶段性,具有从量变到质变的属性,质变的结果表现为危险导致事故发生或安全的状态得到无限延长。安全与危险这对矛盾在不同时期有各自不同的特殊性,这就使安全的发展呈现过程性和阶段性。

3. 事故(accident)

在人们的生产或生活过程中,总会发生某些不期望、无意、造成人的生命丧失、生理危害、健康危害、财产损失或其他损害和损失的意外事件,这就是事故。研究安全科学的总目标就是要控制事故风险、消除事故,因此,需要认识事故的概念。

定义1:事故是指造成死亡、疾病、伤害、损坏或其他损失的意外情况。

定义2:事故是指个人或集体在为实现某一目的而进行活动的过程中,由于突然发生了与人意志相反的情况,迫使原来的行为暂时或永久地停止下来的事件。

定义3:事故是指以人体为主,在与能量系统有关的系列上,突然发生的与人的希望和意志相反的事件。事故也可以定义为个人或集体在时间的进程中,为了实现某一意图而采取行动的过程中,突然发生了与人的意志相反的情况,迫使这种行动暂时或永久停止的事件。

定义4:广义上的事故是指可能会带来损失或损伤的一切意外事件,在生活的各个方面都可能发生事故。狭义上的事故是指在工程建设、工业生产、交通运输等社会经济活动中发生的可能带来物质损失和人身伤害的意外事件。

定义5:事故是指个人或集体在时间进程中,为实现某一意图而采取行动的过程中,突然发生了与人的意志相反的情况,迫使这种行动暂时或永久停止的事件。事故是以人体为主,在与能量系统关联中突然发生的与人的希望和意志相反的事件。事故是意外的变故或灾祸。

通常,我们把"事故"定义为造成死亡、疾病、伤害、损坏或其他损失的意外情况。事故的损坏作用主要表现在三个方面:对人的生命与健康造成损害;对社会、企业、家庭的财产造成损失;对环境造成损坏。后果非常轻微或未导致不期望后果的"事故"称为"险肇事故"或"未遂事故"。

4. 风险(risk)

谈及风险,人们可能更多地将这个概念与金融、财务联系在一起,生产安全领

域风险的概念与它们是一致的,风险是指某危害性事件发生的可能性(probability)与其引起的伤害的严重程度(severity)的结合。它体现的是由于生产过程中的不安全而产生的事故对企业造成的损失,又称为事故风险(accident risk)。按风险来源,风险可分为自然风险、社会风险、经济风险、技术风险和健康风险五类。

定义1:风险是指目标的不确定性产生的结果。

注1:这个结果是与预期的偏差——积极或消极。

注2:目标可以有不同方面(如财务、健康和安全,以及环境目标),可以体现在不同的层面(如战略、组织范围、项目、产品和流程)。

注3:风险通常被描述为潜在事件和后果,或它们的组合。

注4:风险往往表达了对事件后果(包括环境的变化)与其可能性概率的联合。

定义2:风险是指对于给定地区及指定时间段,由特定危险而造成的预期(生命丧失、人员受伤、财产损失和经济活动中断)损失。按数学计算,风险是特定灾害的危险概率与易损性的乘积。

定义3:风险是指可能发生的危险。

定义4:事故风险从定性上说,是指某系统内现存或潜在的可能导致事故的状态,在一定条件下,它可以发展成为事故。从定量上说,事故风险是指由危险转化为事故的可能性,常以概率表示。事故风险通常被用来描述未来事件可能造成的损失,也就是说它总涉及不可靠性和不能肯定的事件。

定义5:风险是指发生某种不利事件或损失的各种可能情况的总和。

通常人们用 $R = L \times P$ 来表示风险,其中,R 表示风险,L 表示损失,P 表示发生概率。

风险的概念表明,风险是由两个因素确定的,既要考虑后果,又要考虑其发生概率。例如,乘坐交通工具有出现交通事故的可能,因而说乘坐交通工具有危险,但是乘坐飞机和乘坐汽车哪一个风险更小需要从风险两个维度综合比较。由此也说明,风险虽有大小、高低之分,但任何时候风险都不可能为零,因而风险具有绝对性。

生产活动是动态变化的,因此安全状态也是动态变化的,即昨天的安全可能变为今天的危险,今天的危险也可能转化为明天的安全,因此要适时进行风险评价。对存在的较高风险要从降低可能性和减轻严重程度两方面进行风险管理活动,要减轻严重程度就需要针对危险源采取措施,如限制危险物质的储量、存量,减小管道尺寸、压力,为危险源设置多重防护层等;要降低可能性就需要针对隐患采取措施,提高不安全状态的检测、监测能力,加强安全管理,提高人员技术素质,建设优良安全文化等。应急救援后也要及时进行风险评价,吸取经验教训,改进日常安全管理,提高应急救援能力。

5. 隐患(hidden risk)

(1)隐患的概念。

隐患是指任何能直接或间接导致伤害或疾病、财产损失、工作场所环境破坏、或其组合对工作标准、实务、程序、管理体系绩效等的偏离。当隐患暴露在人类的生产活动中时就成为危险。

(2)隐患的特征。

①隐蔽性。某一生产环节或设施演化为薄弱环节时,暂不会构成危害,亦不易觉察,一旦构成危害则转化为事故。

②潜伏性。隐患从时间段上讲具有一定的潜伏期,在一定的时间、范围及条件下,显现出静止、不变的状态,一时感觉不出它的存在。

③普遍性。生产过程中,无论是高价值的主体设备或构筑物,还是附属设备,均可能存在隐患。

④危害性。隐患一旦触发成事故,就可能造成重大危害。

(3)隐患与风险的关系。

隐患与风险是一对既有区别又有联系的概念。隐患与风险、事故的关系如图3-5所示。

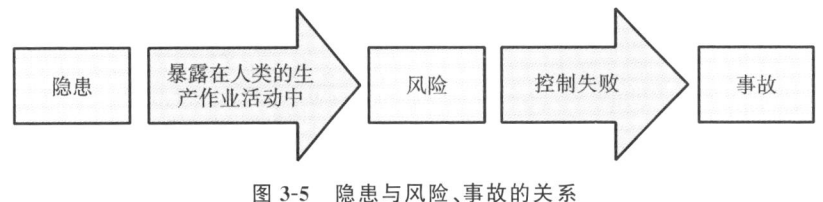

图 3-5　隐患与风险、事故的关系

第四节　风　险　评　价

一、标准条款

风险评价 risk assessment

对危险源导致的风险进行评估,对现有控制措施的充分性加以考虑以及对风险是否可接受予以确定的过程。

[来源:GB/T 28001—2011,3.22]

二、标准解读

风险评价又称安全评价,它是以实现工程或系统安全为目的,应用安全系统工程原理和方法,对系统中存在的危险、有害因素进行辨识与分析,判断系统发生事故和职业危害的可能性及其严重程度,从而为制定防范措施和管理决策提供科学依据。安全风险评估就是从风险管理角度,运用科学的方法和手段,系统地分析网络与信息系统所面临的威胁及其存在的脆弱性,评估安全事件一旦发生可能造成的危害,应提出有针对性的抵御威胁的防护对策和整改措施。风险评估工作贯穿信息系统整个生命周期,包括规划阶段、设计阶段、实施阶段、运行阶段、废弃阶段等。

(一)风险评价步骤

一般风险评价步骤如图 3-6 所示。

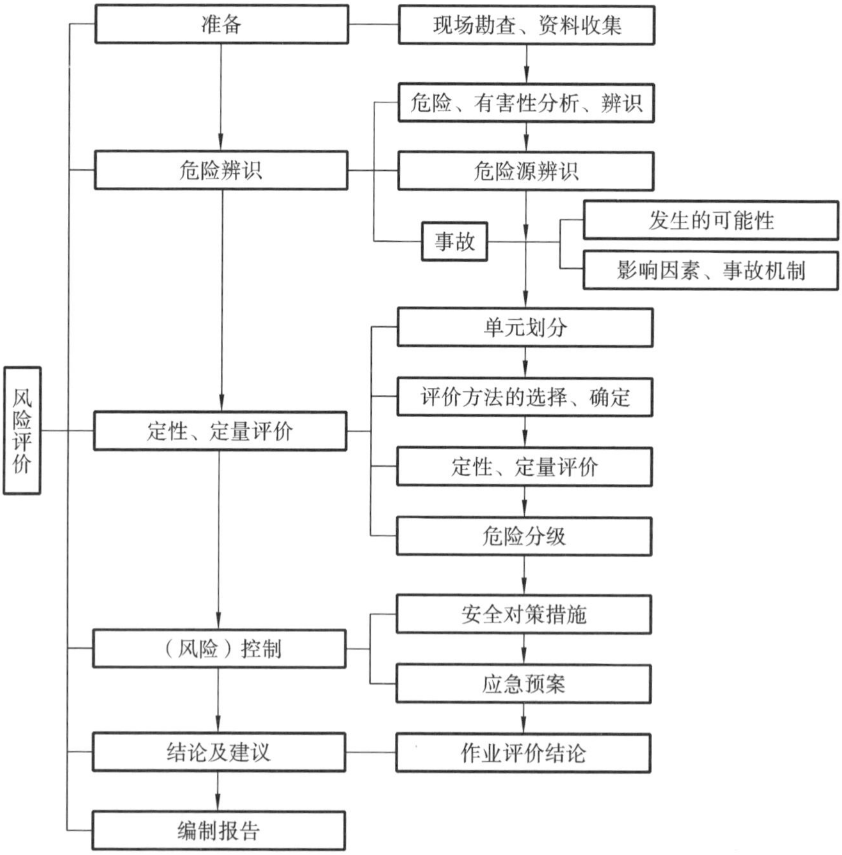

图 3-6 一般风险评价步骤

(二)风险评价内容

风险评价的内容可以分为危险辨识和危险性评价,具体内容如图 3-7 所示。

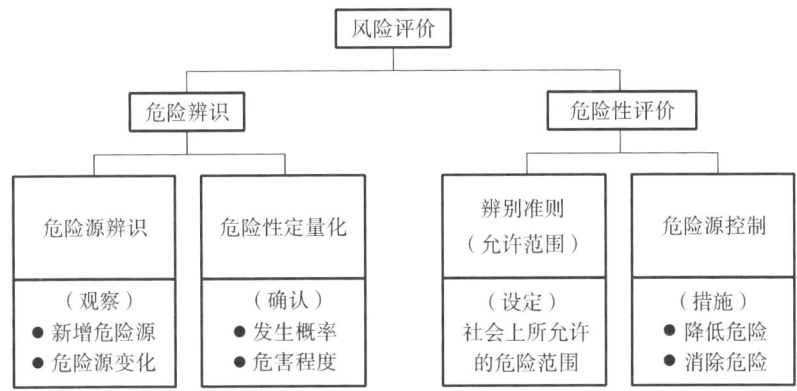

图 3-7　风险评价内容

(三)风险的严重性等级

风险的严重性可以分为四个等级,如表 3-2 所示。

表 3-2　风险的严重性等级

严重性等级	等级说明	事故后果说明
Ⅰ	灾难的	人员死亡或系统报废
Ⅱ	严重的	人员严重受伤、严重职业病或系统严重损坏
Ⅲ	轻度的	人员轻度受伤、轻度职业病或系统轻度损坏
Ⅳ	轻微的	人员伤害程度和系统损坏程度都低于Ⅲ级

(四)风险的可能性等级

风险的可能性可以分为五个等级,如表 3-3 所示。

表 3-3　风险的可能性等级

可能性等级	说明	单个项目具体发生情况	总体发生情况
A	频繁	频繁发生	连续发生
B	很可能	在寿命期内会出现若干次	频繁发生
C	有时	在寿命期内有时可能发生	发生若干次
D	极少	在寿命期内不易发生,但有可能发生	不易发生,但有理由可预期发生
E	不可能	极不易发生,以至于可以认为不会发生	不易发生

(五)风险评价方法

风险评价的方法很多,包括定性评价方法和定量评价方法。常用方法包括:专家打分评价法,安全检查表法,作业条件危险性评价法(LEC),预先危险分析法(PHA),故障类型及影响分析法(FMEA),风险概率评价法(PRA),危险性与可操作性分析法(HAZOP),故障树分析法(FTA),事故树分析法(ETA),火灾、爆炸指数评价法(F&EI)、风险矩阵法,头脑风暴法等。

1. 专家打分评价法

专家打分评价法步骤如下。

(1)组成评价组。

由熟悉实验室现场情况,实验室安全、环保和职业健康相关法规、标准的有关管理人员、技术人员、有经验工作人员和外请专家等组成评价组,一般评价组由5～7人组成。

(2)打分取值。

评价组成员按"评价专家打分法分值表"(见表3-4)对辨识出的每一项危害因素进行逐个打分,然后将各专家的分值相加,再除以人数,所得分数即为危害因素级别分值。

表 3-4　评价专家打分法分值表

评价项目	伤害可能的程度	应得分值
A 伤害程度	严重	5
	一般	3
	轻微	1
B 发生的可能性	大	5
	中	3
	小	1
C 法律法规符合性	超标	5
	接近标准	3
	达标	1
D 影响范围	周围社区	5
	场界内	3
	操作者本人	1

续表

评价项目	伤害可能的程度	应得分值
E 资源消耗	大	3
	中	2
	小	1

（3）级别判断。

综合得分在 12 分以下为一般风险，12 分以上为重大风险；当 A＝5 和 B＝5 时，也应定为重大风险（也可自行设定）。

专家打分评价法具有更科学、更量化的优点，主要表现在：①引入权值的概念，评价指标结果更具科学性；②有利于发挥评价指标专家的作用；③有效防止不正当行为；④简便，根据具体评价对象确定恰当的评价项目，并制定评价等级和标准；⑤直观性强，每个等级标准用打分的形式体现；⑥计算方法简单，且选择余地比较大；⑦将能够进行定量计算的评价项目和无法进行计算的评价项目都加以考虑。专家打分法也存在一些不足，主要有：①评价指标因素及权值难以合理界定，评价指标因素及权值确定下来比较复杂，难以完全科学合理；②评价指标专家难以在短时间内熟悉所评项目资料。

适用范围：专家打分评价法适用于存在诸多不确定因素、采用其他方法难以进行定量分析时使用。

2. 作业条件危险性评价法（LEC）

由于 LEC 法简单、综合性强，被大多企业采用。它是在危害因素辨识的基础上，利用三种因素加权计算出每一种危害因素所带来的风险大小（主要评价操作人员伤亡风险大小）。其表达式为：$D＝LEC$。式中：D 代表风险值；L 代表发生事故的可能性大小；E 代表暴露于危险环境的频繁程度；C 代表发生事故产生的后果。企业可根据实际情况确定 L、E、C 在不同情况下的对应值，一般情况下，L 为 0.1～10（见表 3-5），E 为 0.5～10（见表 3-6），C 为 1～100（见表 3-7）。按照 $D＝LEC$，求出风险值（D），加以判断（见表 3-8），当 $C≥40$ 或 $D≥160$ 时，可将此因素列为重大风险。

表 3-5　发生事故的可能性（L）取值

分数值	发生事故的可能性
10	完全可能预料
6	相当可能
3	可能，但不经常
1	可能性小，完全意外

续表

分数值	发生事故的可能性
0.5	很不可能,可以设想
0.2	极不可能
0.1	实际不可能

表 3-6 暴露于危险环境的频繁程度(E)取值

分数值	暴露于危险环境的频繁程度
10	连续暴露
6	每天工作时间暴露
3	每周一次暴露
2	每月一次暴露
1	每年几次暴露
0.5	罕见的暴露

表 3-7 发生事故产生的后果(C)取值

分数值	发生事故产生的后果
100	大灾难,许多人死亡
40	灾难,数人死亡
15	非常严重,一人死亡
7	严重,重伤
3	重大,致残
1	引人注目,需要保护

表 3-8 风险值(D)取值

分数值	危险程度
大于 320	极其危险,不能继续作业
160~320	高度危险,需要立即整改
70~160	显著危险,需要整改
20~70	一般危险,需要注意
小于 20	稍有危险,可以接受

优缺点及适用范围:作业条件危险性评价法评价人们在某种具有潜在危险的作业环境中进行作业的危险程度,该法简单易行,危险程度的级别划分比较清楚、

醒目。但是,由于它主要是根据经验来确定 3 个因素的分数值及划定危险程度等级,因此具有一定的局限性。而且它是一种作业的局部评价,故不能普遍适用。此外,在具体应用时,还可根据自己的经验、具体情况对该评价方法作适当修正。

3. 故障类型及影响分析法(failure mode and effects analysis,FMEA)

FMEA 是一种归纳分析法,主要是在设计阶段对系统的各个组成部分,即元件、组件、子系统等进行分析,找出它们所能产生的故障及其类型,查明每种故障对系统的安全所带来的影响,判明故障的重要程度,以便采取措施予以防止和消除。FMEA 也是一种自下而上的分析方法。如果对某些可能造成特别严重后果的故障类型单独拿出来分析,称为致命度分析(CA)。FMEA 与 CA 合称为FMECA。FMECA 通常采用安全分析表的形式分析故障类型、故障严重程度、故障发生频率、控制事故措施等内容。

(1)故障。元件、子系统、系统在运行时,达不到设计规定的要求,因而不能完成规定的任务或完成得不好。

(2)故障类型。系统、子系统、元件发生的每一种故障的形式称为故障类型。例如,一个阀门故障可以有 4 种故障类型,即内漏、外漏、打不开、关不严。

(3)故障等级。根据故障类型对系统或子系统影响的程度不同而划分的等级称为故障等级。

在 FMEA 中不直接确定人的影响因素,但人失误操作影响通常作为一种设备故障模式表示出来。一个 FMEA 不能有效地辨识引起事故的详尽的设备故障组合。此方法虽然动用的人力、物力、耗用的时间比其他方法要多,但在分析的系统、深入、准确、全面等方面有独到优势。

作为工艺安全管理中常用的工艺危害分析方法,故障类型及影响分析法(FMEA)广泛应用于工艺设备设计与制造、系统可靠性分析中。由于其自身也兼具一定优劣势,企业在选择使用该方法时,还需要结合具体情况而定。

故障类型及影响分析法(FMEA)的基本方法是从系统中的元件故障或失效状态进行分析,逐次归纳到子系统和系统,从而有助于查找和消除各类风险。该方法的优势主要体现在如下几个方面。

(1)可以有效确定设备零部件失效模式和失效原因,预测设备可能发生的故障类型,从源头上防止设备事故事件的发生。

(2)指导设备操作规程和检测维修规程的编写,明确操作安全注意事项。

(3)通过有效细致的分析,可以为设备预防性维修和预知性维修提供参考标准,可以验证设备设计的正确性,从而指导设备零部件的优选。

(4)分析结果可作为培训教材,让操作人员更加深入了解设备结构和运行原理,及时发现设备的不安全状态。

故障类型及影响分析法(FMEA)对设备设计及使用过程中安全基础信息的完整性和准确性提出了很高的要求,其局限性主要包括以下几方面。

(1)该方法主要针对的是单体设备,且设备结构相对比较复杂。

(2)无法从整个工艺系统角度进行工艺风险分析。

(3)该方法只是针对整套工艺风险分析的补充和完善。

(4)不考虑"人因"和系统各单元间的相互影响。

(5)对设计依据不进行质疑。

(6)采用此方法的过程中,某些风险值较低的风险因素有可能因为风险值运算关系,被人为逆转,从而出现较大的风险偏差。

适用范围:故障类型及影响分析法(FMEA)最佳应用时机是在工艺设备设计和制造过程中,用以改进设备设计,提高设备本质安全水平;在设备使用过程中,也可使用本方法进行分析。同时,该方法也广泛应用于系统可靠性分析。

当前,各种工艺危害分析方法频现,唯有掌握各自的优劣势、适用范围,才能更好地应用它们,达成工艺安全管理目的。当然,就故障类型及影响分析法(FMEA)来说,其既适用于设计阶段的新系统,也适用于生产运行阶段的在役系统,同时还是进行事故分析/事故调查的有效方法。

4. 安全检查表法(safety check list,SCL)

为了查找工程、系统中各种设备设施、物料、工件、操作、管理和组织措施中的危险、有害因素,事先把检查对象加以分解,将大系统分割成若干小的子系统,以提问或打分的形式,将检查项目列表逐项检查,避免遗漏,这样的表称为安全检查表。

安全检查表法要求在对危险源进行充分分析的基础上,对系统的各个单元列出所有的危险因素,确定需要检查的项目,其特点主要有以下几种。

(1)安全检查表是在对检查对象的详细调查和分析的基础上制定出来的,能够系统完整地描述被检查对象中影响安全生产的各种因素,可以避免检查过程中走过场和检查的盲目性,能提高安全检查的效果和质量。

(2)安全检查表是根据有关法规、条例、规范和标准制定的,因此检查的目的明确,内容具体,通过问答的形式,使用简单明确的"是/否"的描述方式,操作方便,可实现安全检查的标准化、规范化。

(3)通过对安全检查表中规定的各项目进行检查,可以更准确地对系统中危险因素进行辨识、评价和制定相关措施,既能准确地查出隐患,又能得出确切的结论,从而保证法律法规的贯彻落实。

(4)安全检查表是与企业生产责任人紧密相连的,既可以作为职工的操作规范,也可以作为管理者的依据,有利于推行安全生产责任制,检查后能够做到事故清、责任明、整改措施落实快。

（5）在安全检查表实施过程中，各编制企业和编制人员素质、经验等的差异，也导致不同企业之间检查表项目差别大、容易漏项等缺点。

安全检查表法简单易行，适用于建设项目的任何阶段，也适用于现有装置（在役装置）的评价。它广泛应用于工矿企业各生产环节中，通常用于安全生产管理，对工艺过程、物料、设备和操作等进行分析，可以实现生产过程中的危险辨识、评价和控制，同时实现行业标准化作业和安全教育等功能。常见安全检查表有行业安全检查表，企业自定安全检查表，基层车间、岗位制定的巡检表，正规日常检查表等。

5. 预先危险分析法（preliminary hazard analysis，PHA）

预先危险分析法是一种起源于美国军用标准安全计划要求的方法，主要用于对危险物质和装置的主要区域等进行分析，包括设计、施工和生产前。对系统中存在的危险性类别、出现条件、导致事故的后果进行分析，其目的是识别系统中的潜在危险，确定其危险等级，防止危险发展成事故。可达到以下 4 个目的：①大体识别与系统有关的主要危险；②鉴别产生危险的原因；③预测事故发生对人员和系统的影响；④判别危险等级，并提出消除或控制危险的对策措施。

预先危险分析法是一种定性方法，能够为后续更深入的危险分析提供参考，有如下几种主要特点。

（1）在最初产品设计或系统开发时，可以利用危险分析的结果，识别、控制危险因素，提出应遵循的注意事项和规程。

（2）由于在最初设计阶段，即可指出存在的主要危险，从一开始便可采取措施排除、降低和控制它们，降低了因产品质量造成危险的可能性和严重度，为制定整个系统寿命周期的安全操作规程等提供依据。

（3）可用来制定设计管理方法和制定技术责任，并可编制成安全检查表以保证实施。该方法既可作为设计施工阶段的评价，也可作为操作岗位设计的评价；既可用来编制、完善安全规程，又可作为操作的安全教育材料。

适用范围：预先危险分析法主要用于对潜在危险了解较少和无法凭经验觉察的系统的可行性研究或初步设计阶段，如初步设计或工艺装置的研究和开发。在还没有掌握系统详细资料的时候，用来分析、评价系统开发初期阶段存在的可能危险因素，评估各种潜在危险的程度，并根据评价结果确定安全性设计准则，提出消除或控制危险的措施。当现有装置或环境无法使用更为系统的方法时，常优先考虑 PHA 法。该方法也可用于系统竣工后的运行阶段，在原有系统中采用新操作方法、接触新危险性物质、工具和设备时，使用该方法进行分析也比较适合。

6. 危险性与可操作性分析法（hazard and operability studies，HAZOP）

危险性与可操作性分析法是一种专门针对化工过程而开发的危险分析方法，

用于探明生产装置和工艺过程中的危险及其原因。这种方法从生产过程中工艺（状态）参数的变动，操作控制中可能出现的偏差分析，以及这些变动与偏差对系统的影响和可能导致的后果，出现变动或偏差的原因，并针对这些变动与偏差的后果来提出应采取的措施。这种分析方法的特点是由中间状态参数的偏差开始，分别找出原因，判明后果，是属于从中间向两头分析的方法。

危险性和可操作性分析法是从系统的中间状态参数的偏差开始，找出导致偏差的原因，通过该方法对工艺设计进行全面系统的分析研究和审查，能够探明装置及过程存在的危险，根据危险带来的后果明确系统中的主要危害。如果有进一步深入分析的必要，还可利用事故树对主要危险继续分析，因此它可作为确定事故树"顶上事件"的一种方法。

HAZOP法作为一种形式结构化的风险评估方法得到了广泛应用，它具有以下特点。

（1）能对工艺设计进行全面系统的分析研究和审查，分析审查的质量取决于审查小组的人员组成和素质、组长的能力和工艺安全文件的精确性。

（2）能对生产操作人员的操作错误及由此而产生的后果进行分析研究，对那些人为操作错误导致的严重后果进行某些预测，并针对性地提出措施，以确保装置的生产安全。

（3）针对工艺设计中的潜在危险进行分析研究，HAZOP法可以有效地发现这种潜在危险，甚至能发现更微小、更隐蔽、可导致从来没有发生过的事故隐患，并采取相应措施消除。

（4）通过HAZOP法的分析审查，排除了工艺装置在设计和操作中可能发生的突然停车、设备破坏、产品不合格以及爆炸、火灾、中毒等恶性事故，从而提高装置的生产效率和经济效益。

（5）通过HAZOP法的分析研究，可以使设计和操作人员更加全面深入地了解装置的性能，既完善了设计，保证了装置的生产安全，又能充实生产操作规程，提高操作人员的培训质量。

适用范围：该方法适用于设计阶段，又适用于在役生产装置。进行HAZOP法分析，能够探明装置及过程存在的危险，并根据危险带来的后果明确系统中的主要危害，如果需要，可利用故障树对主要危害继续分析。因此它又是确定故障树"顶上事件"的一种方法，可以与故障树配合使用。危险性与可操作性分析法由英国帝国化学工业公司发展而来，适用于类似化学工业系统的安全性分析。随后它逐渐发展完善，适应范围越来越广，已经应用于生产过程的各个方面。该方法可应用于设计审查阶段和现有生产装置的安全评价。对现有生产装置进行分析时，应让熟悉生产装置、有操作经验和管理经验的人员参加，这样会收到更好的效果。

7. 火灾、爆炸指数评价法（F&EI）

火灾、爆炸指数评价法为美国的化学公司所创。它以物质系数为基础，同时考虑工艺过程中其他因素，如操作方式、工艺条件、设备状况、物料处理量、安全装置等的影响来计算评价单元的危险度数值。因此，它主要是对生产过程中固有危险的度量。在确定要评价的危险单元后，用火灾、爆炸指数评价法可以真实地量化危险单元潜在的火灾、爆炸危险性和事故的预期损失，并帮助有关人员确定减轻潜在事故的严重性和总损失的有效而又经济的途径。

优点：该方法是指数评价法的一种，指数的采用使得系统结构复杂、用概率难以表述其危险单元的评价成为可能。这类方法操作简单，是目前应用较多的评价方法之一。指数的采用，避免了事故概率及其后果难以确定的困难。评价指数值的确定同时考虑事故概率和事故后果两个方面的因素。

但在实际工作中该评价方法也存在不足，即评价模型对系统安全保障体系的功能重视不够，特别是危险物质和安全保障体系间的相互作用关系未予考虑。各因素之间均以乘积或相加的方式处理，忽视了各因素之间重要性的差别。评价自开始起就用指标给出，使得评价后期的系统安全改进工作较困难。指标值的确定只与指标的设置有关，而与指标因素的客观状态无关，致使危险物质的种类、含量、空间布置相似，使得实际安全水平相差较远的系统的评价结果相似，因而该方法的灵活性和敏感性较差。

适用范围：火灾、爆炸指数评价法已被化学工业及石油化学工业认为是重要的危险指数评价法。该方法主要用于评价储存、处理、生产易燃、可燃、活性物质的操作过程，也可用于分析污水处理设施、公用工程系统、管路、整流器、变压器、锅炉、热氧化器以及发电厂一些单元的潜在损失，还可用于潜在危险物质库存量较小的工艺过程的风险评价，特别是用于实验工厂的风险评价。

8. 故障树分析法（fault tree analysis，FTA）

故障树又名事故树，它采用演绎法的原理，从顶上事件（即事故）开始，逐次分析每一事件的直接原因，直到基本事件为止，并用事故因果关系"有方向的树"表达出来。FTA不仅能分析出事故的直接原因，而且能深入提示事故的潜在原因，如设备装置的故障及误动作、作业人员的误判断或误操作以及毗邻场所的影响等。

1978年，我国天津东方化工厂首先将该方法用于高氯酸生产过程中的危险性分析，对减少和预防事故的发生取得了明显的效果。之后该方法又在化工、冶金、机械、航空等工业部门得到普遍推广和应用。FTA具有以下几个特点。

（1）采用演绎的方法分析事故的因果关系，能详细找出对象系统各种固有的

潜在危险因素,为安全设计、制定安全技术措施和安全管理要点提供了依据。

(2)能简洁形象地表示出事故和事故原因之间的因果关系及逻辑关系。

(3)在事故分析中,顶上事件可以是已发生的事故,也可以是预想的事故。通过分析找出原因,采取对策加以控制,从而起到预测、预防事故的作用。

(4)可以用于定性分析,求出危险因素对事故影响的大小;也可以用于定量分析,由各危险因素的概率计算出事故发生的概率,从数量上说明是否能满足预定目标值的要求,从而确定采取措施的重点和轻、重、缓、急顺序。

(5)可选择最感兴趣的事故作为顶上事件进行分析。

(6)分析人员必须非常熟悉对象系统,实践经验丰富,能准确和熟练应用分析方法。实际运用中,往往会出现不同分析人员编制的事故树和分析结果不同的现象。

(7)复杂系统的事故树往往很庞大,分析、计算的工作量大。

(8)进行定量分析时,必须知道事故树中各事件的故障数据;如果这些数据不准确,定量分析就不可能进行。

适用范围:既可用于定性分析,又可用于定量分析,做到分析全面、透彻而又有逻辑性。

(六)风险评价方法的选择

选择风险评价方法应坚持充分性原则、系统性原则、针对性原则、适应性原则和合理性原则。

充分性原则是指在选择风险评价方法之前,应充分分析被评价的系统,了解各风险评价方法的优缺点、适用范围和条件,同时为评价工作准备充分的资料。

系统性原则。风险评价方法所获得的结果必须建立在真实、合理和系统的基础数据之上,被评价的系统应能提供评价所需的系统化数据和资料;所选用的评价方法与被评价的系统所能提供的风险评价初值和边值条件应形成一个和谐的整体。

针对性原则是指所选择的风险评价方法应能提供所需的评价结果。

适应性原则是指所选择的风险评价方法应适用于被评价的系统。

合理性原则是指在满足评价目的和得到所需评价结果的前提下,应选择计算过程简单、所需基础数据最少的风险评价方法,使评价工作量和所得结果合理。

根据被分析系统的复杂程度和规模、工艺类型、工艺过程中的操作类型等影响来选择系统风险分析方法。对于复杂和规模大的系统,应先用较简捷的方法进行筛选,然后根据分析的详细程度选择相应的分析方法。对于某些工艺过程或系统,应选择恰当的系统风险分析方法。例如,对于化工工艺过程分析可采用危险性和可操作性分析法;对于机械、电气系统分析可采用故障类型及影响分析法。因此,应该根据分析对象的类型,选择相应的分析方法。对于不同类型的操作过程,若事故的发生是由单一故障引起的,则可以选择危险性与可操作性分析法;若事故的发生由许多危险因素共同引起,则可以选择故障树分析法等。

当系统的危险性较高时,通常采用系统、预测性的方法,如危险性与可操作性分析、故障类型及影响分析、故障树分析等方法。当危险性较低时,一般采用经验的、不太详细的分析方法,如安全检查表法等。对危险性的认识,与系统无事故运行时间、严重事故发生次数以及系统变化情况等有关,还与分析者所掌握的知识和经验、完成期限、经费状况等有关。

在系统的开发、设计初期,可以应用预先危险分析法。在系统运行阶段,可以应用危险性与可操作性分析、故障类型及影响分析等方法进行详细分析,或者应用故障树分析等方法对特定的事故或系统故障进行详细分析。

火灾、爆炸指数评价法是应用面较广的一种方法,适用于高温高压、易燃易爆、连续性生产、易发生火灾、爆炸事故的装置,如重油裂解装置、常减压装置等,分析系统中主要设备、工艺条件、物料的固有危险性和危险程度,使评价对象重点明确;作业条件危险性评价法(LEC)适用于一般施工作业及检修、维修作业,如修泵等;故障类型及影响分析法(FMEA)适用于对"指数法"评价出的危险部位中的各种事故、故障、事件的影响大小进行定量评价分析,确定其危险等级及不可承受的风险,同时也适用于公用工程系统(供排水、供电、锅炉)、销售系统等;故障树分析法对 FMEA 或 LEC 分析得到的不可承受的风险,进行更深入的分析,并按一定的逻辑关系推理,分析出故障树的最小割(径)集及系统中所有基本事件和可能导致系统故障的重要程度,从而提出使生产系统安全运行的必须重点控制的基本事件(关键部位、元件、器件)。实验室应结合实际情况,综合使用各种评价方法,探索出最适合的风险评价方法。

风险评价适用范围如表 3-9 所示。

表 3-9　风险评价适用范围

评估方法	评估目的	适用范围	定性或定量	可提供的评估结果			
				事故原因	事故概率	事故后果	风险分级
安全检查表法	危害分析、风险等级	设备、设施、管理、活动	定性	不能	不能	不能	不能
因果分析图法(鱼刺图法)	危害分析、事故原因	设备、设施、管理、活动	定性	提供	不能	提供	不能

续表

评估方法	评估目的	适用范围	定性或定量	可提供的评估结果			
				事故原因	事故概率	事故后果	风险分级
情景分析法	危害分析、事故原因	设备、设施、管理、活动	定性	提供	不能	提供	不能
预先危险分析法	危害分析、风险等级	项目的初期阶段、维修、改扩建、变更	定性	提供	不能	提供	提供
事故树分析法	事故原因、事故概率	已发生的和可能发生的事故、事件	定量	提供	提供	不能	概率分级
故障类型及影响分析法	故障原因、影响程度、风险等级	设备设施系统	定性	提供	提供	提供	事故后果分级
危险性与可操作性分析法	偏高原因、后果及其对系统的影响	复杂工艺系统	定性	提供	提供	提供	事故后果分级
风险矩阵法	风险等级	设备管理及人员管理	半定量	不能	提供	提供	提供
作业活动风险评估法	风险等级	作业活动	半定量	提供	提供	提供	提供
作业条件危险性评价法	风险等级	作业活动	半定量	不能	提供	提供	提供
人员可靠性分析方法	人员失误	人员行为	定量	提供	提供	不能	不能
危险度评价法	风险等级	装置单元和设备	定量	不能	不能	不能	提供
火灾、爆炸指数评价法	火灾爆炸、毒性及系统整体风险等级	化工类工艺过程	定量	不能	不能	提供	提供

续表

评估方法	评估目的	适用范围	定性或定量	可提供的评估结果			
				事故原因	事故概率	事故后果	风险分级
ICI 公司蒙德火灾、爆炸、毒性指标法	火灾爆炸、毒性及系统整体风险等级	化工类工艺过程	定量	不能	不能	提供	提供
易燃、易爆、有毒重大危险源评价法	火灾爆炸、毒性及系统整体风险等级	化工类工艺过程	定量	不能	不能	提供	提供
事故后果模拟分析方法	事故后果	区域及设施	定量	不能	提供	提供	提供

(七)风险评价方法的选择过程及准则

1. 风险评价方法的选择过程

在选择风险评价方法时应明确以下几个问题。

(1)风险评价方法不是一个单一的、确定的分析方法。

(2)选择恰当的风险评价方法时,并不存在"最佳"方法。

(3)风险评价方法并不是决定风险评价结果的唯一因素。

风险评价方法的选择过程如图 3-8 所示。

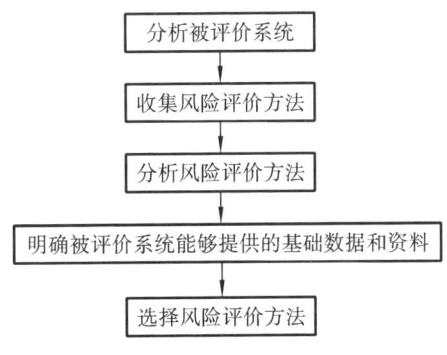

图 3-8　风险评价方法的选择过程

风险评价方法的选择依赖于评价人员对评价方法的不断了解和实际评价经验。

影响风险评价方法选择的因素类型如表3-10所示。

表3-10 影响风险评价方法选择的因素类型

序号	项目
1	开展评价的动机
2	所需评价结果的类型
3	可用于评价的信息类型
4	所分析问题的特征
5	已发觉的与评价对象有关的风险

2. 风险评价方法的选择准则

风险评价方法的选择准则如图3-9所示。

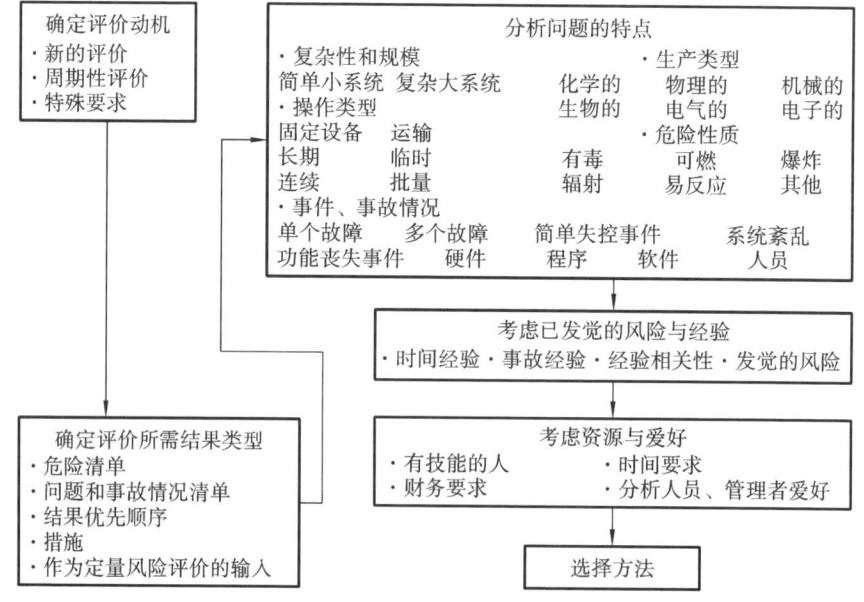

图3-9 风险评价方法的选择准则

【应用示例3-3】 实验室风险评价方法选择及应用实例

【例1】 某高校化学实验室以培养工业分析专业学生的基本能力和职业拓展能力为原则,校内设有工业分析实验中心,主要为工业分析专业的实验教学服务。实验室总面积为 860 m² 左右。中心下设"基础分析实验室""分析天平实室""分光光度计实验室""原子吸收实验室"等七个教学实验室,涵盖了基础课和专业课教学实验功能化分室。其中基础分析实验室 4 间,实验室内主要以玻璃仪器及实验室台面为主,承担分析化学基础实验。分析天平实验室主要以电光分析天平为主,承担分析化学基础实验;分光光度计实验室主要以分光光度计为主,承担分析化学基础实验;原子吸收实验室有原子吸收仪 2 台(分别为单火焰原子吸收分光光度计 TAS-990F、单石墨炉原子吸收分光光度计 TAS-990G),有 2 个化学危险品储罐。原子吸收实验室承担该系各个专业的仪器分析实验,实验室利用率高,由于实验室中存放有化学危险品,故该实验室存在的危险隐患高于其他基础实验室,因而对这间实验室存在的风险进行重点分析评价。原子吸收实验室面积为 90 m² 左右,位于该校化学实训中心楼层的末端,因此将这间实验室划分为一个评价单元。

风险评价方法:这间实验室在运作过程中,涉及易燃、易爆气体的使用,且实验室利用率较高,人员进出复杂,若实验过程中操作不当,很有可能会发生安全事故,造成人员伤亡,所以可以利用"作业条件危险性评价法(LEC)"确定其危险性,再用"易燃、易爆、有毒重大危险源评价法"对其危险性进行定量分析。

风险评价过程:

采用作业条件危险性评价法确定实验室的危险性,根据原子吸收实验室具体情况确定各因素的分值。

(1)实验室事故或危险事件发生的可能性(L)取值:实验过程中,原子吸收实验室会开启一台原子吸收仪,在仪器运行过程中需要的火焰一般为乙炔-空气焰,火焰温度为 2600 K,乙炔在空气中爆炸极限为 2.1%~80%(体积比)。乙炔在储存过程中,气体容易受外界因素(如压力、温度)的影响,引发猛烈爆炸。此外若不注意存放乙炔的气瓶的气密性,也会因为气体泄漏,造成爆炸。在原子吸收分光光度计使用过程中,如果待测样中有杂质,就会造成乙炔火焰不稳定,从而引发回火或爆炸。原子吸收分光光度计日常维护时,除了注意仪器是否能正常工作,也要注意细节的部分,如容易堵塞的燃烧器缝口,如果不定时清理,很有可能因为缝口堵塞而引起爆炸事故,因此在使用原子吸收分光光度计过程中,存在一定的潜在危险,属于"相当可能",其分数值 $L=6$。

(2)暴露于危险环境的频繁程度(E)取值:原子吸收实验室周围为分析天平实验室和分光光度计实验室,在上课时间,有 1~2 个班学生在同一楼层使用不同的实验室,人员数量大约为 60 人,出现在危险环境中的时间为一周一次的实验课,所以取 $E=3$。

(3)发生事故或危险事件的后果(C)取值:乙炔罐一旦起火燃烧,具有燃烧温度高、辐射热量大、有猛烈爆炸的危险,对人员和建筑物均形成严重威胁,极易造成人员伤亡,所以取 $C=15$。

综上所述,风险值 $D = L \cdot E \cdot C = 6 \times 3 \times 15 = 270$。风险值处于 $160 \sim 320$ 之间,其危险性等级为 4 级,属于"高度危险,需要立即整改"的范畴。

【例 2】 华南理工大学生物科学与工程学院实验教学示范中心位于广州大学城,微生物学实验室是该实验中心的重要组成部分,是微生物学专业基础实验课程的教学场所,每年承担生物科学与工程学院和环境与能源学院 3 个学科、6个专业的实验教学任务,涉及 300 名本科生,250 学时。实验室使用面积约 225 m²,分大实验室、仪器室、预备室、无菌室和消毒室 5 个分室。

根据微生物学实验室的 3 类危害(见表 3-11~表 3-13),微生物学实验室安全检查按照以下几大内容,将存在的各种安全隐患一一列表,主要包括:意外注射、切割伤或擦伤;潜在危害性物质的意外食入;潜在危害性气溶胶的释放;培养物等感染性物质的破碎及溢出;可封闭吊篮内离心管的破裂;火灾、水灾和自然灾害;恶意破坏;紧急救助时难以联系相关责任人;缺乏急救装备等。

对上述安全隐患,将运用预先危险分析法进行分析。预先危险分析法(preliminary hazard analysis,PHA)也称初始危险分析法,是风险评价的一种方法,是在每项生产活动之前,特别是在设计的开始阶段,对系统存在的危险类别、出现条件、事故后果等进行概略分析,尽可能评价出潜在的危险性。预先危险分析法主要用于人们还没有掌握某安全系统工程详细资料的时候,用来分析、辨识可能出现或已经存在的危险因素,并尽可能在付诸实施之前找到预防、改正、补救措施,消除或控制危险因素,借此从另一个角度对某安全系统工程的安全现状作出评价。

表 3-14 列出了微生物学实验室普遍存在的安全管理问题,华南理工大学生物科学与工程学院实验教学示范中心微生物学实验室的安全现状与此息息相关。表 3-14 显示,运用紧急事故预先危险分析法,华南理工大学生物科学与工程学院实验教学示范中心微生物学实验室危险性强的安全隐患发生的可能性较小,危险性弱的安全隐患发生的可能性虽然较大,但都可以控制甚至避免。

表 3-11 化学试剂的危险、危害因素分析

序号	化合物	主要危害特性
1	冰乙酸	腐蚀,灼伤性,刺激性气味,易燃
2	丙酮	毒性,伤害性蒸气,刺激,麻醉,易燃
3	乙醇	极易燃,致醉(麻醉)
4	甲醇	麻醉,黏膜刺激,视网膜和视神经损伤
5	戊醇	刺激性蒸气,有毒,易燃
6	乙醚	易燃,刺激眼睛,呕吐,致瘾性
7	氨	腐蚀性,灼伤性,伤害性蒸气,刺激眼睛

续表

序号	化合物	主要危害特性
8	苯胺	麻醉,呼吸系统麻痹
9	氯仿	头痛,恶心,黄疸,麻醉
10	过氧化氢	腐蚀性,可引起烧伤,刺激性
11	二甲苯	慢性毒性,非特异性神经损伤,易燃
12	甲醛	刺激性蒸气,易燃,慢性毒性
13	乙醛	刺激眼睛、呼吸道,麻醉,支气管炎,肝脏损害
14	乙腈	呼吸系统刺激,氰化物中毒
15	吡啶	毒性,对肝脏和肾脏损害,神经毒性
16	浓硫酸	腐蚀性,可引起灼伤
17	盐酸	腐蚀性,可引起灼伤,有刺激性气味
18	草酸	吞咽有毒
19	乳酸	刺激性,可引起烧伤
20	氢氧化钠	腐蚀性,可引起灼伤
21	氢氧化钾	腐蚀性,可引起灼伤
22	重铬酸钾	慢性毒性,腐蚀皮肤,危害性粉尘,氧化剂
23	碘	腐蚀性,可引起灼伤,危害性蒸气
24	酚	腐蚀性,中枢神经系统混乱,呕吐,昏迷

表 3-12　仪器设备的危险、危害因素分析

序号	仪器设备	可能产生的危害性分析
1	电热压力蒸气消毒器	触电,泄漏,超负荷用电引起火灾,压力失控引起爆炸,噪声
2	电热鼓风干燥箱	触电,因高温使用引起火灾、爆炸,因鼓风引起噪声
3	真空干燥箱	触电,高温火灾,因真空泵使用引起噪声
4	蒸馏水器	触电,因缺水造成火灾
5	培养搅拌、振荡器	产生气溶胶,喷溅,泄漏,噪声
6	冷冻干燥机	产生气溶胶和直接接触污染物
7	台式高速离心机	产生气溶胶,喷溅及离心管破裂,噪声
8	超净工作台	触电,噪声,辐射

续表

序号	仪器设备	可能产生的危害性分析
9	微波炉	触电,噪声,辐射
10	超声波清洗器	产生气溶胶,听力损伤,皮肤炎
11	厌氧罐	爆炸,感染性物质扩散
12	干燥器	内爆,玻璃碎片和感染性物质扩散
13	均浆器、组织研磨机	产生气溶胶,泄漏和容器破裂
14	水淋浴器	微生物生长

注:气溶胶是悬浮于空气介质中的、粒径一般为 0.001 ～ 100 μm 的固态、液态微小粒子形成的相对稳定的分散体系,是一种重要的传染源,应尽量减少气溶胶的形成和扩散。

表 3-13　设施、防护及操作技术的危险、危害因素分析

序号	设施、装备及操作技术	可能产生的危险、危害分析
1	生物安全柜	工作窗口正面气流,使气溶胶产生和喷溅
2	负压柔性薄膜隔离器	生物材料进样取样时产生气溶胶并泄漏
3	移液辅助器	吸放过程产生气溶胶,吸管末端破碎有裂口,影响密封,产生危险
4	一次性接种环	使用后未消毒,未按照污染性废弃物处理
5	微型加热器	扰乱气流,造成灭菌时感染性物质飞溅和散布
6	个人防护服和防护装备	使用完毕时未能妥善处理,造成感染性物质扩散
7	实验操作技术	人为失误,设备操作不当以及不良技术造成事故、伤害与感染

表 3-14　微生物学实验室紧急事故预先危险分析

事故	发生可能性	危险级别	事故处理
意外注射、切割伤或擦伤	B	Ⅱ	受伤人员应当脱下防护服,清洗手部和受伤部位。使用适当的皮肤消毒剂,到急救室进行处理,并告知负责人员受伤原因和相关的微生物。必要时向医生咨询并按照其建议进行处理,应当保留完整适宜的医疗记录
潜在危害性物质的意外食入	C	Ⅱ	应脱下受害人的防护服并送到急救室,告诉医生食入的物质并按照其建议进行处理。应当保留完整适宜的医疗记录

续表

事故	发生可能性	危险级别	事故处理
潜在危害性气溶胶的释放	A	Ⅱ~Ⅲ	所有人员必须立即撤离相关区域,任何暴露人员都应接受医学咨询;应当立即通知实验室负责人和生物安全官员;为了使气溶胶排出和使较大的粒子沉降,至少 1 h 内严禁人员入内;如果实验室没有中央通风系统,则需要推迟至 24 h 后方可进入;在此期间应当张贴"禁止进入"的标志,过了适当时间后,在生物安全官员的指导下清除污染,在清除污染工作中应穿戴适当的防护服和呼吸防护具
培养物等感染性物质的破碎及溢出	A	Ⅰ~Ⅱ	应当立即用布或纸巾覆盖受感染性物质污染的破碎物品(包括瓶子或容器)以及溢出的感染性物质(包括培养物),然后在上面倒上消毒剂。至少 30 min 后将布、纸巾以及破碎物品清理掉,玻璃碎片用镊子清理,然后再用消毒剂擦拭污染区域;如果用簸箕清理破碎物,应当对它们进行高压灭菌或放在有效的消毒液内浸泡 24 h;用于清理的布、纸巾和抹布等应当放在盛放污染性废物的容器内。在这些操作过程中都应戴手套
可封闭吊篮内离心管的破裂	B	Ⅰ~Ⅱ	所有密封离心吊篮都应在生物安全柜内装卸,如果怀疑离心管发生破损,应该打开盖子和松开固定部件,并高压灭菌吊篮
火灾、水灾和自然灾害	E	Ⅳ	应事先告知消防员和其他服务人员哪些房间有潜在的感染性物质;发生火灾和其他自然灾害(包括地震)时,应就实验室建筑内和附近潜在的危险向当地或国家紧急服务人员提出警告;只有在受过训练的实验室工作人员的陪同下,才能进入这些地区;培养物和感染性物质应收集在防漏的盒子内或结实的可废弃袋内,由安全员依据现场情况决定继续利用或最终废弃
恶意破坏	E	Ⅱ~Ⅲ	恶意破坏经常是有选择性的,结实厚重的门、优质的锁以及严格的准入措施等都是适当的防护措施;最好有监视窗和闯入警报器,发生恶意破坏时应按其他紧急事故同样处理

续表

事故	发生可能性	危险级别	事故处理
紧急救助时难以联系相关责任人	A	I	在所有电话机附近应显著张贴以下电话号码及地址:实验室本身的电话及地址;实验室主任;实验室负责人;生物安全官员;消防队;医院/急救机构;警察;医学官员;负责的技术员;水、气和电的维修部门
缺乏急救装备	A	I	必须配备以下紧急设备:急救箱,包括常用的和特殊的解毒剂;担架;合适的灭火器和灭火毯;带有能有效防护化学物质和颗粒的滤毒罐的全面罩式防毒面具;房间消毒设备,如喷雾器和甲醛熏蒸器;工具,如锤子、斧子、扳手、螺丝刀、梯子和绳子;划分危险区域界限的仪器和标志

第五节　事　　件

一、标准条款

事件 incident

发生或可能发生与工作相关的健康损害或人身伤害(无论严重程度),或者死亡的情况。

注1:事故是一种发生人身伤害、健康损害或死亡的事件。

注2:未发生人身伤害、健康损害或死亡的事件通常称为"未遂事件",在英文中也可称为"near-miss""near-hit""close call"或"dangerous occurrence"。

注3:紧急情况是一种特殊类型的事件。

[来源:GB/T 28001—2011,3.9]

二、标准解读

事件是指发生或可能发生与工作相关的不良结果的非预期的情况,主要指活动、过程本身的情况,其结果不确定。形成事件的两个要素:一是造成(或可能造成)人员健康损害、人身伤害或者死亡的非预期的不良结果;二是引发不良结果的根源与工作相关。事件可分为事故、未遂事件、紧急情况等。事故是已经造成健康损害、人身伤害或者死亡的不良结果的非预期事件。侥幸而未造成不良结果的事件称为未遂事件,英文称为"near-miss""near-hit""close call"或"dangerous occurrence",未遂事件也应引起关注。紧急情况建议考虑正常运行期间可能发生的紧急情况,以及异常状况下可能发生的紧急情况。紧急情况包括火灾、爆炸、台风、化学品泄漏、安全设施失灵、传染病流行等突发性事件。本术语采用 GB/T 45001—2020《职业健康安全管理体系　要求及使用指南》的定义,将事故和事件统称为事件。从标准的内容来说,形成事件的不良结果也包括对物质财产造成损毁、破坏或其他形式的价值损失。

(一)事件与事故

1. 事件与事故的概念

事件是因工作,或者在工作过程中引发的可能或已经造成人身伤害和健康损害的情况。

事故一般是指当事人违反法律法规或由疏忽失误造成的意外死亡、疾病、伤害、损坏或者其他严重损失的情况,如交通事故、生产事故、医疗事故、自伤事故。事故主要是指伤亡事故,又称伤害。根据能量转移理论,伤亡事故指人们在行动过程中,接触了与周围条件有关的外来能量,这种能量在一定条件下异常释放,反作用于人体,致使人身生理机能部分或全部丧失的现象。

事故是发生于预期之外的造成人身伤害或经济损失的事件。事故是发生在人们的生产、生活活动中的意外事件。在事故的各种定义中,伯克霍夫(Berckhoff)的定义较著名。

伯克霍夫认为,事故是人(个人或集体)在为实现某种意图而进行的活动过程中,突然发生的、违反人意志的、迫使活动暂时或永久停止,或迫使之前存续的状态发生暂时或永久性改变的事件。事故包括的含义如下。

(1)事故是一种发生在人类生产、生活活动中的特殊事件,人类的任何生产、生活活动过程中都可能发生事故。

(2)事故是一种突然发生的、出乎人们意料的意外事件。由于事故发生的原因非常复杂,往往包括许多偶然因素,因而事故的发生具有随机性。在某些事故发生之前,人们无法准确地预测什么时候、什么地方、发生什么样的事故。

(3)事故是一种迫使进行着的生产、生活活动暂时或永久停止的事件。事故中断、终止人们正常活动的进行,必然给人们的生产、生活带来某种形式的影响。因此,事故是一种违背人们意志的事件,是人们不希望发生的事件。

事故是一种动态事件,开始于危险的激化,并以一系列原因事件按一定的逻辑顺序流经系统而造成损失,即事故是指造成人员伤害、死亡、职业病或设备设施

等财产损失和其他损失的意外事件。事故分为生产事故和企业职工伤亡事故。生产事故是指生产经营活动(包括与生产经营有关的活动)过程中,突然发生的伤害人身安全和健康,或者损坏设备、设施或造成经济损失,导致原活动暂时中止或永远终止的意外事件。

设备事故是指正式投运的设备在生产过程中由于设备零件、构件损坏而生产突然中断或由于能源供应中断、设备损坏而生产中断的意外事故。其中,在生产过程中设备的安全保护装置正常运作,安全件损坏使生产中断而未造成其他设备损坏不列为设备事故。

2. 事故的特点

(1)因果性。

引起事故的原因是多方面的。在伤亡事故调查分析过程中,应弄清事故发生的因果关系,找出事故发生的原因,这对预防类似的事故发生起到积极作用。

(2)随机性。

事故的随机性是指事故发生的时间、地点、事故后果的严重程度是随机的。这就给事故的预防带来一定的困难。

(3)潜伏性。

事故是一种突发事件,但是事故发生之前有一段潜伏期。事故发生之前,系统(人、机、环境)所处的状态是不稳定的,也就是说系统存在着事故隐患,具有危险性。

(4)可预防性。

现代事故预防所遵循的原则是事故是可以预防的,即任何事故,只要采取正确的预防措施,事故是可以防止的。

3. 事故的分类

GB 6441—1986《企业职工伤亡事故分类》将企业工伤事故分为 20 类,分别为物体打击、车辆伤害、机械伤害、起重伤害、触电、淹溺、灼烫、火灾、高处坠落、坍塌、冒顶片帮、透水、放炮、瓦斯爆炸、火药爆炸、锅炉爆炸、容器爆炸、其他爆炸、中毒和窒息以及其他伤害等。

(1)伤害程度分类。

根据 GB 6441—1986《企业职工伤亡事故分类》规定,伤害程度分类如下。

①轻伤:指损失 1 个工作日至 105 个工作日的失能伤害。

②重伤:指损失工作日等于和超过 105 个工作日的失能伤害,重伤损失工作日最多不超过 6000 个工作日。

③死亡:指损失工作日超过 6000 个工作日,这是根据我国职工的平均退休年龄和平均寿命计算出来的。

(2)受伤性质分类。

受伤性质是指人体受伤的类型,实质上是从医学角度给予创伤的具体名称,常见有电伤、挫伤、割伤、擦伤、刺伤、撕脱伤、扭伤、倒塌压埋伤、冲击伤等。

（3）事故损失分类。

事故一般分为以下等级。

①特别重大事故，是指造成 30 人以上死亡，或者 100 人以上重伤（包括急性工业中毒，下同），或者 1 亿元以上直接经济损失的事故。

②重大事故，是指造成 10 人以上 30 人以下死亡，或者 50 人以上 100 人以下重伤，或者 5000 万元以上 1 亿元以下直接经济损失的事故。

③较大事故，是指造成 3 人以上 10 人以下死亡，或者 10 人以上 50 人以下重伤，或者 1000 万元以上 5000 万元以下直接经济损失的事故。

④一般事故，是指造成 3 人以下死亡，或者 10 人以下重伤，或者 1000 万元以下直接经济损失的事故。

本等级划分的"以上"包括本数，"以下"不包括本数。

（二）未遂事件

未遂事件是指未发生健康损害、人身伤亡、重大财产损失与环境破坏的事件。并非所有的意外事件或所有的意外释放能量，都会造成损失。按照安全学的轨迹交叉理论，如果人因和物因两条轨迹未能得以交叉，则不会发生人身伤亡。

（三）紧急情况

紧急情况是指发生或者即将发生特别重大突发事件，需要国家机关行使紧急权力予以控制、消除其社会危害和威胁时，有关国家机关按照宪法、法律规定的权限决定并宣布局部地区或者全国实行的一种临时性的严重危急状态。在紧急情况下，各国的法律都有相应规定，政府可以采取特别措施来限制社会成员一定的行动，政府还有权强制有关公民有偿提供一定劳务或者财物，社会成员也有义务配合政府在紧急情况下采取的措施，来应对和解决突发事件。

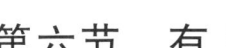

第六节　有害物质

一、标准条款

有害物质 harmful substances
化学的、物理的、生物的等能危害职工健康的所有物质的总称。
［来源：GB/T 12801—2008，3.7］

二、标准解读

有害物质是化学的、物理的、生物的等能危害职工健康的所有物质的总称。实验室工作者要经常接触各种有机的和无机的化学试剂,有时还要接触在操作过程中所产生的各种气体、蒸气、烟雾和粉尘。而大部分化学试剂和化学反应产生的气体对人体是有害的,如不注意,衣服和手上染上有毒试剂,很可能被带入消化系统或由皮肤侵入体内。化学毒物一经侵入,便可随血液循环遍布全身。微量毒物在人体各组织内积蓄下来,当达到一定量时就会出现中毒症状,严重者甚至会引发死亡。

(一)有害物质分类

实验室中大部分的化学物品是有毒或有害的,有些具有易燃、易爆的特性。这些有毒有害物质根据其性质可分为 5 大类。

(1)酸类:在实验中接触到的酸主要有硫酸、盐酸、硝酸、氢氟酸,这四种酸都有腐蚀性,能腐蚀皮肤,造成深度烧伤,破坏细胞,而氢氟酸还能腐蚀人体的骨骼。

(2)碱类:碱性物也具有强烈的腐蚀性,氢氧化钠、氢氧化钾都属于强碱;氨水也是碱性物,也具有腐蚀性。

(3)盐类:盐类物质一般性质比较温和,但同样也有一部分盐类是有毒有害物质,有的是剧毒物品,常见的有毒盐类有氰化钾、三氧化二砷以及二价汞盐等。

(4)有机物:常见有机物中,有毒有害物质主要有腐蚀性物质,如甲酸、甲醛;有毒物质,如四氯化碳、三氯甲烷;具有爆炸性的物质,如三硝基甲苯(TNT)、硝酸铵等;具有麻醉作用的有害物质,如苯、苯的氨基和硝基化合物;而汽油也具有一定毒性,它可破坏中枢神经系统。

(5)气体类:实验中有害气体类物质主要有如下 2 种。

①易燃易爆气体,如氢气、甲烷、乙烯、乙炔等。

②有毒有害气体,如实验中产生的一氧化碳、硫化氢、一氧化二氮(俗称笑气)以及液化气体,如液氮。人体一旦摄入这些气体,轻者昏迷,重者危及生命。

(二)预防和急救措施

为了防止有害物质造成危险事故,必须采取一些预防和急救的措施。

(1)防毒:防毒的关键是要尽量杜绝和减少毒质进入人体的途径。应针对不同的药品,采取相应的防护措施。操作有毒气体如硫化氢、氯气等应在通风橱中进行;使用完煤气后一定要把煤气闸门关好;苯、四氯化碳、乙醚等蒸气会引起中毒,虽然它们都有特殊气味,但久吸后会使人嗅觉减弱,必须高度警惕,用移液管移取有毒、有腐蚀性液体时,严禁用嘴吸;有些药品(如汞等)能穿过皮肤进入体内,应避免直接与皮肤接触;氰化物、三氧化二砷等剧毒物,应妥善保管。还应注意饮食用具不能带到实验室内,以防止毒物污染,离开实验室时要洗净双手。

(2)防爆:可燃性的气体和空气的混合物,当两者的比例处于爆炸极限时,只要有一个适当热源(如电火花诱发),就会引起爆炸。因此应尽量防止可燃性气体扩散到室内空气中,保持室内良好的通风,不使它们形成爆炸混合气。在操作大量可燃性气体时,应严禁使用明火。另外应注意有些化学药品,如乙炔银、乙炔铜等受振动或受热也会引起爆炸。

(3)防火:许多有机溶剂(如乙醚、苯等)很容易引起燃烧,使用时要防明火,而且这些药品不可存放过多。用后要及时回收处理,不可倒入下水道,以免积聚引起火灾等。还有些物质能自燃,如黄磷在空气中就能因氧化发生自行升温燃烧,金属钠、钾遇水也会自燃,如果着火应冷静判断,采取相应措施。常用灭火工具有水、砂以及二氧化碳灭火器,可根据着火原因、场所情况选用。如钾、钠、电石、过氧化钠等燃烧应采用干砂等灭火,禁止用水灭火;如汽油、苯等着火,这些液体比水轻,采用泡沫灭火剂更有效,因为泡沫比易燃液体轻,覆盖在燃烧的液体上面可隔绝空气;金属或熔融物着火应采用干砂或固体粉末灭火;电气设备着火,用二氧化碳灭火器较合适。

(4)防灼伤:强酸、强碱、强氧化剂等都会腐蚀皮肤,尤其应防止它们溅入眼内,在操作过程中接触这些药品,可戴防护目镜、橡皮手套。如果受伤要及时治疗。

(5)防水:有时因停电而忘记关闭进水阀门,当来水后且实验室没人,又遇排水不畅,则会发生事故,淋湿甚至浸泡仪器设备。有些试剂遇水会燃烧,因此离开实验室前应检查水、电、煤气开关是否关好。

另外,在实验室中,还有许多仪器设备很容易引起电器火灾、触电灼烧或触电休克。引起电器火灾的原因很多,使用电器时一定要按规定规程使用。此外,实验室若不接保护地线,一些仪器机壳很可能带电,或者在开关电闸时手是湿的,或存在裸露的电源导线等,都极易引发触电事故,应多加注意。

【应用示例 3-4】 实验室有害物质事故案例

1. 四川大学实验室氯化氢泄漏事故

2014 年 4 月 9 日上午 9 时 20 分左右,四川大学第一理科楼突然弥漫起大片呛人的白雾状气体,引发楼内师生紧急疏散。该气体是从三楼一垃圾桶内破碎的烧瓶中泄漏出来的。据一名"学霸"疏散途中测试,该化学品应为具有强腐蚀作用的氯化氢。事发 30 分钟后,泄漏事故处置完毕,师生已经恢复正常上课。

"我们跑下楼的时候闻到气味,大概就猜到是氯化氢。为了证实,班里还有同学立即拿试剂测试了一下,果然呈酸性!"氯化氢挥发冒烟的情况在实验室中经常见到,不过这一次的量比较大。而且其大量挥发时有较强的刺激性气味,对呼吸道黏膜有损伤,所以才造成了上午的小慌乱。"学理科的人都见惯了,大多数人都

很淡定哈。""老师先把我们带到了楼顶平台上,后来确认没什么问题,就疏散到了楼下!"事发时正在 6 楼上课的黄同学告诉记者。黄同学等人学的是生物材料专业,经常同化学品打交道,所以当呛鼻浓烟从楼下蹿上来时,师生们都显得比较镇定。待现场情况稳定后,所有学生在老师的指挥下,有序地疏散到室外。从化学品泄漏到成都消防到场处置,历时 30 多分钟,没有人员伤亡。

2. 上海交通大学实验室硫化氢泄漏事故

2015 年 3 月 3 日下午 1 时 30 分许,上海交通大学闵行校区环境科学与工程学院一实验室发生硫化氢泄漏事件,一名供货单位业务员在更换气瓶过程中,气瓶内硫化氢气体发生泄漏导致其身亡。事故中无学生伤亡。死者是实验室供货单位的业务员,事发地系该校环境科学与工程学院实验室。在更换气瓶过程中,气瓶内硫化氢气体发生泄漏,这名业务员经 120 送医抢救无效,不幸身亡。

硫化氢对人体有全身性毒作用,主要表现在中枢神经系统症状。急性中毒死亡几乎和氰化物中毒同样迅速。当硫化氢浓度为 50~100 毫克/立方米时,1 小时后只是轻度眼部和呼吸系统不适;而当硫化氢浓度为 100~500 毫克/立方米时,1 小时就会有显著的眼部和呼吸系统不适;当硫化氢浓度为 500~700 毫克/立方米时,半小时到 1 小时就会出现无知觉致死;当硫化氢气体浓度达 1000 毫克/立方米以上时,吸一口即致命。所以在接触硫化氢时一定要做好防护措施。

3. 兰州大学实验室氨气泄漏事故

2009 年 4 月 7 日晚上 7 时 34 分,兰州大学化学实验室 515 发生氨气泄漏,事发时实验室无人留守,因此无人被困。值班人员发现异常后立即报警,广场消防中队消防人员接警后迅速赶赴救援,将氨气瓶抬到安全地带,并对楼内的氨气进行了稀释。

当晚 7 时 34 分,消防人员到达现场后经询问实验室老师得知,泄漏气体为氨气。氨气带有剧毒,泄漏区域为化学楼 5 楼 515 实验室。中队指挥员和中队长立即命令消防人员穿戴防护服,佩戴空气呼吸器。消防人员赶到发生泄漏事故的实验室后,先将装着氨气的黄色气瓶阀门关闭,然后将气瓶抬出。晚上 8 时左右,消防人员对楼内的氨气进行了稀释,并将气瓶移交给有关人员。据了解,这次泄漏事故主要原因为学生们做完实验后,没将氨气气瓶阀门关紧。

4. 浙江大学"7·3"一氧化碳化学中毒事故

2009 年 7 月 3 日中午 12 时 30 分许,浙江大学理学部化学系博士研究生袁某发现博士研究生于某昏厥倒在催化研究所 211 室,便呼喊老师寻求帮助,并于 12 时 45 分拨打 120 急救电话。袁某本人随后也晕倒在地。12 时 58 分,120 急救车抵达现场,将于某和袁某送往省立同德医院。13 时 50 分,省立同德医院急救中心宣布于某抢救无效死亡,袁某留院观察治疗,于次日出院。

杭州市公安机关在接到学校的报警后,立即对事件开展调查。经初步调查发现,浙江大学化学系教师莫某、浙江某高校教师徐某,于事发当日在化学系催化研究所做实验过程中存在误将本应接入 307 实验室的一氧化碳气体接至通向 211 室输气管的行为。莫某、徐某的行为涉嫌危险物品肇事罪,公安机关已立案调查,并对其采取监视居住的强制措施。

第七节 危险化学品

一、标准条款

危险化学品 hazardous chemicals

具有毒害、腐蚀、爆炸、燃烧、助燃等性质,对人体、设施、环境具有危害的剧毒化学品和其他化学品。

[来源:GB/T 27476.1—2014,3.1]

二、标准解读

危险化学品作为实验室的实验材料,品种繁多,理化性质复杂,在储存使用过程中安全隐患极大。根据近年来公开报道的实验室安全事故典型案例统计分析,其中危险化学品事故占 84%,可见危险化学品一直是实验室最主要的危险源,危险化学品安全管理是实验室安全管理的重中之重。

根据《危险化学品安全管理条例》《工作场所安全使用化学品的规定》,危险化学品生产、储存、使用、经营和运输的安全管理必须符合国家法律要求。废弃危险化学品的处置,依照有关环境保护的法律、行政法规和国家有关规定执行。危险化学品目录,由国务院安全生产监督管理部门会同国务院工业和信息化、公安、环境保护、卫生、质量监督检验检疫、交通运输、铁路、民用航空、农业主管部门,根据化学品危险特性的鉴别和分类标准确定、公布,并适时调整。危险化学品安全管理,应当坚持安全第一、预防为主、综合治理的方针,强化和落实企业的主体责任。生产、储存、使用、经营、运输危险化学品的单位的主要负责人对本单位的危险化学品安全管理工作全面负责。危险化学品单位应当具备法律、行政法规规定和国家标准、行业标准要求的安全条件,建立、健全安全管理规章制度和岗位安全责任

制度,对从业人员进行安全教育、法治教育和岗位技术培训。从业人员应当接受教育和培训,考核合格后上岗作业;对有资格要求的岗位,应当配备依法取得相应资格的人员。任何单位和个人不得生产、经营、使用国家禁止生产、经营、使用的危险化学品。国家对危险化学品的使用有限制性规定的,任何单位和个人不得违反限制性规定使用危险化学品。

(一)危险化学品分类

根据《危险化学品安全管理条例》中的定义,危险化学品是指具有毒害、腐蚀、爆炸、燃烧、助燃等性质,对人体、设施、环境具有危害的剧毒化学品和其他化学品。按我国目前已经颁布的标准,危险化学品依据其性质分为爆炸品,压缩、液化气体,易燃液体,易燃固体、自燃物品、遇湿易燃物品,有机过氧化物、氧化剂,有毒品,腐蚀品,放射性物品八大类(其主要有害性质有六种,见图 3-10),每一类又分为若干项。危险化学品的分类如表 3-15 所示。

图 3-10　危险化学品的性质

表 3-15　危险化学品的分类

危险化学品类型	特性
爆炸品	①容易发生爆炸危险的物质和物品,如高氯酸; ②容易燃烧或可能发生爆炸危险的物质和物品,如二亚硝基苯; ③具有潜在爆炸性的物质和物品,如四唑并-1-乙酸

续表

危险化学品类型	特性
压缩、液化气体	①易燃气体,如氢气、一氧化碳、甲烷等; ②不燃气体(包括助燃气体),如氮气、氧气等; ③有毒气体,如液氯、液氨等
易燃液体	如乙醛、丙酮、苯、甲醇、环辛烷、氯苯、苯甲醚等
易燃固体 自燃物品 遇湿易燃物品	①易燃固体,指燃点低,对热、撞击、摩擦敏感,易被外部火源点燃,迅速燃烧,能散发有毒烟雾或有毒气体的固体,如红磷、硫黄等; ②自燃物品,指自燃点低,在空气中易于发生氧化反应放出热量,而自行燃烧的物品,如黄磷、氯化钛等; ③遇湿易燃物品,指遇水或受潮时,发生剧烈反应,放出大量易燃气体和热量的物品,有的不需明火,就能燃烧或爆炸,如金属钠、氰化钾等
有机过氧化物、氧化剂	①有机过氧化物,指分子结构中含有过氧键的有机物,其本身易燃易爆极易分解,对热、振动和摩擦极为敏感,如过氧化苯甲酰、过氧化甲乙酮等; ②氧化剂,指具有强氧化性,易分解放出氧和热量的物质,对热、振动和摩擦比较敏感,如氯酸铵、高锰酸钾等
有毒品	各种氰化物、砷化物、化学农药等
腐蚀品	①酸性腐蚀品,如硫酸、硝酸、盐酸等; ②碱性腐蚀品,如氢氧化钠、硫氢化钙等; ③其他腐蚀品,如二氯乙醛、苯酚钠等
放射性物品	含有放射性同位素的酸、碱盐类等,如铀-238、钴60、硝酸钍等

1. 爆炸品

爆炸品一般指在外界作用下(如受热、受压、撞击等),能发生剧烈的化学反应,瞬时产生大量的气体和热量,使周围压力急剧上升,发生爆炸,对周围环境造成破坏的物品。爆炸品也包括无整体爆炸危险,但具有燃烧、抛射及较小爆炸危险的物品,或仅产生热、光、声响或烟雾等一种或几种作用的烟火物品,如火药、炸药、烟花爆竹等都属于爆炸品。

爆炸是指在极短时间内,释放出大量能量,产生高温,并放出大量气体,在周围介质中造成高压,同时破坏性极强的化学反应或状态变化。按照爆炸的初始能量不同,爆炸通常分为物理爆炸、化学爆炸和核爆炸三种形式。

物理爆炸是由物理变化(如温度、体积和压力等因素)引起的,在爆炸的前后,爆炸物质的性质及化学成分均不改变。锅炉爆炸是典型的物理爆炸,其原因是过

热的水迅速蒸发产生大量水蒸气,水蒸气压力不断升高,当压力超过锅炉的极限强度时,就会发生爆炸。又如,氧气钢瓶受热升温,引起气体压力升高,当压力超过钢瓶的极限强度时即发生爆炸。发生物理爆炸时,气体或蒸气等介质潜藏的能量在瞬间释放出来,会造成巨大的破坏和伤害。上述的物理爆炸是蒸气和气体膨胀力作用的瞬时表现,它们的破坏性取决于蒸气或气体的压力。

化学爆炸是由化学变化造成的。化学爆炸的物质不论是可燃物质与空气的混合物,还是爆炸性物质(如炸药),都是一种相对不稳定的系统,在外界一定强度的能量作用下,能产生剧烈的放热反应,产生高温高压和冲击波,从而引起强烈的破坏作用。如炸药的爆炸,可燃气体、液体蒸气和粉尘与空气(一定浓度的氧气)混合物的爆炸等。化学爆炸是消防工作中重点防止的对象。

核爆炸是剧烈核反应中能量迅速释放的结果,可能由核裂变、核聚变或者这两者的多级串联组合所引发,如原子弹或氢弹的爆炸。

2. 压缩、液化气体

压缩气体:永久气体、液化气体和溶解气体的统称,并符合下述两种情况之一。

(1)临界温度低于 50 ℃,或在 50 ℃时,其蒸气压力大于 294 千帕(kPa)的压缩或液化气体。

(2)温度在 21.1 ℃时,气体的绝对压力大于 275 千帕(kPa),或温度在 54.4 ℃时,气体的绝对压力大于 715 千帕(kPa)的压缩气体;或温度在 37.8 ℃时,雷特蒸气压大于 275 千帕(kPa)的液化气体或加压溶解气体。

液化气体:介质在最高使用温度下的饱和蒸气压力不小于 0.1 MPa,且临界温度大于或等于 −10 ℃的气体,是高压液化气体和低压液化气体的统称。

为了便于储运和使用,往往将气体用降温加压法压缩或液化后储存于钢瓶内。有的气体较易液化,在室温下,单纯加压就能呈现液态,如氯气、氨气、二氧化碳。有的气体较难液化,如氮气、氧气。在钢瓶中处于气体状态的称为压缩气体,处于液体状态的称为液化气体。此外,本类还包括加压溶解的气体,如乙炔。

3. 易燃液体

凡在常温下以液体状态存在,遇火容易引起燃烧,其闪点在 4 ℃以下的物质叫易燃液体,如汽油、乙醇、苯等。这类物质大多是有机化合物,其中很多属于石油化工产品。

闪点即在规定条件下,可燃性液体加热到它的蒸气和空气组成的混合气体与火焰接触时,能产生闪燃的最低温度。

闪点是表示易燃液体燃爆危险性的一个重要指标,闪点越低,燃爆危险性越大。

4. 易燃固体

在常温下以固态形式存在,燃点较低,遇火、受热、撞击、摩擦或接触氧化剂能引起燃烧的物质,称易燃固体,如赤磷、硫黄、松香、樟脑、镁粉等。

物质的燃点是指将物质在空气中加热时,开始并继续燃烧的最低温度。

5. 自燃物品

自燃物品指自燃点低,在空气中易发生物理、化学或生物反应,放出热量,而自行燃烧的物品,如白磷、煤、堆积的浸油物、硝化棉、金属硫化物、堆积植物等,都是常见的自燃物品。

6. 遇湿易燃物品

遇湿易燃物品指遇水或受潮时,会发生剧烈化学反应,放出大量易燃气体和热量的物品。有的不需要明火,即能燃烧或爆炸。

7. 氧化剂和有机过氧化物

在氧化还原反应中,获得电子的物质称作氧化剂,与此对应,失去电子的物质称作还原剂。狭义地说,氧化剂又指可以使另一物质得到氧的物质。

含有过氧基-O-O-的化合物可看成过氧化氢的衍生物,过氧化物分为无机过氧化物和有机过氧化物。

8. 有毒品

有毒品是指进入肌体后,其累积达到一定的量,能与体液和器官组织产生生物化学作用或生物物理学作用,扰乱或破坏肌体的正常生理功能,引起某些器官和系统暂时性或持久性的病理改变,甚至危及生命的物品。

急性毒性是判断一个化学品是否为有毒品的一个重要指标。它是指一定量的毒物一次对动物所产生的毒害作用,用半数致死量 LD_{50} 来表示,其含义为能使一组被试验的动物(家兔、白鼠等)死亡 50% 的剂量,单位为 mg/kg,也可用半数致死浓度 LC_{50} 表示,其含义为试验动物吸入后,经一定时间,能使其半数死亡的空气中该毒物的浓度,单位为 mg/L 或 ppm。例如,氰化钠的大鼠经口半数致死量(LD_{50})为 6.4 mg/kg。

有毒品的半数致死量越小,说明它的急性毒性越大。但不能依据它来判断慢性毒性,有些毒品尽管其半数致死量的数值较大(即急性毒性较低),但小量长期摄入时,因其有积蓄作用等因素,表现为慢性毒性较高。一些化工产品如苯胺、丁基甲苯、乙二酸酯类,都具有不同程度的慢性致毒特性。

9. 放射性物品

放射性物品就是含有放射性核素,并且其中的总放射性核素含量和单位质量的放射性核素含量均超过免于监管的限值的物品。

10. 腐蚀品

腐蚀品是指能灼伤人体组织并对金属等物品造成损坏的固体或液体。腐蚀品与皮肤接触在 4 小时内会出现可见坏死现象,或温度在 55 ℃时,对 20 号钢的表面平均腐蚀速率超过 6.25 mm/a。

(二)危险化学品的危害

大多危险化学品具有有毒、有害、易爆等特点,在生产、储存、运输和使用过程中因意外或人为破坏等原因发生泄漏、火灾爆炸,极易造成人员伤亡和环境污染等事故。

1. 火灾爆炸

危险化学品引起的火灾与爆炸事故是我国当前化工生产领域的常见多发事故。近年来,我国化工系统所发生的各类事故中,火灾爆炸导致的人员伤亡为各类事故之首,由此导致的直接经济损失也相当严重。

在化学实验室中,各种危险化学品使用极为普遍,且种类繁多。实验室是科研、教学与生产的重要场所,也是易发生火灾爆炸危险的地方。

2. 人体中毒

化学品对健康的影响从轻微的皮疹到一些急、慢性伤害,甚至引发癌症,危害更严重的是一些引人注目的化学灾害性事故。因此,了解危险化学品对人体危害的基本知识,对于加强化学品管理,防止中毒事故的发生是十分必要的。

有毒的化学品经呼吸道、消化道和皮肤进入人体,当达到一定量时,便会引起人体结构的损伤,破坏正常的生理功能,引起中毒。

(1)实验中接触到的某些有毒气体、蒸气、烟雾及粉尘等能够通过呼吸道进入人体,如 CO、HCN、Cl_2、酸雾、NH_3 等。

(2)有些有毒化学品则可经未洗净的手,在饮水、进食时经消化道进入人体,如氰化物、汞盐、砷化物等。胃肠道的酸碱度是影响毒物吸收的重要因素。

(3)有些有毒化学品是通过触及皮肤及五官黏膜而进入人体,如汞、SO_2、SO_3、氮的氧化物、苯胺等。

(4)有些有毒化学品可由多种途径同时进入人体。

有些有毒化学品进入人体会出现急性中毒症状,有些有毒化学品对人体的毒害可能是慢性的、积累性的,如汞、砷、铅、苯、酚、卤代烃等,当它们首次进入人体时,量很少,症状不明显,往往被忽视,直到长期接触以后,才会出现中毒的症状,因此必须给予足够的重视。

3. 环境污染

随着化学工业的发展,各种化学品的产量大幅度增加,新化学品也不断涌现。人们在充分利用化学品的同时,也产生了大量的化学废物,其中不乏有毒有害物质。化学废物毫无控制地随意排放及化学品其他途径的泄放,致使有害物质对大气、水质、土壤和动植物产生影响,并达到致害的作用,不仅破坏了生物界的生态系统,也造成了环境污染,使环境状况日益恶化,对国家和人民的生命财产安全造成严重危害。

危险化学品污染环境的途径是多样的,其中主要的污染途径可分为以下 4 种。

(1)人为使用直接进入环境。

(2)作为化学污染物,以废水、废气和废渣等形式排放进入环境。

(3)由于着火、爆炸、泄漏等突发性化学事故,致使大量有害化学品外泄进入环境。

(4)在石油、煤炭等燃料燃烧过程中以及家庭装饰等日常生活使用中,直接排入或者使用后作为废弃物进入环境。

无论危险化学品以何种途径进入环境,都会对环境造成严重危害或潜在危害。因此,深刻认识化学品的污染危害,最大限度地降低化学品的污染和提高化学品生产和使用的安全性,加强环境保护力度,已是人们亟待解决的重大问题。

第八节 化学品安全技术说明书

一、标准条款

化学品安全技术说明书 safety data sheet for chemical products;SDS

化学品的供应商向下游用户、公共机构、服务机构和其他涉及该化学品的相关方传递化学品基本危害信息(包括运输、操作处置、储存和应急行动信息)的一种载体。

注:在一些国家,化学品安全技术说明书又被称为物质安全技术说明书(material safety data sheet,MSDS)。

[GB/T 27476.1—2014,定义 3.19]

二、标准解读

化学品安全技术说明书(safety data sheet for chemical products),国际上称为化学品安全信息卡,是化学品生产商和经销商按法律要求必须提供的化学品理

化特性(如 pH 值、闪点、易燃度、反应活性等)、毒性、环境危害、对使用者健康(如致癌、致畸等)可能产生的危害,以及安全使用、泄漏应急救护处置、法律法规等方面信息的综合性文件。化学品安全技术说明书提供了危险化学品有关安全卫生的基础数据,简要描述了化学品燃爆、毒性、放射性和对环境方面的危害、安全防护与危害控制、安全储运、泄漏应急处置、主要的物理化学参数、法律法规等方面信息。安全技术说明书将化学品的有关危害及时告知广大用户,使其在使用时自主防护,起到了减少职业危害和预防化学品事故的作用。

美、欧等发达国家及地区对环境、职业健康的法律要求极为严格,在化学品的国际贸易中,供应商必须提供 MSDS。在美国、加拿大及欧洲国家,企业里都设有危险化学品管理部或职业健康及环境科学管理部,专门审核化学品供应商提供的MSDS,符合条件的供应商才有资格和采购部门进行下一步的商务接触。

化学品安全技术说明书的主要作用体现在如下方面。

(1)是作业人员安全使用化学品的指导性文件。

(2)是企业进行职工安全培训教育的可靠教材。

(3)是企业进行危害控制和预防措施设计的技术依据。

(4)为危险化学品安全生产、使用、储存和处置提供服务。

编制高水准的 MSDS 难点在于:一是除化学品的理化特性外,化学品量化的毒理数据测试费用太高,数据获得成本太大,特别是有的化学品是复合品或掺有副产品,其对环境、生物等的毒理数据更为复杂,所以同一种化学品的 MSDS 不一定一样,如果供应商提供的 MSDS 不合格,则其必须要承担相应的法律责任;二是编制的 MSDS 必须要符合买方所在国家和地区的有关危险化学品的法律法规的相关规定,然而各国,甚至一个国家各州有关化学品管理的法律法规通常也不一样,甚至这些法律法规每月都会变化,所以编制的 MSDS 必须符合当时的买方所在国家或地区的法律法规要求。

化学品安全技术说明书最低限度信息如表 3-16 所示。

表 3-16 化学品安全技术说明书最低限度信息

序号	所需信息	说明
1	物质或化合物和供应商的标识	①GHS 产品标识符,其他标识手段; ②化学品使用建议和使用限制、供应商的详细情况(包括名称、地址、电话号码等)、紧急电话号码
2	危险标识	①物质/混合物的 GHS 分类和国家或区域信息; ②GHS 标签要素包括防范说明(危险符号可为黑白两色的符号图形或符号名称,如火焰和交叉骨); ③不导致分类的其他危险(如尘爆危险)或不为 GHS 覆盖的其他危险

续表

序号	所需信息	说明
3	成分构成、成分信息	①化学名称、普通名称、同物异名等； ②化学文摘索引登记号、欧洲联盟委员会编号等； ③本身已经分类，并有助于物质分类的稳定添加剂混合物在GHS含义范围内具有危险和存在量超过其临界水平的所有成分的化学名称和浓度或浓度范围。 注：对于成分信息，主管当局关于机密商业信息的规则优先于关于产品标识的规则
4	急救措施	注明必要的措施，按不同的接触途径细分，即吸入、皮肤和眼接触，必要时注明要立即就医及所需的特殊治疗
5	消防措施	①适当(和不适当)的灭火介质； ②化学品产生的具体危险(如危险燃烧品的性质)； ③消防人员的特殊保护设备和防范措施
6	事故排除措施	①人身防范、保护设备和应急程序； ②环境防范措施； ③抑制和清洁的方法和材料
7	搬运和存储	①安全搬运的防范措施； ②安全存储的条件(包括任何不相容性)
8	接触控制、人身保护	①控制参数，如职业接触极限值或生物极限值； ②适当的工程控制； ③个人保护措施，如人身保护设备
9	物理和化学特性	外观(物理状态、颜色等)、气味、气味阈值、pH值、熔点/凝固点、初始沸点和沸腾范围、闪点、蒸发速率、易燃性(固态、气态)、上下易燃极限或爆炸极限、蒸气压力、蒸气密度、相对密度、可溶性、自动点火温度、分解温度
10	稳定性和反应性	①化学稳定性； ②危险反应的可能性； ③避免的条件(如静态卸载、冲击或振动)； ④不相容材料； ⑤危险的分解产物

续表

序号	所需信息	说明
11	毒理学信息	简洁但完整和全面地说明各种毒理学(健康)效应和可用来确定这些效应的现有数据,其中包括: ①关于可能的接触途径的信息(吸入、摄入、皮肤和眼接触); ②有关物理、化学和毒理学特点的症状; ③延迟和即时效应以及长期和短期接触引起的慢性效应; ④毒性的数值度量(如急性毒性估计值)
12	生态信息	①生态毒性(水生和陆生,如果有); ②持久性和降解性; ③生物积累潜力; ④在土壤中的流动性; ⑤其他不利效应
13	处置考虑	废物残留的说明和关于它们的安全搬运和处置方法的信息,包括污染包装的处置
14	运输信息	①联合国编号; ②联合国专有的装运名称; ③运输危险种类; ④包装组,如果适用; ⑤海洋污染物(是/否)

(一)详细填写内容

1. 化学品及企业标识(chemical product and company identification)

主要标明化学品名称,生产企业名称、地址、邮编、电话、应急电话、传真和电子邮件地址等信息。

2. 成分/组成信息(composition/information on ingredients)

标明该化学品是纯化学品还是混合物。纯化学品应给出其化学品名称或商品名和通用名,混合物应给出危害性组分的浓度或浓度范围。无论是纯化学品还是混合物,如果其中包含有害性组分,则应给出化学文摘索引登记号(CAS号)。

3. 危险性概述(hazards summarizing)

简要概述本化学品最重要的危害和效应,主要包括危害类别、侵入途径、健康危害、环境危害、燃爆危险等信息。

4. 急救措施(first-aid measures)

指作业人员意外地受到伤害时,所需采取的现场自救或互救的简要处理方法,包括眼睛接触、皮肤接触、吸入、食入的急救措施。

5. 消防措施(fire-fighting measures)

主要表示化学品的物理和化学特殊危险性,适合的灭火介质,不合适的灭火介质以及消防人员个体防护等方面的信息,包括危险特性、灭火介质和方法、灭火注意事项等。

6. 泄漏应急处理(accidental release measures)

指化学品泄漏后现场可采用的简单有效的应急措施、注意事项和消除方法,包括应急行动、应急人员防护、环保措施、消除方法等内容。

7. 操作处置与储存(handling and storage)

主要是指化学品操作处置和安全储存方面的信息资料,包括操作处置作业中的安全注意事项、安全储存条件和注意事项。

8. 接触控制/个体防护(exposure controls/personal protection)

在生产、操作处置、搬运和使用化学品的作业过程中,为保护作业人员免受化学品危害而采取的防护方法和手段。涉及最高容许浓度、工程控制、呼吸系统防护、眼睛防护、身体防护、手防护、其他防护等要求。

9. 理化特性(physical and chemical properties)

主要描述化学品的外观及理化性质等方面的信息,包括外观与性状、pH 值、沸点、熔点、相对密度(水＝1)、相对蒸气密度(空气＝1)、饱和蒸气压、燃烧热、临界温度、临界压力、辛醇/水分配系数、闪点、引燃温度、爆炸极限、溶解性、主要用途和其他一些特殊理化性质。

10. 稳定性和反应性(stability and reactivity)

主要描述化学品的稳定性和反应活性方面的信息,包括稳定性、禁配物、应避免接触的条件、聚合危害、分解产物。

11. 毒理学资料(toxicological information)

提供化学品的毒理学信息,包括不同接触方式的急性毒性(LD_{50}、LC_{50})、刺激性、致敏性、亚急性和慢性毒性,致突变性、致畸性、致癌性等。

12. 生态学资料(ecological information)

主要描述化学品的环境生态效应、行为和转归,包括生物效应(如 LD_{50}、LC_{50})、生物降解性、生物富集、环境迁移及其他有害的环境影响等。

13. 废弃处置(disposal)

是指对被化学品污染的包装和无使用价值的化学品的安全处理方法,包括废弃处置方法和注意事项。

14. 运输信息（transport information）

主要是指国内、国际化学品包装、运输的要求及运输规定的分类和编号，包括危险货物编号、包装类别、包装标志、包装方法、联合国编号及运输注意事项等。

15. 法规信息（regulatory information）

主要是化学品管理方面的法律条款和标准。

16. 其他信息（other information）

主要提供其他对安全有重要意义的信息，包括参考文献、填表时间、填表部门、数据审核单位等。

（二）相关法规

1. 联合国法规

GHS（全球化学品统一分类和标签制度）要求建立协调的危险信息公示，包括标签和物质安全技术说明书（MSDS）。

2. 欧盟法规

REACH 法规要求当产品满足下述条件之一时，供应商须沿供应链向下游传递 SDS：当物质或配制品根据 67/548/EEC 或 1999/45/EC 指令被分类为危险品，或配制品虽没有被分类为危险品，但其中含有一定比例的 SVHC 或其他危险组分；根据 REACH 附件 13，物质为持久性、生物累积性、毒性物质（PBT）或高持久性、高生物累积性物质（vPvB）；物质由于上述条件之外的原因，被确定为 SVHC。

CLP（欧盟物质和混合物的分类、标签和包装法规）规定：2010 年 12 月 1 日之后，物质必须按照 CLP 进行分类，那么产品的 SDS 必须包含 CLP 的分类和标签，且保留 67/548/EEC 附件 1 中的分类信息（第 2 部分）。

3. 中国法规

中国 GHS 是由《危险化学品安全管理条例》《危险化学品登记管理办法》、GB 13690—2009《化学品分类和危险性公示 通则》、GB/T 16483—2008《化学品安全技术说明书 内容和项目顺序》、GB 15258—2009《化学品安全标签编写规定》等组成的法规体系，对 MSDS 提出了具体要求。

第四章
实验室安全管理通用要求

本章明确了实验室安全管理的通用要求,对应《要求》的条款 4.1～4.7,从总要求、组织机构和职责、法律法规和制度、文件控制、安全意识、能力和培训教育、采购、实验室内务七个方面提出了烟草行业实验室安全管理通用要求,如图 4-1所示。

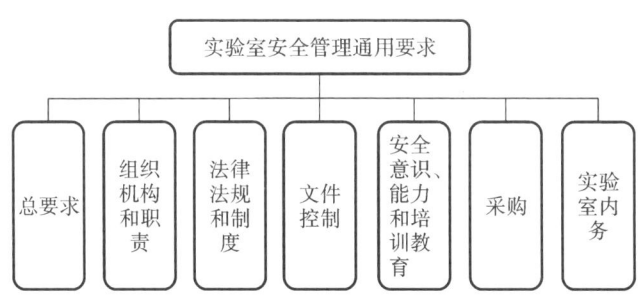

图 4-1　实验室安全管理通用要求框架

第一节　概　　述

实验室安全管理是指管理者对实验室安全生产进行的计划、组织、指挥、协调和控制的一系列活动,以保护科研工作者/科辅人员和科研/检测设备在科研/检测过程中的安全,保护实验室的良性运行,促进管理提升,保障实验室各项工作顺

利开展。随着进入实验室的人员持续增加,流动性加大,仪器设备投入越来越多,实验室管理与安全工作面临的压力越来越大。尽管实验室安全投入持续增长,但与实验室硬件建设投入相比存在明显不足,在实验室管理与安全方面存在诸多问题。

一、实验室管理与安全现状

伴随烟草科技工作的发展,实验室建设已步入新的发展阶段。仪器设备逐渐增多,实验室拥有大批贵重精密仪器,各种安全设备设施建设也日益受到重视。但总体而言,实验环境、仪器设备、实验队伍等因素的安全管理水平仍有待提高。

1. 信息化程度不高,效率低下

实验室工作是一项琐碎、复杂而又十分细致的工作。传统的管理存在原始数据的多次重复转录,工作效率低下,信息无法共享,虽采取了系列的改进措施,但由于缺乏信息化管理系统支撑,始终无法实现实验室信息化管理。

面对实验室资源越来越充足的发展态势,实验室管理与安全要有效调整实验环境、仪器设备、实验队伍三要素,利用这些资源,提高实验室管理效率,就必须要借助现代信息技术,利用现代计算机网络技术辅助实施信息化管理。

不可否认的是,现有的实验室管理信息化离细致、系统、高效、安全的实验室管理还有差距,未来还有很长的一段路要走。只有推进实验室信息化建设,让实验室管理者从繁杂的常态化手工操作中解脱出来,建立和使用信息化管理系统,充分发挥计算机网络信息技术的优势,才能实现实验室管理的现代化与信息化。

2. 安全意识不强,实验室安全教育没有常态化

在实验室中,无论是领导层还是执行层都不同程度地存在重科研、轻安全环保的思想。认为安全工作有投入,无产出,只要现场工作人员小心操作就不会出现大事,其本质是安全观念落后,尚未真正意识到实验室安全工作的重要性、特殊性和危机的突发性,尚未认识到实验室安全体系建设的重要性。

3. 安全建设资金投不足,安全设施体系落后

实验室的投入多集中于仪器设备购置、环境条件改善,比较而言,实验室安全建设速度与之不相适应,安全设施体系整体水平较为落后。例如,实验室应配备的烟感报警、监控装备、灭火器、喷淋洗眼装备、通风设施、护眼镜、急救药箱等多不齐备,紧急救援开展困难;易燃、易爆、剧毒等危险化学品存放还不够规范,设备安全操作距离不符合要求等。

4. 规范化管理不够

实验室规范化管理是实验室潜能充分发挥的有力保障,具体包括实验室规章制度建设、人员管理、仪器设备管理等内容。现阶段,实验室管理规范化程度不够,普遍存在制度建设不够、安全管理队伍流动性大的情况。

二、实验室管理与安全发展趋势

1. 推行 EHS

20 世纪 90 年代发展起来的环境（environment）、健康（health）与安全（safety）管理体系（EHS）是通过系统化的预防管理机制，减少各种事故、环境和职业病隐患，从而最大限度地降低事故、环境污染和职业病发病率，最终达到改善环境、健康与安全状况的管理体系。国外的高校普遍具有较强的环境保护、健康和安全意识，校园安全文化氛围浓厚，各方面措施到位，管理规范，值得国内高校学习和借鉴。

在国内高校建立和推行 EHS 管理体系，可以改进高校实验场所的健康和安全状况，改善实验条件，提高广大师生的安全素养和健康理念，维护师生的职业健康和生命安全等方面的合法权益，可以提高高校实验室科学化管理水平，提升实验室形象，创造更好的实验环境及效益，对促进建设世界一流大学和国内高水平大学具有重要意义，也符合合理利用资源、预防环境污染、保护环境健康和生命的价值理念要求。因此，在高校推行 EHS 管理体系是高校管理和发展的必然趋势，是顺应高等教育国际化潮流的具体表现。

2. 规范化

质量是实验室的生命。在质量方针的指引下，通过设置组织机构和明确职责分工，分析实验室各项质量活动及接口，制定程序文件规定各项质量活动的流程和方法，使各项质量活动能够经济、有效、协调地进行，形成实验室质量管理体系。实验室管理向专业化方向发展，日趋规范。

3. 信息化

随着信息化与数字化时代的到来，实验室管理信息化水平、实验资源共享程度已成为实验室管理水平的重要标志，实验室管理技术信息化已是大势所趋。

实验室信息化管理系统（laboratory information management system，LIMS）是实验室管理科学与现代信息技术结合的产物，其利用计算机、物联网、互联网和各类传感器等对实验室进行全方位管理，可以提高研究、检测效率；提高研究、检测结果可靠性；提高对复杂研究、检测问题的处理能力；协调实验室各类资源；实现实验室量化管理。

4. 安全文化

安全文化在我国实验室中的应用还存在许多空白点。实验室安全文化建设要解决的问题就是要使实验室安全成为每一位实验室工作者的自主需求，让在实验室里工作的每一个人，都懂得"实验必须安全，安全为了实验"这一基本道理。同时，使每一个人掌握最基本的安全防范技能和常识，全面提升实验室安全管理水平。

三、近年来实验室典型安全事故案例

1. 2010 年中国科学院某研究所实验室爆炸事故

事故介绍:2010 年 6 月 9 日 13 时 40 分左右,中国科学院某研究所发生连环爆炸事件。据知情的工作人员介绍,爆炸化学物品为双氧水,爆炸发生地是一个实验室的小仓库。

事故原因:过氧化氢遇到高温发生爆炸。过氧化氢,分子式 H_2O_2,是除水外的另一种氢的氧化物,黏性比水稍高,化学性质不稳定,一般以 30％或 60％的水溶液形式存放,其水溶液俗称双氧水。过氧化氢有很强的氧化性,且具弱酸性。由于其性质活泼且容易分解,保存时应该尽量使用密闭容器,防止日光照射,而且不宜长时间储存。应储存于阴凉、通风的库房;远离火种、热源;库温不宜超过 30 ℃;保持容器密封,应与易燃可燃物、还原剂、活性金属粉末等分开存放,切忌混储。储存区应备有泄漏应急处理设备和合适的收容材料。

2. 2013 年南京某高校实验室爆炸事故

事故介绍:2013 年 4 月 30 日,南京某高校内一平房实验室发生爆炸,引发房屋坍塌,附近居民多家玻璃被震碎,造成 2 人受伤,3 人被埋。南京市委宣传部官方微博“南京发布”称,上午 9 时左右,一施工队在该高校一废弃实验室(平房)拆迁施工,发生意外事故。

事故原因:此次事故发生地为该校废弃化学实验室,在爆炸发生之前,实验室内有一定数量丢弃的化学药品和储气罐,拆迁工人在对储气罐切割时发生火灾,在随后进行灭火时,发生爆炸,导致事故发生。实验室内残留的化学药品,其化学特性未知,储气罐内气体具体名称和残留量也未知,在此状态下进行处理,是引发事故发生的原因。因此,针对实验室废弃化学品的处理,应严格按照化学品特定的处理方法予以处理,切勿将直接丢弃作为处理手段。另外,废弃储气瓶的处理,也应严格按照具体的操作流程进行报废处理。

3. 2015 年北京某知名高校化学实验室事故

事故介绍:2015 年 12 月 18 日上午 10 时 10 分左右,北京某知名高校化学系一间实验室发生爆炸火灾事故,一名正在做实验的博士后当场死亡。

事故原因:根据学校公布的相关调查结果,事故原因为氢气钢瓶存在泄漏,而高温实验引发氢气爆炸,爆炸产生的强冲击波引燃了实验室易燃物质。

4. 2016 年上海某大学实验室爆炸事故

事故介绍:2016 年 9 月 21 日,位于上海的某大学化学化工与生物工程学院一实验室发生爆炸,两名学生受重伤,暂无教师受伤。校方向各大院系发出紧急通知,要求迅速对所有实验室开展安全检查,吸取教训,防患于未然。

事故原因:9 月 21 日 10 时 40 分左右,实验室三名研究生(研究生二年级 1

名,研究生一年级 2 名)进行氧化石墨烯制备实验(三人均未穿实验服,并未戴防护眼镜)。研究生二年级同学进行实验教学示范,在一敞口锥形瓶内放入 750 mL浓硫酸,与石墨混合,随后放入一药匙高锰酸钾,在放入之前,该同学告诫两名低年级同学,可能有爆炸的危险,但就在药品加入后发生爆炸。事故造成研究生二年级同学双目失明,一名研究生一年级同学有失明的可能性,另一名学生受轻伤。

事故分析:①在石墨烯制备实验之前,应对该实验进行合理的风险评估,预判可能发生事故的操作和反应节点。该实验采用氧化石墨法制备石墨烯,所用试剂为浓硫酸和高锰酸钾,均为强氧化性化学物质,在实验过程中使用,反应剧烈,并且伴有剧烈的放热现象。使用时,应根据相关操作规程进行。②实验所用容器为敞口锥形瓶,不能用于后续反应的加热操作。实验所用试剂量较大,反应过程中热量快速释放,不能有效快速降温,也是造成爆炸的原因之一。③实验操作中,应根据反应进行物料调整,不能在无化学计量条件下进行反应操作,增加了实验的不可控性。④没有安全有效的实验防护措施。通报称三位人员均未穿实验服和戴防护眼镜,未能严格遵守实验操作守则,也是造成其中两名人员严重身体伤害的主要原因。

从以往实验室发生安全事故的主要原因分析来看,人的不安全行为是造成事故发生的主要原因。因此,增加实验室安全投入,加强实验室安全教育和安全管理,可以将实验室安全事故消灭于萌芽状态,实现本质安全化。实验室安全是一个永恒的主题,做到安全、高效的实验效率是每个人员的责任和义务,有安全才能有发展,有安全才能有保障。因此,加强实验室安全管理对于实验室本身和全社会的安全和稳定都具有重要意义。

四、实验室安全管理内容

实验室安全管理需要从人、机、料、法、环五个方面综合管理。

1. 人

实验室工作人员应具有强烈的责任心,客观公正,坚持原则,了解相关律法规,有一定的专业技术知识,熟悉产品生产过程和工艺,熟悉标准,具较敏锐的判断力。实验室工作的人员及进入实验室的其他人员一般应满足以下条件。

(1)实验室工作人员。

①具备相应的专业、学历要求。

②具有相应的专业技术职称或者同等能力。

③掌握与本实验室研究工作有关的法律、法规、标准和规定。

④接受过实验室认可的系统培训,能够了解认可的基本要求。

⑤有一定的组织能力、管理能力和业务能力。

⑥能够处理实验室工作中出现的技术和管理问题。

⑦能够对实验室日常管理和发展情况提出建议。

（2）进入实验室的其他人员。

应掌握实验区域内相关安全基本情况，了解所从事实验的化学、物理、生物等方面的安全风险，接受相关实验室安全知识和制度、个人防护方法等内容的培训，了解意外事件和安全事故的应急处置原则和上报程序。遵守实验室相关安全规章制度，进入实验室的申请必须获得必要的批准，申请进入实验室并参与实验活动的人员必须具备相应的专业教育和工作经历，并按要求参加培训。

2．机

（1）实验室对设备配置的要求。

①实验室应配备正确进行实验（包括样品处理、抽样、样品制备、数据处理与分析）所需的所有实验设备。

②用于检测、校准和抽样的设备及其软件应达到规定的准确度，并符合相应检测规范要求。

（2）仪器设备的检定和校准。

①对检测结果有影响的设备的关键量或值应进行检定或校准。

②设备在投入使用前应进行校准或检定，在每次使用前应进行核查。

③关键设备在维修后应进行检定或校准。

④注意：a. 曾经过载或处置不当、给出可疑结果，或已显示出缺陷、超出规定限度的设备，均应停止使用。这些设备应予隔离以防误用，或加贴标签，标记应清晰表明该设备已停用，直至修复并通过校准或检测表明能正常工作为止。实验室应核查这些缺陷或偏离规定极限对先前实验的影响。b. 当校准产生了一组修正因子时，实验室应有程序确保其所有备份（如计算机软件中的备份）得到正确更新。c. 当需要利用期间核查以保持设备校准状态的可信度时，应按照规定的程序进行。

3．料

（1）与实验结果相关的物料。

与实验结果相关的物料（主要包括试药、试液、指示剂）在进入实验室前应进行定量检验，并按照相应的规定做好记录工作。

①试验用的药品，除另有规定外，均应根据实验室的规定，选用不同等级并符合国家标准或国务院有关行政主管部门规定的试剂标准。试液、缓冲剂与指示液、滴定液等，均应符合规定或按照规定制备。

②应有试剂、试液、培养基的记录，必要时应在试剂、试液、培养基的容器上标注接收日期。

（2）其他物料。

一般对辅料等进行简单验收，如核查外观、说明书、试剂使用的有效期是否合理。

4. 法

实验室所有方法均需确认,实验室方法确认是体现一所实验室是否达标的重要指标。

(1)方法的分类。

①标准方法。

主要是已发布的国际、区域、国家、行业、地方等标准(包括强制和推荐标准)、规程、规范等,包括抽样方法,标准方法经过验证后可以直接选用。

②非标方法。

包括知名的技术组织或有关科学书刊公布的方法,设备制造商指定的方法,实验室制定的方法等,非标方法进行确认后才可采用。

(2)方法的选择。

实验室应采用满足客户需要并适用于所进行实验的方法,优先使用国际、国家、行业标准发布的方法,且确保使用的标准是最新有效版本。若没有适用的标准方法,应按以下顺序选择经确认的非标准方法:知名的技术组织或有关科学书刊公布的方法,设备制造商指定的方法,实验室制定的方法。

5. 环

(1)环境条件的配置。

①实验室设施,包括但不限于能源、照明和环境条件,应有利于实验室实验的正确实施。

②实验室应确保其环境条件不会使结果无效,或对所要求的实验结果产生不良影响。在实验室固定设施以外的场所进行抽样、检测时,应特别注意。对影响实验结果的设施和环境条件的技术要求应制定成文件。

③相关的规范、方法和程序有要求,或对结果的质量有影响时,实验室应监测、控制和记录环境条件。对诸如生物消毒、回声、电磁干扰、辐射、湿度、供电、温度、声级和震级等应予以重视,使其适应相关的技术活动。当环境条件危及检测结果时,应停止实验。

④应将不相容活动的相邻区域进行有效隔离,并采取措施以防止交叉污染。

⑤应对影响检测质量区域的进入和使用加以控制。实验室应根据其特定情况确定控制的范围。

⑥应采取措施确保实验室的良好内务,必要时应制定专门的程序。

(2)环境条件的要求。

①仪器对环境条件的要求。

环境条件应满足使用仪器设备的要求,对于有特殊要求的设备应进行相应的环境配置。例如,分析天平要放置在干燥、无腐蚀性的实验室。

②样品对环境条件的要求。

实验室的标准物质和试剂、消耗品等的储存不会对实验结果产生不良影响或使实验结果无效。

五、烟草行业实验室安全管理的意义

1. 有利于实现烟草行业持续健康发展

烟草实验室安全风险管控工作的开展,关系到烟草企业的长治久安。对烟草实验室安全风险的管控,让烟草企业从生产到运输、到经营等一系列环节,在"安全"这个大的条件和前提下有序开展工作,对烟草企业的可持续发展是十分有益的,对实现整个烟草行业的持续健康发展也是十分有利的。

2. 有利于烟草企业安全生产

安全风险管控是对企业安全工作进行统筹管理,让烟草实验室各项工作安全、有序进行。高度自动化的烟草生产企业生产规模较大,是火灾危险性较大的场所。因此,采取行之有效的管控措施,确保烟草企业安全生产,更有利于提高烟草企业的生产效率,促进企业经济发展。

第二节　总　要　求

一、标准条款

> 实验室所从事的实验、检测及相关活动的安全管理应符合 YC/T 384.1 的规定。

二、标准解读

本条款规定了烟草行业实验室所从事的实验、检测及相关活动的安全管理应遵循 YC/T 384.1—2018《烟草企业安全生产标准化规范 第 1 部分:基础管理规范》的规定。

YC/T 384《烟草企业安全生产标准化规范》以 GB/T 33000—2016《企业安全生产标准化基本规范》为依据,并结合烟草企业的特点而制定,目的是进一步规范烟草企业安全生产标准化建设,遵循"安全第一、预防为主、综合治理"的方针,落实企业主体责任,以安全风险分级管控和事故隐患排查治理为基础,以全员安全生产责任制为核心,建立并完善烟草企业的安全生产管理体系,实现全员参与,全面提升安全管理水平,促进安全生产绩效不断提升。YC/T 384《烟草企业安全生产标准化规范》分为四个部分:第1部分:基础管理规范;第2部分:安全技术和现场规范;第3部分:考核评价准则和方法;第4部分:岗位规范和评价要求。

YC/T 384.1 为 YC/T 384 的第1部分。该部分是烟草企业安全生产管理体系的规范要求,要求烟草企业采用策划、实施、检查、改进的"PDCA"动态循环模式,自主建立并保持标准化的管理体系,通过自我检查、自我纠正、自我完善,构建安全生产长效机制;该部分涵盖了职业健康安全管理体系的全部要求。

实验室所从事的实验、检测及相关活动的安全管理应符合 YC/T 384.1—2018《烟草企业安全生产标准化规范 第1部分:基础管理规范》的规定,具体要求如下。

4.4 运行控制管理

4.4.1 建设项目"三同时"管理

4.4.1.1 应明确新、改、扩建项目归口管理部门,负责组织项目各阶段"三同时"工作,保存相关资料记录。

4.4.1.2 项目可行性分析阶段"三同时"管理,应符合下列要求:

a)针对项目涉及的安全风险,建设单位应组织对其安全生产条件和安全生产、消防设施进行综合分析和职业病危害预评价,形成综合分析和预评价报告;当地政府要求时,或本单位不具备能力时,应委托第三方专业机构进行安全和职业病危害预评价,并出具评价报告。

b)本单位主要负责人或其指定的负责人应组织具有相关专业背景的中级及中级以上专业技术职称人员,或者注册安全工程师、注册消防工程师对综合分析和预评价报告进行评审,并形成评审意见;本单位不具备评审能力时,应当组织外部专家参加;评审后的报告,应妥善保管以供政府主管部门备查。

c)报告应对安全生产、消防和职业病防护等设施提出要求,需要的投资一并纳入项目概算。

4.4.1.3 项目设计阶段"三同时"管理,应符合下列要求:

a)综合分析和预评价提出的安全生产、消防、职业病防护等设施要求,应提交项目设计单位。

b)初步设计完成后,本单位主要负责人或其指定的负责人应组织对各类安全设施的设计资料进行审查;审查应由专业技术人员、注册安全工程师或注册消防工程师及相关设施使用部门参加,形成书面审查报告,其中,消防设计资料的审查,应在专业人员或消防机构的消防审图后进行,审查资料报消防机构备案;本单位不具备审查能力时,应当组织外部专家参加审查工作;审查报告应妥善保管备查。

c)当地政府要求时,应委托具有资质的机构进行相关设计审查,并向政府相关部门备案。

d)初步设计审查中发现的问题,应反馈到设计单位,采取措施解决后方可批准设计方案;项目发生重大变更,或需进行重新设计,或施工需改变原有安全设施的设计的,应重新进行设计审查。

4.4.1.4 项目施工阶段"三同时"管理,应符合下列要求:

a)对施工单位资质、项目经理和项目部专职安全员安全管理资质证书等进行监督;

b)对施工单位依法编制的施工组织设计中的安全技术措施和施工现场临时用电方案、危险性较大的分部分项工程专项施工方案、方案实施情况等进行监督;

c)委托监理单位对施工过程安全、各类安全设施的工程质量实施监督;

d)建设项目各类安全设施应按设计要求采购、施工,确实需变更时,应经过设计单位技术论证后确定。

4.4.1.5 项目试运行和验收阶段"三同时"管理,应符合下列要求:

a)储存危险化学品(包括使用长输管道输送危险化学品)的建设项目,运行时间不少于30日,不超过180日。

b)试运行期间,应对各类特种设备、电气和防雷系统、消防设施、职业病危害因素等进行检验检测,并保存资料;发现的问题和不符合,应督促设计单位和施工单位整改,直至合格达标为止,并保存整改的记录。

c)可能产生职业病危害的建设项目,建设单位在试运行期间应进行职业病危害控制效果评价,形成评价报告或将评价结论纳入项目安全验收报告。

d)当地政府要求时,或本单位不具备相应能力时,应委托具有资质的安全评价机构进行安全验收评价、职业病危害控制效果评价,并出具评价报告。

e)本单位主要负责人或其指定的负责人应组织对检验检测资料、评价报告进行评审,并组织对安全生产设施、消防设施、职业病防护设施进行验收,形成项目安全验收报告,建设单位安全管理部门、相关专业职能部门、相关设施使用部门、注册安全工程师或注册消防工程师等专业技术人员,应参加安全验收;验收报告应妥善保管以供政府主管部门备查,其中消防设施竣工验收应报公安机关消防机构备案,当地政府要求时,应按其要求由主管部门组织或参加验收。

f)安全设施验收时,应收集其技术和管理资料建档保存,资料不全或不符合要求的,不得进行项目结算。

4.4.2 变更管理

4.4.2.1 场所、工艺和设备设施变更,应符合下列要求:

a)建筑物用途改变、场所用途变更、场所环境和设备设施变更、工艺技术变更、材料变更,或涉及相关安全设施变更、重新装修的,应组织安全变更评审,制定变更方案方可实施,保存评审记录和变更实施资料;

b)需进行安全变更评审的变更事项,应组织安全管理部门、相关专业职能部门、相关设施使用部门、注册安全工程师或注册消防工程师等专业人员参加竣工验收;

c)变更涉及特种设备、消防设施、防雷装置、职业病危害因素等,须经检测方可确认安全的,应重新进行相应检验检测;

d)建筑物需改变原用途时,应按新的火灾危险性类别重新进行消防设计审查和备案、消防验收和备案。

4.4.2.2 法律法规和其他要求变更,具体执行4.2的要求。

4.4.2.3 机构、人员、作业过程等变更,应符合下列要求:

a)机构及相关管理职责变更,应调整机构及相关人员的安全生产职责,修改安全生产责任制和相关管理文件,具体执行4.1的要求;

b)对人员变更应按转岗人员进行安全教育、考核取证后方可上岗,具体执行本部分4.3的要求;

c)作业过程变更,包括使用的设备设施及作业方式变更,应重新进行危险源及其风险的辨识、风险等级确定和控制措施策划,并重新制定或修改岗位安全操作规程;

4.4.2.4 对于暂时性变更,应确认变更涉及的风险是否改变,风险控制措施是否需改变,是否需制定临时管理措施和安全操作规程等,经过评审后采取相应措施,暂时性变更结束进行验证后方可恢复正常状态管理。

4.4.3 设备设施及其维检修管理

4.4.3.1 设备设施及其安全装置的管理,应符合下列基本要求:

a)选型和采购应符合安全技术要求,严禁使用国家明令禁止的淘汰产品;设备设施安装和大修后,应经过验收,验收应包括对设备设施安全性能及安全装置完好、可靠性的验收。

b)各类构建筑物、动力设备、消防设施和器材、防雷装置、工业管道、工业气瓶、车辆、其他各类装置、工器具等设施,应明确其归口管理部门、选型和采购部门、检修和日常维护保养部门、使用部门等,并规范管理职责、流程和要求;

c)建立各类设备设施台账,登记设备设施的规格型号、设备设施所在部门/部位、购买使用日期等,并登记设备设施管理责任部门或责任人;

d)建立生产和动力设备的安全装置清单,其中至少应包括安全联锁装置、安全报警装置、职业危害防护设施设备等;清单应登记安全装置所在部位、维保和检修周期、维检修责任部门或责任人;隔离开关、急停开关、防护罩、防护网、防护栏等安全装置,也应作为设施设备的组成部分统一进行管理;

e)建立消防器材和设施的台账,登记规格型号、编号、数量、所在部位、安装或购买日期、检查检测周期、日常管理和检查责任部门或责任人;

f)设备管理部门应制定设备设施的年度大中修计划,生产性车间/部门应制定设备设施的日常维保检修或例保、例检修计划;计划内应包括安全装置的维保和检修项目内容,委外进行的应通过合同或维保检修单明确安全装置的维保和检修项目内容;

g)维保和检修的项目、内容和频次,应根据设备设施的技术资料、使用说明书等确定,并符合国家和行业相关标准、YC/T 384.2 的要求;其中:特种设备维保和检修的项目、内容和频次,应符合 TSG 08、TSG G0001、TSG 21、TSG D0001、TSG Q7015、TSG T5002、TSG N0001 的要求;

h)维保和检修记录应对维保和检修过程发现的设备安全问题及其处置情况进行登记,并保存处置记录;

i)特种设备改造和重大修理、消防设施维保和检修等,应由具有相应资质的单位进行。

4.4.3.2　特种设备管理,应符合 TSG 08 的要求,其中:

a)本单位分管设备管理的领导应担任特种设备安全管理负责人;本单位使用特种设备总量大于 50 台(含 50 台,不含气瓶)、或使用为公众提供运营服务电梯的,该负责人应取得相应的特种设备安全管理人员证书;

b)明确本单位的各类特种设备安全管理部门,并逐台落实安全责任人;

c)特种设备安全管理部门应配置专职或兼职特种设备安全管理员,取得相应特种设备安全管理人员证书;特种设备总量大于 20 台(含 20 台,不含气瓶)、或使用额定工作压力大于或者等于 2.5 MPa 锅炉的、使用 5 台以上(含 5 台)第Ⅲ类固定式压力容器的、使用 10 km 以上(含 10 km)工业管道的单位,应配备专职特种设备安全管理员;

d)特种设备作业人员应按国家和地方政府的规定,取得相应的特种设备作业人员证书;

e)按台(套)建立安全技术档案,并由专人管理,保存完好;档案内容应符合 TSG 08 的要求;

f)投入使用前或者投入使用后 30 日内,向当地的特种设备主管部门登记取得特种设备使用登记证;

g)每月至少对本单位特种设备进行1次自行检查,并保存记录,检查应由特种设备安全管理员进行;

h)特种设备达到设计使用年限后可继续使用的,应经检验或安全评估合格,由本单位特种设备安全负责人同意,主要负责人批准,办理登记变更后方可继续使用,并采取加强检验、检测、维护保养等措施;

i)特种设备按规定的周期,进行设备定期检验并保存记录,具体执行 YC/T 384.2 内相关特种设备的要求。

4.4.3.3 设备设施的安装施工、检维修作业管理,应符合下列要求:

a)应辨识作业风险(含紧急情况抢修作业、夜间户外作业),制定作业安全措施方案和作业过程的应急措施;作业前应通知作业所在属地部门;

b)作业区域应与正常生产区域进行有效隔离,并设置现场作业标识,标明作业内容、时间、现场责任人等内容;

c)不宜交叉作业,确需交叉作业时,应专门制定交叉作业安全方案,并明确现场的统一指挥人;

d)作业前,应切断电源、气源,并设置警示标识;在能源介质供应和输送设备、管道进行维检修作业前,应停止或切断能源介质的供应,并符合 YC/T 384.2 的相关要求;

e)进入设备内部或作业人员无法相互观察的作业,应确定作业流程和沟通方式;属于有限空间作业的,应按有限空间作业管理;

f)作业使用的设备和工具应完好可靠,应符合 YC/T 384.2 的相关要求;

g)作业完成后,应清理现场,拆除隔离设施,确认设备设施及其安全装置完好可靠后向属地部门移交;

h)作业涉及危险作业、临时用电、相关方作业的,应符合本部分和 YC/T 384.2 的相关要求。

4.4.3.4 安全标识管理,应符合下列要求:

a)明确各类安全标识的归口管理部门和属地管理部门,并建立安全标识清单,清单应登记各类安全标识的名称、设置位置、设置形式,并明确安全标识检查、维护和更新的责任部门和责任岗位;其中,设备固定安全标识可在岗位安全操作规程内列出,由岗位人员负责日常检查,建筑物的消防出口、疏散等建筑物固定标识、交通划线和标识等道路固定标识等,可列入消防、交通等台账或清单,而不再列入安全标识清单;

b)安全标识应设置准确、状态完好,具体执行 YC/T 384.2 内的相关要求。

4.4.4 职业健康和劳动保护管理

4.4.4.1 职业危害识别和申报、告知,应符合下列要求:

a)依据 GBZ/T 229 第 1~4 部分,确定本单位职业危害作业场所、作业岗位及其危害分级;其中:接触噪声(存在有损听力,有害健康或有其他危害的声音,且 8 h/d 或 40 h/周噪声暴露等效声级≥80 dB 的作业)、烟草加工过程中接触烟草粉尘、接触高于豁免值的放射源和微波辐射的作业岗位以及焊接、高温、熏蒸杀虫作业岗位等,应确定为职业危害作业岗位;

b)建立职业危害作业岗位清单,登记岗位接触的职业病危害因素、所在部门及作业场所、作业人员姓名、性别、防护设施和个体防护用品、职业病危害因素日常监测和定期检测周期等;

c)单位工作场所存在政府有关部门发布的《职业病危害因素分类目录》所列职业病危害因素的,应及时、如实向当地政府主管部门申报危害项目;

d)与员工签订、变更劳动合同时,应将其工作过程中可能产生的职业病危害因素及其后果、职业病危害防护措施和待遇等如实告知员工,并在劳动合同或合同附件中写明。

4.4.4.2 规定本单位职业病危害因素日常监测的职责、要求和方法,工作周期内每月至少进行 1 次危害因素控制情况的检查,能使用检测仪器进行测量的,每季度至少对职业病危害因素检测 1 次,并保存记录;日常监测发现的问题,应组织整改,必要时由具有资质的职业卫生技术服务机构追加检测。

4.4.4.3 职业病危害因素的年度检测,应符合下列要求:

a)委托具有资质的职业卫生技术服务机构,每年至少进行 1 次职业危害作业场所的职业病危害因素检测;

b)检测范围应当包含用人单位产生职业病危害的全部工作场所,用人单位应当在确保正常生产的状况下,配合职业卫生技术服务机构做好采样前的现场调查和工作日写实工作,并由陪同人员在技术服务机构现场记录表上签字确认;

c)职业卫生技术服务机构在进行现场采样检测时,用人单位应当保证生产过程处于正常状态,不得故意减少生产负荷或停产、停机;用人单位应当对技术服务机构现场采样检测过程进行拍照或摄像留证;采样检测结束时,用人单位陪同人员应当对现场采样检测记录进行确认并签字;

d)职业病危害因素的强度或者浓度不符合 GBZ 1、GBZ 2.1、GBZ 2.2 等国家标准、行业标准的,应当采取治理措施或有效的职业病防护措施;

e)检测及整改资料应当存入本单位职业卫生档案备查,并向从业人员(含被派遣劳动者)公布。

4.4.4.4　职业危害作业岗位人员的职业健康监护,应符合下列要求:

a)职业危害作业岗位人员,应按期到职业健康体检医疗机构进行职业健康监护体检,包括上岗前、在岗期间定期、离岗时、离岗后医学随访和应急健康检查;体检的周期和项目,具体执行 GBZ 188;

b)对于体检发现异常的应进行复查,确定有职业病危害因素禁忌证和疑似职业病的人员,应调离原岗位;每年监护体检后,应对结果及其趋势进行分析,形成分析报告,并组织制订措施和对策;

c)建立职业危害作业岗位人员的职业健康监护档案,内容应包括:劳动者的职业史、职业病危害接触史、职业健康监护体检和职业病诊疗等有关个人健康资料;档案应由专人负责管理,保存期不应低于 GBZ 188 规定的各类职业危害人员离岗后随访期,并确保资料的机密和维护劳动者的隐私权、保密权。

4.4.4.5　特殊作业人员的上岗前和在岗期间体检,应符合下列要求:

a)依据 GBZ 188,电工、职业机动车驾驶员、压力容器作业人员应进行上岗前和在岗期间体检;体检要求应执行 GBZ 188 及相关国家和地方规定;保存每次体检资料;

b)体检应按 GBZ 188 确定的目标疾病和禁忌证,按期到职业健康体检医疗机构进行,并保存体检资料;对于体检发现异常的应进行复查,确定有特定职业禁忌证的人员,应调离原岗位。

4.4.4.6　劳动防护用品管理应符合下列要求:

a)应根据劳动者工作场所中存在的危险、有害因素种类及危害程度、劳动环境条件、劳动防护用品有效使用时间,制定本单位各类岗位的劳动防护用品配备标准;

b)劳动防护用品配备的品种、数量和发放、报废周期等应符合 GB 39800 和国家和地方相关规定要求,并符合 YC/T 384.2 相关要素的要求;

c)应根据劳动防护用品配备标准制订采购计划,购买符合标准的合格产品,宜购买、使用获得安全标志的劳动防护用品;

d)购买的劳动防护用品应经过检查验收后,方可入库,查验并保存劳动防护用品的检验合格证或检验报告等质量证明文件的原件或复印件;

e)应填写并保存劳动防护用品发放的记录,包括使用部门领用记录和发放到使用者的签收记录;

f)劳动防护用品由生产性业务外包相关方发放的,本单位应对其发放标准、发放记录等进行监督检查,确保符合法规标准要求;

g)各工种各类劳动防护用品发放后的使用期限应符合 GB 39800 的要求,并同时符合产品说明书、产品标志规定的出厂使用年限;

h)共用的劳动防护用品应明确保管和管理人员,定点保存并定期检查其有效性。

4.4.5 相关方管理

4.4.5.1 重点相关方识别,应符合下列要求:

a)充分识别本单位的重点相关方,至少应包括:建筑施工和拆除、房屋修缮和装修装潢、设备设施安装拆除和维修保养、食堂运行、污水处理运行、绿化保洁、外墙清洗、杀虫作业、危险物品供应和运输、物流运输、生产性业务外包、保安服务、消防服务、物业服务、房屋承租等相关方;其他非重点相关方,至少应按外来人员进行管理;

b)明确各重点相关方的归口管理部门、属地管理部门、安全管理部门的管理职责;

c)归口管理部门建立重点相关方清单,并在清单内明确监管责任人;重点相关方在属地管理部门进行长期作业的,属地管理部门也应建立重点相关方清单,明确本部门的监管责任人。

4.4.5.2 重点相关方选择和安全协议应符合下列要求:

a)对重点相关方单位的营业执照、行政许可、人员资质等进行审查,符合国家和地方法规要求并具备相应安全生产条件的方可选择;收集并保存重点相关方资质资料;

b)签订安全协议前,应组织重点相关方进行风险辨识和评价、确定风险控制措施,形成风险控制清单,并作为安全协议的附件;重点相关方设备设施和作业活动变更时,应重新进行风险辨识、评价和确定控制措施;

c)与重点相关方签订安全协议,或在与其签订的服务合同中规定安全内容;单项项目的安全协议有效期为一个施工或服务周期;长期在单位从事零星项目施工或服务的承包方,安全协议有效期可与合同期一致,但不得超过3年,宜一年一签;相关方设备、活动、人员有较大变化,应重新签订安全协议;

d)安全协议内,应依据风险特点和风险程度,明确双方的安全管理职责、人员管理、设备管理、作业管理、原辅材料管理、风险管控和隐患排查治理、违章和事故处置、相应的违约责任追究、考核和合同终止条款等个性化内容,并要求在本单位现场工作的重点相关方配备专职或兼职安全员。

4.4.5.3 重点相关方安全交底,应符合下列要求:

a)相关方在一个服务期内首次进场作业前,归口管理部门、属地管理部门应共同组织对相关方项目负责人和安全员进行安全交底并保存记录,并由相关方对作业人员进行安全培训;服务期超过一年的至少每年进行1次再交底,相关方活动和人员发生较大变化的,应及时组织交底;交底记录应报安全管理部门备案;

b)交底的内容应包括:作业过程主要风险及其控制要求,相关方需执行的本单位相关安全规章制度、应急预案或应急措施,相关方的隐患排查治理要求等;

c)相关方人员进行危险作业,应执行 YC/T 384.2 的相应要求。

4.4.5.4　生产性业务外包相关方的管理,还应符合下列要求:

a)选择时应审核生产性业务外包相关方的单位营业执照的业务范围和人员资质证明,并将安全保障能力作为其重要的资信条件;其派出的承包团队应配置生产管理人员和安全员,防止变相成为被派遣劳动者;

b)安全协议内应明确生产性业务外包相关方的主体责任,明确其使用本单位相关设备设施的日常检修和维保、职业危害日常监测和定期检测、职业健康监护体检等事项的责任和要求;

c)相关方应制定并实施安全规章制度,至少包括:安全生产责任制、上岗人员流动和换岗、培训管理、设备设施日常管理和维检修、危险作业管理、作业现场风险管控和隐患排查、事件事故报告和处理等,内容应符合本单位安全管理的相关要求,相关规章制度应报本单位备案审查;

d)相关方应编制岗位或设备设施的安全操作规程,并报本单位备案审查;使用本单位设备的,本单位应提供安全操作规程;

e)应要求其对各级人员进行安全教育培训、资质考核取证,并符合本单位管理制度的要求;其三级安全教育的教材和大纲,应报本单位备案审查,或使用本单位规范的教材和大纲;

f)相关方应为现场作业人员配备劳动防护用品,配备标准应按本单位配备标准执行;

g)相关方应执行本单位职业危害管理要求,职业病危害因素检测、监护体检及监护档案资料应报本单位备案审查;

h)应要求其参加本单位和所在区域的应急预案演练;应要求其编制相关岗位的应急处置卡,其中危险性较大的场所、装置或者设施应编制现场处置方案并组织演练;其应急处置卡和相关预案应报本单位备案审查,演练记录应报本单位备案。

4.4.5.5　重点相关方日常监督管理,应符合下列要求:

a)重点相关方的归口管理部门和属地管理部门,应定期对相关方作业场所及其设备设施、作业活动进行监督检查,并保存记录;各单位应根据不同类别重点相关方的作业特点确定监督检查频次;对单项作业的相关方,作业期间至少监督检查 1 次;对超过一个月连续作业的相关方,监督检查每月不少于 1 次。

b)重点相关方属地管理部门应指定部门安全员或班组长等,对相关方作业进行现场监督,发现事故隐患立即制止,并要求其整改,无法解决的,立即报告相关方的归口管理部门和安全管理部门解决,并保存相应的记录。

c)安全管理部门应对归口管理和属地管理部门的重点相关方管理状况进行监督检查,并保存记录。

d)在本单位固定场所进行长期作业的重点相关方,对其风险分级管控和隐患排查治理应符合本部分4.5的要求。

4.4.5.6　对重点相关方的安全绩效评价,应符合下列要求:

a)对重点相关方,至少每年进行1次安全绩效评价;

b)评价时应由归口管理部门、属地管理部门、安全管理部门参加,依据日常监督检查的结果对其资质、相关制度和要求的执行情况、设备设施和作业活动的风险控制措施有效性、隐患排查治理情况、未遂事件和事故发生情况等进行评价,并保存记录;

c)重点相关方年度安全绩效评价的结果,应作为下一年度或下一服务期选择相关方的依据;评价不合格的应要求其限期整改,整改后仍然不合格的,归口管理部门应严格按照合同约定追究责任。

4.4.5.7　外来人员管理,应符合下列要求:

a)外来人员进入本单位,门卫应办理身份确认和登记手续,人员进入生产现场、库区等区域,应由接待部门安排人员陪同;

b)需较长时间进入本单位的外来人员等,应办理出入证,人员离开本单位后,应回收出入证,并建立出入证发放和回收台账;

c)应告知外来人员进入厂区的安全注意事项,其中重点相关方人员还应执行4.4.5.3的要求。

4.4.6　安全信息化建设

4.4.6.1　安全信息化系统建立,应符合下列要求:

a)省级公司和各单位,应建立安全信息化系统;省级公司系统应与下属各单位联网,各单位系统终端至少应覆盖各部门、各级领导和管理人员;

b)系统应包括主要安全管理业务的基础信息数据库和信息数据处理模块,并及时更新,至少应包括风险管控和事故隐患排查治理信息收集和统计分析等内容;

c)系统应能实现省级公司范围内安全基础数据信息共享,符合行业安全信息上报的要求;

d)系统应对照 YC/T 384.1、YC/T 384.2 和 YC/T 384.3 的内容和本单位自身特点,设置相应的模块,通过信息化建设有效落实各项管理要求。

4.4.6.2　安全信息化系统应符合行业安全管理信息系统建设总体要求和基本功能框架的要求。

4.4.6.3　安全信息化系统应具有保密和防止网络入侵,保护信息安全的基本功能,并明确专人维护和更新。

4.7　未遂事件和事故管理

4.7.1　未遂事件报告、分析、整改和统计

4.7.1.1　未遂事件的报告,应符合下列要求:

a)规范未遂事件报告、分析、处理的职责.流程和要求;

b)未遂事件发生后,应及时报告安全管理部门和相关专业职能管理部门,报告内容至少应包括:未遂事件的发生过程和后果、发生地点和时间、未遂事件的初步原因分析等;

c)应制定相应措施,鼓励部门报告未遂事件,对瞒报、不报的部门予以考核。

4.7.1.2　未遂事件的分析、整改和统计,应符合下列要求:

a)对未遂事件进行直接和间接原因分析,并保存分析记录;

b)未遂事件的责任部门应制定整改措施并组织整改,保存整改记录;

c)由于个人违章造成的未遂事件,应对责任人进行教育,同时对周边人员进行教育,情节严重的应通过安全绩效考核进行处罚;

d)建立所在部门和本单位未遂事件统计台账,登记未遂事件发生过程和后果、发生地点和时间、未遂事件发生原因,整改情况、处理结果等;当未遂事件频繁发生或集中在某些领域发生时,应及时对数据进行分析,正常情况下,每年至少对数据进行 1 次分析,保存台账及其分析记录。

4.7.2　事故报告、调查、处理和统计

4.7.2.1　生产安全、道路交通事故和火灾事故的报告,应符合下列要求:

a)发生死亡事故和重大火灾事故,单位主要负责人或委托分管安全领导立即报省级公司,省级公司立即向国家局报告,并在 8 h 内提交书面事故快报;

b)发生可能造成 1~4 级伤残的重伤事故和一般火灾事故,应由分管安全领导立即向省级公司报告,并在 8 h 内提交书面事故快报;

c)事故快报内容应包括:事故发生地点和时间、发生过程和后果、现场应急现状和人员抢救现状、事故向当地政府报告情况等;

d)按相关法规和当地政府要求,及时向政府主管部门报告事故,其中涉及国家规定的死亡和重伤、火灾的一般事故、较大事故、重大事故和特别重大事故,单位负责人接到报告后,应当于 1 h 内向事故发生地县级以上人民政府安全生产监督管理部门和负有安全生产监督管理职责的有关部门报告。

4.7.2.2 事故调查应符合下列要求：

a)发生死亡事故和重大火灾事故,除由事发单位配合政府部门调查外,省级公司应组织调查组对事发单位进行内部调查;发生可能造成1~4级伤残的重伤事故和一般火灾事故,由事发单位配合政府部门调查或接受政府委托自行进行调查,调查结果应报省级公司备案;其他事故由本单位负责组织调查;

b)事发单位主要负责人应组织各有关部门和人员认真配合调查,事发单位和部门的负责人以及有关人员在事故调查期间不应擅离职守,并如实提供有关情况和资料;

c)事故调查应符合GB 6441、GB/T 15499的要求,查明事故发生过程及人员伤亡情况、确定事故性质、事故直接和间接损失、直接原因和间接原因、事故主要责任人和直接责任人,并提出事故责任追究和整改措施建议,形成事故调查报告;事故发生至事故调查报告完成,不应超过60个工作日;

d)应保存事故调查资料和记录,形成事故结案归档资料,重伤和死亡事故、火灾事故的归档资料应长期保存,其他事故的归档资料至少保存5年。

4.7.2.3 事故处置应符合下列要求：

a)省级公司的事故调查报告,应经过省级公司领导层专题会审议批复,形成事故处理决定并进行通报;责任单位应将整改和事故处理的情况报省级公司;

b)本单位的事件调查报告,应经过本单位领导层专题会审议批复,形成事故处理决定并进行通报;

c)事故处置应遵循事故原因查不清不放过、事故责任者没有得到处理不放过、事故责任者和群众没有受到教育不放过、没有采取有效的防范措施不放过的"四不放过"原则。

4.7.2.4 各单位应建立事故统计台账,登记事故发生过程和后果、发生地点和时间、事故发生原因,调查情况、处理结果、整改情况等,每年至少对数据进行1次分析。

4.7.2.5 为从业人员(含被派遣劳动者)缴纳工伤社会保险,事故发生后及时办理工伤申报手续,及时对工伤人员进行劳动能力鉴定和职业病鉴定,并将鉴定结果及时通知个人或其家属;由劳务派遣机构负责缴纳工伤保险的,本单位应对其缴纳情况、工伤申报、劳动能力鉴定和职业病鉴定情况进行监督,确保符合要求。

第三节　组织机构和职责

一、概述

实验室组织结构是指实验室按照国家有关法律法规,结合自身实际,明确领导层、管理层、执行层内部各层级机构设置、职责权限、人员编制、工作程序和相关要求的制度安排。实验室组织机构和职责的明确为实验室安全提供了组织保证。为了实现实验室的组织目标,必须建立一个能为实现这一目标进行有效管理的机构——实验室组织机构。机构的设置应以组织目标为依据,有效地进行人员配置,仪器设备配置,明确组织机构在检验中所具有的地位和权力。

二、标准条款

> 4.2.1　应符合 YC/T 384.1—2018 中 4.1.2 的规定。实验室所在部门应设置安全分管领导,并应设置专职或兼职安全员,负责协助实验室所在部门安全分管领导开展实验室的各项安全管理工作。
>
> 4.2.2　实验室应建立实验室安全管理全员参与机制。各层级人员可以通过以下方式参与实验室安全相关活动:安全方针目标、安全管理制度、安全操作规程的制定;安全培训教育;危险源辨识、风险评价和确定风险控制措施;事故隐患排查与治理;安全事件的调查;应急预案的制定与演练等。

三、标准解读

> 4.2.1　应符合 YC/T 384.1—2018 中 4.1.2 的规定。实验室所在部门应设置安全分管领导,并应设置专职或兼职安全员,负责协助实验室所在部门安全分管领导开展实验室的各项安全管理工作。

【解读】　本条款规定了烟草行业实验室安全管理组织机构设置及其工作职责要求。

烟草行业实验室安全管理组织机构设置及职责应满足 YC/T 384.1—2018《烟草企业安全生产标准化规范 第 1 部分:基础管理规范》的要求。

YC/T 384.1—2018《烟草企业安全生产标准化规范 第 1 部分:基础管理规

范》的4.1.2规定了组织机构的人员和职责;各单位应设立安全生产委员会;安全生产委员会应符合的要求;安全管理机构和人员设置应符合的要求;省级公司、各单位应制定全员安全生产责任制;安全生产责任制应符合的要求;促进全员安全生产责任制有效落实的措施。具体内容如下:

> 4.1.2 机构人员和职责
>
> 4.1.2.1 各单位应设立安全生产委员会(简称安委会),由主要负责人任安委会负责人,成员应包括分管安全领导及其他涉及安全专业管理的领导、工会或安全事务代表,安全相关专业职能部门和生产性车间/部门主要负责人、商业单位区县公司主要负责人等。
>
> 4.1.2.2 安全生产委员会应符合下列要求:
>
> a)安委会应设置办公室,负责安委会的日常工作;
>
> b)建立安委会工作制度,内容应包括安委会及其办公室职责、工作流程和要求,会议记录和纪要要求等;安委会职责至少应包括:对涉及风险分级管控和隐患排查治理等重大安全事项进行研究决策,审议年度安全目标和工作计划、工作总结,审议员工代表安全提案等;
>
> c)安委会会议应由主要负责人主持,会议召开频次应符合当地政府的要求;当地政府没有要求的,省级公司安委会每年至少召开1次,各单位安委会每年至少召开2次,会议应形成书面记录或纪要。
>
> 4.1.2.3 安全管理机构和人员设置,应符合下列要求:
>
> a)省级公司,烟草加工和烟草商业生产经营单位应设置安全管理部门,管理人员应是专职人员;
>
> b)省级公司,各单位安全管理部门设置安全工程师岗位,由具有注册安全工程师或注册消防工程师资质的人员担任;
>
> c)各单位下属从业人员(含被派遣劳动者)超过100人的生产性车间/部门和商业单位区县公司,下设烟叶收购站点的区县公司,至少配备1名专职安全员;其他部门配备专职或兼职安全员;
>
> d)单位安全管理部门的专职安全管理人员和下属各部门专职安全员总数,不得少于本单位员工和被派遣劳动者总数的1%;
>
> e)兼职安全员应经过本单位组织的任职培训,至少由所在部门主要负责人批准后方能任职。
>
> 4.1.2.4 省级公司、各单位应制定全员安全生产责任制,责任制应包括所有部门和各级岗位人员。

4.1.2.5　安全生产责任制应符合下列要求：

a)主要负责人全面负责安全生产工作,其职责应符合法律法规要求,明确其组织相关工作、制定并批准相关资料的职责和权限,并符合本部分的相应要求；

b)分管安全领导协助主要负责人组织,协调安全生产工作,其职责应明确其协助主要负责人组织或负责组织协调相关工作、制定并批准或审核相关资料的职责和权限,并符合本部分的相应要求；

c)其他领导应按"党政同责、一岗双责、齐抓共管,失职追责"原则,负责组织分管业务范围的安全工作；其职责应明确其具体的职责和权限,并符合本部分的相应要求；

d)各部门职责中,应明确其为安全属地管理部门,规范其组织,实施本部门风险管控和隐患自查自改自报、员工安全培训等职责和权限；

e)承担建设项目,设备、消防、职业危害、交通、人事培训、后勤等业务管理的部门,应明确其为安全相关的专业职能部门,规范其组织、协调、监督相关专业风险管控、隐患排查治理等职责和权限；

f)安全生产管理部门,应明确其为安全生产综合管理部门,规范其组织、协调风险管控和隐患排查治理、制定和完善安全生产规章制度、策划目标计划,实施考核和监督检查等职责和权限；

g)各级工会,应明确其参与、协商、监督安全管理的职责,包括组织班组实施自我安全管理、组织员工代表参与协商安全工作事项等职责。

4.1.2.6　应通过各种方式促进全员安全生产责任制的有效落实,这些措施包括：

a)通过部门责任制或岗位规范、安全责任清单等方式,将本部门职责分解、落实到部门内相应的领导和管理岗位,并将相关岗位职责资料报安全管理部门备案；

b)通过安全生产管理制度、岗位安全操作规程或岗位告知卡等方式,对各类岗位的风险自控、隐患自查和自改自报、应急处置等安全职责做出具体规定；

c)各单位与下属部门签订年度安全责任书或承诺书,明确年度安全工作要求和责任、安全绩效考核指标,各部门对各项工作的岗位职责进行落实。

安全生产管理机构指实验室专门负责安全生产监督管理的内设机构,负责落实国家有关安全生产法律法规和企业安全管理各项工作、组织内部各种安全检查活动、负责日常安全检查、及时整改各种事故隐患、监督安全生产责任制落实等。它是实验室安全生产的重要组织保证。

《中华人民共和国安全生产法》规定了生产经营单位的安全生产管理机构以及安全生产管理人员的履行职责如下。

(1)组织或者参与拟订本单位安全生产规章制度、操作规程和生产安全事故应急救援预案。

(2)组织或者参与本单位安全生产教育和培训,如实记录安全生产教育和培训情况。

(3)组织开展危险源辨识和评估,督促落实本单位重大危险源的安全管理措施。

(4)组织或者参与本单位应急救援演练。

(5)检查本单位的安全生产状况,及时排查生产安全事故隐患,提出改进安全生产管理的建议。

(6)制止和纠正违章指挥、强令冒险作业、违反操作规程的行为。

(7)督促落实本单位安全生产整改措施。

生产经营单位可以设置专职安全生产分管负责人,协助本单位主要负责人履行安全生产管理职责。

实验室安全分管领导的职责和权限,主要有如下 5 个方面。

(1)根据实验室业务性质、活动特点等情况建立、实施、保持并持续改进与其规模及活动性质相适应的安全管理体系,确定如何满足所有安全要求,并形成文件。

(2)具有所需的权力和资源来履行包括实施、保持和改进安全管理体系的职责,能识别安全管理体系的偏离,以及采取预防或减少这些偏离的措施。

(3)向最高管理者报告安全体系绩效,以供评审,制订实验室年度培训计划并组织实施,确保实验室人员理解他们活动的安全要求和安全风险,以及如何为实现安全目标作出贡献。

(4)确保人员在其能控制的领域承担安全方面的责任和义务,包括遵守适用的安全要求,避免因个人原因造成安全事故。

(5)安全责任人应有直接与实验室管理者对话的渠道。

安全员是经授权且具备所需的经验和能力,对实验室安全实施监督管理的个人或一组人。

安全员须具备两个条件:①熟悉实验室的各项活动;②熟悉实验室的安全要求。安全员可以是专职或兼职的,其职责是对实验室的安全事项履行监督管理,应赋予安全员所需的权力和资源来履行其职责。安全员的职责如下。

(1)安全相关政策、规章的宣传教育和培训。

(2)实验室活动安全风险的评估和报告。

(3)制定和实施安全保障及应急措施,包括安全设备(含 PPE)的配置、使用、报废等。

（4）指导、监督现场安全操作。

（5）阻止不安全行为或活动。对现场安全隐患不采取措施消除的情况予以批评教育、责令改正、停工整改或报告上级。

（6）发生安全事件时，及时调查并督促逐级上报，参与安全事故的调查处理等。

（7）安全员在实验工作完成后应做最终检查并组织消灭可能存在的安全隐患。

实验室应按照《中华人民共和国安全生产法》及 YC/T 384.1—2018《烟草企业安全生产标准化规范　第 1 部分：基础管理规范》相关要求落实实验室组织机构及人员。

> 4.2.2　实验室应建立实验室安全管理全员参与机制。各层级人员可以通过以下方式参与实验室安全相关活动：安全方针目标、安全管理制度、安全操作规程的制定；安全培训教育；危险源辨识、风险评价和确定风险控制措施；事故隐患排查与治理；安全事件的调查；应急预案的制定与演练等。

【解读】　本条款规定了实验室建立安全管理全员参与机制所涉及的相关活动。

《中华人民共和国安全生产法》第四条规定，生产经营单位必须遵守本法和其他有关安全生产的法律、法规，加强安全生产管理，建立健全全员安全生产责任制和安全生产规章制度，加大对安全生产资金、物资、技术、人员的投入保障力度，改善安全生产条件，加强安全生产标准化、信息化建设，构建安全风险分级管控和隐患排查治理双重预防机制，健全风险防范化解机制，提高安全生产水平，确保安全生产。第二十二条规定，生产经营单位的全员安全生产责任制应当明确各岗位的责任人员、责任范围和考核标准等内容。生产经营单位应当建立相应的机制，加强对全员安全生产责任制落实情况的监督考核，保证全员安全生产责任制的落实。第二十八条规定，生产经营单位应当对从业人员进行安全生产教育和培训，保证从业人员具备必要的安全生产知识，熟悉有关的安全生产规章制度和安全操作规程，掌握本岗位的安全操作技能，了解事故应急处理措施，知悉自身在安全生产方面的权利和义务。未经安全生产教育和培训合格的从业人员，不得上岗作业。第四十四条规定，生产经营单位应当教育和督促从业人员严格执行本单位的安全生产规章制度和安全操作规程；并向从业人员如实告知作业场所和工作岗位存在的危险因素、防范措施以及事故应急措施。

《国务院安委会办公室关于全面加强企业全员安全生产责任制工作的通知》（安委办〔2017〕29 号）要求，企业全员安全生产责任制是由企业根据安全生产法律法规和相关标准要求，在生产经营活动中，根据企业岗位的性质、特点和具体工

作内容,明确所有层级、各类岗位从业人员的安全生产责任,通过加强教育培训、强化管理考核和严格奖惩等方式,建立起安全生产工作"层层负责、人人有责、各负其责"的工作体系。

实验室作为企业的一部分,且业务又与工商业企业主业不同,应建立实验室安全的全员参与机制,实验室人员可通过多种方式参与实验室安全活动。

制定实验室人员参与实验室安全活动的程序主要考虑如下几个方面。

(1)协商选择适当的控制措施,如讨论控制特定危险源或预防不安全行为的可选方案的利弊等。

(2)参与提出安全绩效改进的建议。

(3)协商应对影响安全的变化因素,尤其在引入新的或不熟悉的危险源前。例如,新的或经改造的设备的引入;所用建筑物和设施的建造、修改或变更;新的化学试剂或材料的使用;重组新的工艺、程序或工作模式等。

在制定实验室人员参与实验室安全活动的程序时,还要考虑对参与活动的潜在激励和阻碍,以及保密和隐私问题。

(一)实验室安全管理全员参与机制

安全生产工作要建立企业负责、职工参与、政府监管、行业自律和社会监督的联合运行机制。建立这一工作机制的主要目的,是形成安全、生产齐抓共管的工作格局。职工参与,就是通过安全生产教育,提高广大职工的自我保护意识和安全生产意识,职工有权对本单位的安全生产工作提出建议。对本单位安全生产工作中存在的问题,有权提出批评、检举,有权拒绝违章指挥和强令冒险作业。

实验室安全管理全员参与机制须明确实验室人员的安全责任和义务,实验室工作人员一是要遵守适用的安全要求,避免受到伤害;二是要避免因个人原因导致对他人的伤害。

《中华人民共和国安全生产法》第五十三条～第六十条对从业人员 8 项安全生产权利和 3 项义务作了明确规定。

1. 从业人员安全生产方面的 8 项权利

(1)知情权,即有权了解其作业场所和工作岗位存在的危险因素、防范措施和事故应急措施。

(2)建议权,即有权对本单位的安全生产工作提出建议。

(3)批评权和检举、控告权,即有权对本单位安全生产管理工作中存在的问题提出批评、检举、控告。

(4)拒绝权,即有权拒绝违章作业指挥和强令冒险作业。

(5)紧急避险权,即发现直接危及人身安全的紧急情况时,有权停止作业或者在采取可能的应急措施后撤离作业场所。

(6)依法向本单位提出要求赔偿的权利。

(7)获得符合国家标准或者行业标准劳动防护用品的权利。

(8)获得安全生产教育和培训的权利。

2. 从业人员安全生产的 3 项义务

(1)自律遵规的义务,从业人员在作业过程中,应当遵守本单位的安全生产规章制度和操作规程,服从管理,正确佩戴和使用劳动防护用品。

(2)接受安全生产教育和培训,自觉学习安全生产知识的义务,掌握本职工作所需的安全生产知识,提高安全生产技能,增强事故预防和应急处理能力。

(3)危险报告义务,即发现事故隐患或者其他不安全因素时,应当立即向现场安全生产管理人员或者本单位负责人报告。

(二)安全生产目标与方针

安全生产目标是指企业在分析外部环境和内部条件的基础上,确定安全生产所要达到的目标。不同类型企业其安全生产目标采用的指标是不同的,常用的指标有千人负伤率、某万吨产品死亡率、尘毒作业点合格率、噪声作业点合格率及设备完好率等。实现安全生产目标须按照"安全第一、预防为主、综合治理"的安全生产方针,体现"安全生产人人有责"的原则,使安全生产工作实现全员、全方位、全过程的安全管理,明确责任,落实措施,实行严格的考核奖惩制度,消除人的不安全行为和物的不安全状态。

1. 实验室安全生产目标

实验室安全生产目标建议从以下方面制定:生产安全事故控制指标(事故负伤率及各类安全生产事故发生率),安全生产隐患治理目标,安全生产、文明施工管理目标;减少和控制危害,减少和控制事故,尽量避免生产过程中由于事故造成的人身伤害、财产损失、环境污染以及其他损失。

实验室安全生产目标可以参考以下"六个为零,六个达标"安全目标。

(1)六个为零。

①死亡及重伤(含交通责任)事故为零;

②重大火灾(爆炸)事故为零;

③重大设备事故为零;

④重大环境污染事故为零;

⑤急性中毒事故为零;

⑥职工职业病发病率为零。

(2)六个达标。

①对新员工三级教育、全员教育培训覆盖率 100%;

②特种作业持证上岗率为 100%;

③事故隐患整改率为100％；

④职业危害因素达标率为100％；

⑤安全生产费用投入率100％；

⑥千人负伤率≤3‰。

安全生产目标管理的任务是制定目标，明确责任，落实措施，实行严格的考核与奖励制度，以激励广大职工积极参与全面、全员、全过程的安全生产管理，主动按照安全生产的奋斗目标和安全生产责任制的要求，落实安全措施。

安全生产是经济工作的重要保证，也是经济工作的重要组成部分。安全状况的好坏，直接关系到企业是否稳定，做好安全生产工作是每一位干部职工义不容辞的责任。

2. 实验室安全方针

安全方针是指政府对安全生产工作总的要求，它是安全生产工作的方向。根据历史资料，我国对安全生产工作的要求可以归纳为三次变化，即"生产必须安全、安全为了生产""安全第一，预防为主""安全第一，预防为主，综合治理"。

实验室应坚持"安全第一，预防为主，综合治理"的方针，以安全文化、安全法治、安全责任、安全科技和安全投入为抓手，建章立制，切实落实安全生产的责任主体。

实验室应制定实验室的安全方针，并确保安全方针在界定的安全管理体系范围内。实验室安全方针应符合以下要求。

(1)适合实验室的安全风险的性质和规模。

(2)包含防止受伤与健康损害及持续改进安全管理与安全绩效的承诺。

(3)包含遵守安全有关的适用法规要求和实验室接受的其他要求的承诺。

(4)为确定和评审安全生产目标提供框架。

(5)形成文件，付诸实施，并予以保留。

(6)传达到所有人员，使其认识各自的安全义务。

(7)可为相关方所获取。

(8)定期评审，确保与实验室运行保持相关。

安全方针为实验室确立了总方向，并引领实验室实施和改进其安全管理体系，以便保持或改进其安全绩效。

安全方针应使在实验室控制下的工作人员能够理解实验室的总承诺及其可能对个人职责的影响。实验室的安全方针应能适用于所识别出的风险的性质和规模，并能指导目标的建立。为此，安全方针应满足以下要求。

(1)符合实验室未来发展愿景。

(2)切合实际，既不夸大也不降低实验室所面临风险的性质。

在制定安全方针时,实验室应考虑如下问题。

(1)其使命、愿景、核心价值和理念。

(2)与其他方针(公司方针、整体方针等)相协调。

(3)在实验室控制下工作人员的需求。

(4)实验室的安全危险源。

(5)与实验室危险源相关的、实验室应遵守的法律法规和其他要求。

(6)实验室以往和当前的安全绩效。

(7)持续改进的机会和需求,伤害和健康损害的预防。

(8)相关方的观点。

(9)建立切合实际和可实现的目标的需要。

【应用示例 4-1】　某实验室制定的实验室安全方针示例(见图 4-2)

××实验室安全方针

　　本实验室致力于遵守适用的法律法规和有关要求,保障员工在实验室工作之健康和安全,并持续改进安全的管理和绩效。

　　实验室会采取一切合理的措施:

　　——为实验室工作人员提供和维持一个健康与安全的工作环境;

　　——提供必需的信息、指引和培训,实施有效的监控措施,使用必需的个人防护用品,以及采取其他必要的行动以保障人员在工作中的健康与安全;

　　——设计操作规程,把在工作中可能会对健康与安全产生潜在的危害,尽可能地消除或降到最低;

　　——将公司的安全委员会作为员工和管理层的桥梁,提供职业健康与安全方面的咨询,进行有效的沟通与改善,取得员工对所有采取的措施的全力配合与参与,共同建立健康和安全的工作环境。

　　在实验室工作的人员,必须遵守公司的职业健康与安全要求,并在合理情况下顾及个人的职业健康和安全,以及因个人行为或疏忽可能危及他人的职业健康和安全。

　　所有公司的员工必须了解并执行此方针。

　　安全委员会将定期评审此方针,以确保方针得到切实的执行及获得必要的资源。

××××年××月××日

图 4-2　××实验室安全方针示例

(三)实验室安全管理制度

　　安全管理制度是为了保障安全生产而制定的一系列管理性文件。它建立的目的是控制风险,将危害降到最小,安全管理制度也可以依据风险制定。实验室应建立健全实验室安全管理办法和制度,出台规范性文件,确保其具有可操作性和实际管理效应,并及时修订更新。

实验室安全管理制度应覆盖安全检查、安全教育培训与准入、实验项目风险评估与管控、危险化学品全周期管理、实验废弃物安全管理等方面。

1. 安全检查制度

对实验室开展"全员、全过程、全要素、全覆盖"的定期安全检查,核查安全制度、责任体系、安全教育落实情况和设备设施存在的安全隐患,实行问题排查、登记、报告、整改、复查的"闭环管理"。

2. 安全教育培训与准入制度

进入实验室学习或工作的所有人员应先进行安全知识、安全技能和操作规范培训,掌握设备设施、防护用品正确使用的技能,达到实验室要求后方可进入实验室进行实验操作。

3. 实验项目风险评估与管控制度

凡涉及重要危险源,即有毒有害化学品(剧毒、易制爆、易制毒、爆炸品等)、危险气体(易燃、易爆、有毒、窒息)、危险性机械加工装置等的实验或检测工作,事先经过风险评估后方可开展相关工作。对存在重大安全隐患的,在未切实落实安全保障前,不得开展实验活动。

4. 危险化学品全生命周期管理制度

应对危险化学品进行采购、运输、储存、使用和处置等全流程全生命周期管理。采购和运输应选择具备相应资质的单位和渠道,储存要有专门储存场所并严格控制数量,使用时应由专人负责发放、回收和详细记录,实验后产生的废物应统一收储并依法依规科学处置。

5. 实验废弃物安全管理制度

科学规范地做好实验废弃物收集和暂存工作,实行专人管理,并委托有资质的专业单位进行清运处置。

6. 仪器设备与操作安全管理制度

加强实验室仪器设备管理,落实专人负责实验室仪器设备的维护、保养工作,保证仪器设备安全运行,并做好相应台账。对具有危险性和安全隐患的设备采取严密的安全防范措施。精密仪器、大功率仪器设备、电气仪器设备必须有安全接地等安全保护措施;对于超期服役的设备应及时报废,消除安全隐患。加强仪器设备操作人员的业务和安全培训,严格按照操作规程开展实验教学和科研工作。国家规定的某些特种仪器设备(锅炉、压力容器、电梯、起重机械等),操作人员上岗前必须通过有相应培训资质单位的专门培训,经特种设备安全监督管理部门考核合格,取得"特种设备作业人员证",持证上岗。机械和热加工(含锻铸、热轧、焊接、切割、金属热处理等)设备的操作人员,作业时必须采取安全防护措施,穿戴好工作服、工作帽及安全鞋。

7. 水电安全管理

规范用电、用水管理,按相关规范安装用电、用水设施和设备,定期对实验室的电源、水源等进行检查,排查安全隐患,落实整改措施,并做好相关记录。水电安装改造必须报后勤部门审批同意后方可实施。

8. 安全设施管理

实验室应根据自身的特点,对潜在危险因素合理配置消防器、烟雾报警监控系统、应急喷淋洗眼装置、危险气体报警通风系统(必要时应加装吸收系统)、防护罩、警戒隔离等安全设施及必要的防护用品,并指定专人负责日常管理。对安全设施要定期检查,做好更新、维护保养和检修等工作,并建立台账。

9. 消防安全管理

应当遵守消防法律、法规和规章,贯彻"预防为主、防范结合"的方针,履行消防安全职责,保障消防安全。

10. 安全应急制度

建立应急预案和应急演练制度,定期开展应急知识学习、应急处置培训和应急演练,保障应急人员、物资、装备和经费,保证应急功能完备、人员到位、装备齐全、响应及时。定期检查实验防护用品与装备、应急物资的有效性。

11. 实验室安全事故上报制度

出现实验室安全事故后,应立即启动应急预案,采取相应措施控制事态发展,同时在 1 小时内如实向所在地党委、政府及其相关部门报告情况,不得迟报、谎报、瞒报和漏报,并根据事态发展变化及时续报。

(四)安全操作规程

安全操作规程是为了保证安全生产制定的必须遵守的操作活动规则,是根据企业的生产性质、机器设备的特点和技术要求,结合具体情况及群众经验制定的安全操作守则,是进行安全教育也是处理伤亡事故的一种依据。

安全操作规程是在岗员工在工作中必须遵照执行的"规定动作",是避免和减少事故的重要手段。安全操作规程是生产经营单位为保障安全生产而对重要岗位、关键环节、危险设备的操作规范和具体程序所作的规定,是指导作业人员进行安全生产的重要技术准则。《安全生产法》《职业病防治法》《消防法》《特种设备安全法》等法律法规中都有明确的操作规程内容。违反操作规程可能导致人身伤害、设备损坏和财产损失。一套完善的操作规程和有效执行是一个企业管理水平的直接体现,所以操作规程的编制和管理非常重要。

1. 编制范围

从事作业活动,且具有相应安全风险的岗位,需要编制安全操作规程,如实验操作岗位、仪器作业岗位、维修检修岗位等。

2．编制流程

安全操作规程编制工作应按文件编制的流程进行，成立编写小组，组长由实验室负责人或主管安全工作领导担任，成员包括安全部门、技术部门、设备部门，以及有实践经验的操作岗位人员等。

（1）调研。操作规程编写人员应了解不同岗位涉及的主要作业活动、设备设施（工具）、作业环境，以及作业现场涉及的主要危害因素和风险、现有控制措施等，作为编制操作规程的重要输入信息。

（2）资料收集。应收集与岗位作业相关的国家和行业标准规范，作为操作规程编制的依据，如仪器操作、现场用电等相关标准。还应收集岗位作业所涉及的科研、检测用仪器设备的出厂资料，同时要考虑岗位危害因素辨识结果，如机械伤害、触电、高处坠落等，以及本单位或同行业以往与岗位作业相关的事故事件等。

（3）总体策划。根据实验室岗位实际情况，确定需要编制操作规程的岗位、规程名称和数量等内容，形成操作规程架构清单。

（4）规程编制。根据调研、资料收集和总体策划的情况，组织编写人员编写操作规程，形成操作规程初稿。

（5）规程评审。将操作规程初稿在实验或检测岗位、安全管理部门、设备管理部门等一定范围内发放征求意见。编写小组结合反馈的意见，召集相关人员、员工代表等对初稿进行讨论、评审，根据评审意见修改后形成操作规程终稿。

（6）规程审批。按照所在公司文件审核、发布要求执行。

（五）安全教育培训

实验室安全是所有实验室工作者必须重视的问题。正确的实验室安全教育培训可以帮助工作者了解实验室的危险性和如何避免事故的发生。实验室安全教育培训一般包括以下内容。

1．实验室安全意识教育

实验室安全意识教育是实验室安全教育的基础，旨在提高实验室工作者对实验室安全的认识和意识。实验室工作者应知道实验室中存在的危险性，了解实验室安全规定和管理制度，并且知道如何正确处理实验室事故。

2．实验室安全管理规定和制度教育

实验室工作者应该熟悉实验室安全管理规定和制度，如实验室通行制度、危险废物处理制度、安全隐患排查制度等，以保证安全和顺利进行实验。

3．实验室安全设备和器材操作教育

实验室工作者应该熟悉实验室安全设备和器材的使用方法和注意事项，如实验室通风系统、防护手套、安全眼镜等，以保证实验室操作的安全。

4. 实验室化学品和危险品管理教育

实验室工作者应该熟悉实验室化学品和危险品的种类、性质、危害、储存和运输方法，以及正确处理实验室化学品和危险品事故的方法。

5. 实验室事故预防和处置教育

实验室工作者应知道正确预防实验室事故的注意事项，以及正确处置实验室事故的方法，如火灾、有害气体泄漏等。

6. 实验室紧急情况应对教育

实验室工作者应知道正确应对实验室紧急情况的方法，如火灾、有害气体泄漏等，以保证实验室的安全。

7. 实验室安全培训考核

实验室工作者应该参加实验室安全培训，并且通过实验室安全培训考核，以证明其已经掌握了实验室安全知识和技能。

实验室安全教育培训是保证实验室工作安全和顺利进行的重要环节，实验室工作者应该认真学习实验室安全知识和技能，提高自己的安全意识和技能，以保证实验室的安全。

第四节 法律法规和制度

一、概述

法律法规和安全规章制度是以安全生产责任制为核心的，用于指引和约束人们在安全生产方面的行为，是安全生产的行为准则，其作用是明确各岗位安全职责、规范安全生产行为、建立和维护安全生产秩序。

二、标准条款

4.3.1 法律法规和相关要求

法律法规和相关要求的获取、识别和更新以及合规性评价应符合 YC/T 384.1—2018 中 4.2.1 的规定。

4.3.2 规章制度和安全操作规程

4.3.2.1 实验室根据工作需要制定安全规章制度，应符合下列要求：

a)安全规章制度应涵盖以下内容但不仅限于以下内容:实验室通风管理、化学试剂管理、气体钢瓶和气路安全管理、实验室废弃物管理、职业危害管理、劳动防护用品管理、生物菌种管理和实验动物管理等安全规章制度;

b)对使用和储存危险化学品、气体钢瓶、生物菌种等风险较大的部位或场所,应针对可能造成的事故特点制定相应的现场处置方案,如危险化学品泄漏现场处置方案、易燃易爆类气体泄漏现场处置方案等。

4.3.2.2 实验室应制定安全操作规程,应符合下列要求:

a)应制定实验岗位(含检测岗位)和仪器设备操作岗位的安全操作规程,由相应操作人员、实验室安全管理人员共同参与,应在充分识别设备设施和实验(检测)活动危险源的基础上,以实验(检测)工序/方法、设备设施或作业岗位为基本单元进行编制;

b)安全操作规程应包括以下基本要素但不仅限于以下内容:适用范围、人员资质和培训要求、岗位安全职责、主要危险源及其风险防控要求、劳动防护用品配置和穿戴要求、实验安全操作要求、现场应急处置要求等;实验操作安全要求应具体规定实验前、中、后的各项要求,包括但不仅限于以下内容:隐患自查、整改和报告要求、安全禁止性事项、操作和故障排除的安全要求、清洁保养的安全要求等;

c)安全操作规程应下发到实验室各个岗位。

三、标准解读

4.3.1 法律法规和相关要求

法律法规和相关要求的获取、识别和更新以及合规性评价应符合 YC/T 384.1—2018 中 4.2.1 的规定。

【解读】 本条款规定了烟草行业实验室法律法规应符合 YC/T 384.1—2018 《烟草企业安全生产标准化规范 第1部分:基础管理规范》中 4.2.1 的规定,具体要求如下。

4.2.1 法律法规和相关要求

4.2.1.1 法律法规和其他要求的获取、识别和更新,应符合下列要求:

a)获取适用的法律法规和其他要求文本,通过各种渠道公布相应的文本,并确保为最新有效版本;

b)对法律法规和其他要求的章节、条款内容进行适用性识别,识别应由相关适用部门人员参加;建立适用的安全法律法规和其他要求清单;

c)清单应列出文号或标准号,颁布实施时间,颁布部门,适用条款或章节、适用部门等,内容无重要遗漏;

d)及时获取更新信息,及时更新法律法规和其他要求清单,及时传达到各部门和在本单位固定场所长期工作的生产性业务外包等重点相关方。

4.2.1.2　法律法规和其他要求的应用,应符合下列要求:

a)法律法规和其他要求内容更新、管理职责和人员变动、未有效遵循时,应组织培训并保存记录;

b)结合实际,将法律法规和其他要求转化为本单位规章制度和相关规范要求。

4.2.1.3　法律法规和其他要求的合规性评价,应符合下列要求:

a)每年至少组织 1 次由法规管理部门、安全管理部门及相关专业职能管理部门、生产性车间/部门人员、安全工程师、工会代表等参加的安全合规性评价;评价应与安全生产标准化自评、岗位达标、隐患排查等工作有机结合,确保评价结果客观、有效;

b)评价内容应包括本单位文件内容的合规性,法律法规和其他要求遵循情况的合规性;

c)保存评价记录,记录应列出评价内容、评价发现和结论,结论至少分为符合、基本符合和不符合;对评价为基本符合或不符合的,应采取整改措施,并对措施实施情况进行跟踪验证,保存相关记录。

(一)与安全相关的主要法律法规和标准体系

1. 法律

与安全有关的法律主要有:《安全生产法》《职业病防治法》《消防法》《劳动法》等。其中《安全生产法》是实验室建立安全管理体系时应重点关注的法律依据,当《职业病防治法》《消防法》《劳动法》等适用于实验室的条款时也需参照执行。

2. 行政法规、规章和安全标准

行政法规由国务院制定,主要包括条例、办法、规定、实施细则、决定等,如国务院令第 591 号《危险化学品安全管理条例》。

规章是指由国务院所属部委以及有权的地方政府在法律规定的范围内,依职权制定、颁布的有关行政管理的规范文件,如国家安全生产监督管理总局令第 53 号《危险化学品登记管理办法》。

3. 地方法规

地方法规是指省、自治区、直辖市的人民代表大会及常务委员会,为执行和实施宪法、法律、行政法规,根据本行政区域的具体情况和实际需要,在法定权限内制定、发布的规范性文件。经常以"条例""办法"等形式出现,如《广东省特种设备安全监察规定》。

本书未过多介绍具体地方法规,但各地的实验室要注意收集适用的地方法规,并把适用的内容贯彻到实验室的安全管理体系中去。

4. 安全标准

安全标准是围绕如何消除、限制或预防劳动过程中的危险和有害因素,保护职工安全与健康,保障设备、生产正常运行而制定的统一规定。按照《中华人民共和国标准化法》的要求和标准定义,强制性的安全标准必须贯彻实施。

《中华人民共和国安全生产法》第十一条规定"国务院有关部门应当按照保障安全生产的要求,依法及时制定有关的国家标准或者行业标准,并根据科技进步和经济发展适时修订。生产经营单位必须执行依法制定的保障安全生产的国家标准或者行业标准。"

我国的标准实行国家标准、行业标准、地方标准和企业标准四级标准体制。安全标准为安全法规的实施、操作提供了更具体的要求。

5. 经我国批准生效的国际劳工公约

经我国批准生效的国际劳工公约是我国安全法形式的组成部分。国际劳工公约是国际安全法律规范的一种形式,它是采用经会员国批准,并由会员国作为制定国内安全法依据的公约文本。国际劳工公约经国家权力机关批准后,批准国应采取必要的措施使该公约发生效力,并负有实施已批准的劳工公约的国际法义务,如国际劳工组织第 170 号公约《作业场所安全使用化学品公约》。

其中,有很多国际劳工公约的内容已转化成我国相关法律法规的内容,因此,本书不再赘述。

(二)实验室规章制度

4.3.2 规章制度和安全操作规程

4.3.2.1 实验室根据工作需要制定安全规章制度,应符合下列要求:

a)安全规章制度应涵盖以下内容但不仅限于以下内容:实验室通风管理、化学试剂管理、气体钢瓶和气路安全管理、实验室废弃物管理、职业危害管理、劳动防护用品管理、生物菌种管理和实验动物管理等安全规章制度;

b)对使用和储存危险化学品、气体钢瓶、生物菌种等风险较大的部位或场所,应针对可能造成的事故特点制定相应的现场处置方案,如危险化学品泄漏现场处置方案、易燃易爆类气体泄漏现场处置方案等。

【解读】 本条款规定了烟草行业实验室制定安全规章制度和现场处置方案的要求。

实验室规章制度是行政管理中的法规性文件,是指挥和协调实验系统中人们从事实验活动各个环节的准则和规范,是维护实验室管理秩序,确保实现实验室管理功能的不可缺少的强制手段,同时又是调动实验室工作人员积极性、主动性,充分发挥其聪明才智的激励性手段。实验室规章制度是保证实验室正常工作和有效完成工作目标所必须遵循的工作规范和行为准则,它在实验室的科学化管理,现代化建设以及完成实验教学和科研实验等基本任务的过程中起着重要的作用。

1.规章制度的种类

实验室规章制度分为规定、办法、细则、规则、守则等。

(1)规定。

规定是由实验室主管单位对实验室某一方面工作或行为作出的具体规定的文件。它所提出的要求与措施比较具体,内容相对集中,如《×××实验楼管理规定》《×××实验技术人员培训的有关规定》《×××实验室物资采购与管理工作暂行规定》。

(2)办法。

办法是对实验室某项工作或某方面活动提出的具体措施和解决办法的规约性文件,具有可操作性,如《×××实验室仪器设备损坏丢失赔偿处理办法》《×××实验室收费及机时管理办法》《×××实验室劳保用品管理办法》等。

(3)细则。

细则是对某项法规的实施进行补充,或者说明,使之便于具体执行的从属性文件。

(4)规则。

规则是对某一方面的工作或社会行为作出的需要大家共同遵守的、针对性较强的、比较系统和全面的规约性文件,如《×××实验室规则》。

(5)守则。

守则是对某个范围的人或工作活动作出的具体要求的规约性文件。一般在人们提高认识和自我约束力的基础上遵照执行,如《×××实验安全守则》。

2.规章制度的要素

规章制度的要素是指其内容、结构与组成,应包括依据和目的、适用范围、主管机关、行为规则、违章处理、解释机关、实行日期等。有些规章制度还应包括奖励措施、名称界定、废止条款等。

(1)依据和目的。

依据和目的一般列为第一条。依据上级法规制定的规章制度,应首先写明所依据的法规名称,目的是表述制定该规章制度的意图,文字应简明扼要。有的规章制度只写依据不写目的,有的规章制度只写目的不写依据,两者都是可以的。

（2）适用范围。

适用范围一般列为第二条，是表明该规章制度对地域、人和事的效力范围，一般作正面规定。适用范围表述要明晰、准确，必要时可对重要的概念予以简明的解释。

（3）行为规则。

行为规则是规章制度的核心部分，要求做到以下五点：①按照条、款、项的内容顺序做到条理清楚，层次分明；②体现正确的指导思想和基本原则；③态度坚定，语言明确、肯定，具体指示人们行为的条款，通常用"应当""必须"或"禁止""不得"等词语表述，不能用模棱两可的词句；④抓住主要矛盾，处理好详与略、具体与概括的关系；⑤表述准确，用词规范，避免歧义。

（4）违章处理（罚则）。

对违反规定的，应有明确的处罚规定，一般包括行政处罚和行政处分，但要处罚合理。

（5）其他条款。

其他条款是指在主要条款外，尚需说明的条款，如专用名词定义的解释条款、废止条款、授权条款、参照条款等。

为使实验室安全管理有章可循，且安全监管有法可依，应依据国际国内法律、技术标准和操作规范，制定适合本实验室情况的安全管理规则、规定、办法、细则等系列实验室安全管理制度。实验室安全管理制度主要包括实验室通风管理、化学试剂管理、气体钢瓶和气路安全管理、实验室废弃物管理、职业危害管理、劳动防护用品管理、生物菌种管理和实验动物管理等。

（三）现场处置方案

现场处置方案是针对具体的装置、场所或设施、岗位所制定的应急处置措施。现场处置方案应具体、简单、针对性强，现场处置方案应当包括危险性分析、可能发生的事故特征、应急处置程序、应急处置要点和注意事项等内容。现场处置方案应根据风险评估及危险性控制措施逐一编制，做到事故相关人员应知应会、熟练掌握，并能通过应急演练做到迅速反应、正确处置。

实验室中使用和储存危险化学品、气体钢瓶、生物菌种等部位或场所风险较大，为有效应对事故造成的后果，须针对可能造成的事故特点制定相应的现场处置方案，如为保证危险化学品泄漏事故发生后，能够及时控制事态发展，防止事故蔓延，有效组织实施抢险救援，保证突发情况能够及时得到应急处理，最大限度地避免突发性事故的发生，减轻事故所造成的损失，须制定危险化学品泄漏现场处置方案；为有效控制易燃易爆类气体泄漏发生后的影响，须制定易燃易爆类气体泄漏现场处置方案。

4.3.2.2　实验室应制定安全操作规程,应符合下列要求:

a)应制定实验岗位(含检测岗位)和仪器设备操作岗位的安全操作规程,由相应操作人员、实验室安全管理人员共同参与,应在充分识别设备设施和实验(检测)活动危险源的基础上,以实验(检测)工序/方法、设备设施或作业岗位为基本单元进行编制;

b)安全操作规程应包括以下基本要素但不仅限于以下内容:适用范围、人员资质和培训要求、岗位安全职责、主要危险源及其风险防控要求、劳动防护用品配置和穿戴要求、实验安全操作要求、现场应急处置要求等;实验操作安全要求应具体规定实验前、中、后的各项要求,包括但不仅限于以下内容:隐患自查、整改和报告要求、安全禁止性事项、操作和故障排除的安全要求、清洁保养的安全要求等;

c)安全操作规程应下发到实验室各个岗位。

【解读】　本条款规定了烟草行业制定安全操作规程的相关要求,包括参与人员、基本要素、覆盖范围等。

岗位安全操作规程是在岗员工在工作中必须遵照执行的"规定动作",是避免和减少事故的重要手段。操作规程是为保障安全生产而对重要岗位、关键环节、危险设备的操作规范和具体程序所作的规定,是具体指导作业人员进行安全生产的重要技术准则。岗位安全操作规程作为岗位作业人员应遵守的基本准则,侧重于规范作业人员的行为,对控制作业风险、避免人身伤害意义重大。

1. 编制要求

编制操作规程时应注意以下几点要求。

(1)以作业流程为主线。

编制时应按照岗位作业的前后逻辑顺序,按照岗位作业具体流程编制操作规程,保证思路清晰、结构合理。作业比较单一的岗位,可按照单一流程(设备操作顺序)开展规程的编制工作;岗位涉及多项并列的工作,则要分别将每项工作分解为具体的步骤来编制规程;岗位贯穿多项工序,如起重工在许多工序上都要配合作业,则要在工序的基础上,按照具体流程编制操作规程。另外,当岗位涉及的设备设施和作业活动较复杂时,在规定通用要求的前提下,可按不同设备、不同的作业活动流程分别描述岗位作业安全要求的内容。

(2)以危害因素辨识为基础。

在划分作业流程的基础上,应识别每个作业流程及步骤的危害因素:①找出可能造成人身伤害事故的违规行为,规定规范的操作方法;②找出可能造成人身伤害的危险部位,制定防范措施和方法;③找出可能造成人员健康损害的原材料、工艺流程,制定防护措施和对策,这些措施和方法经过文字梳理,即形成了操作规

程的核心要求。危害因素辨识时可参考 GB/T 13861—2022《生产过程危险和有害因素分类与代码》、GB 6441—1986《企业职工伤亡事故分类》、《职业病危害因素分类目录》(国卫疾控发〔2015〕92 号)等国家相关标准规范。

(3)以标准规范为依据。

规程编制时要坚持依法合规,不能违背相关标准规范的内容,也不能违背企业相关规章制度和相关设备说明书的要求。

(4)以充分适宜为前提。

首先规程内容要充分,作业人员在岗位作业中必须做的、禁止做的、需要注意的事项都要明确说明,避免因为规程内容不充分、员工随意作业而导致事故发生的情况。其次规程要有针对性,针对作业涉及的设备设施、工器具、作业环境等进行编制,适合岗位自身实际情况和特点,避免照搬其他企业的规程。

(5)以简洁明了为原则。

规程用语应简洁通俗、清晰易懂,便于员工理解掌握,也可采用流程图、图文并茂等形式。规程要明确具体的操作准则,避免模糊、笼统、泛泛而谈。

(6)以风险控制为目的。

编制操作规程的目的是规范人员行为,避免事故的发生,所以操作规程的制定要立足于风险的预防和控制。

2. 编制内容

目前,国家相关法规和标准中没有明确操作规程必须要包括的内容,但根据实践经验,操作规程内容需包括基本内容和可选内容两部分。基本内容是操作规程必须要包括的内容,可选内容是企业根据自身实际,考虑是否将其纳入操作规程中的内容。

(1)基本内容。

基本内容主要包括适用范围、劳动防护用品穿戴要求、作业安全要求等。操作规程适用范围规定了该规程适用于哪个岗位、哪些单位(部门),以及编制此操作规程的目的等。

操作规程中应明确规定岗位员工需要佩戴的劳动防护用品,防止员工未正确使用防护用品而造成人身伤害。首先,应规定员工进入作业场所时必须穿戴的通用防护用品,如工作服、劳保鞋、安全帽,工作服应做到"三紧"(衣领紧、袖口紧、下摆紧),女工长发应盘在工作帽内等;其次,规定进行具体作业时,应佩戴的专用防护用品。作业安全要求是操作规程的核心内容,应按照工序、流程的顺序,规定每个步骤应遵守和注意的安全事项,安全事项可以从 5 个要素考虑:①作业前的安全确认,主要包括确认作业人员是否具备资质和能力,是否正确穿戴了劳动防护用品;②确认所使用的设备及工器具是否完好,设备联锁、警示、限位等安全防护装置是否可靠,电气设备绝缘是否完好,电气设备金属外壳是否接地,安全措施是否可靠,作业环境是否安全等;③作业过程中应详细规定操作中的控制标准、安全方法、防护方法、注意事项和严禁事项等;④确认具体工作的先后顺序(如电工停电时要先停分闸再停总闸),所使用的设备、工器具的正确操作方法,物料放置要求,作业环境的要求等,以及与其他岗位配合工作时的注意事项;⑤工作后现场要求断气断电、清理现场,做到工完料净场地清,检查是否遗留隐患,填写相应的记录等。

(2)可选内容。

可选内容主要包括岗位作业职责、作业过程中主要危害因素、岗位应急处置程序等。岗位作业职责涉及正确穿戴劳保用品的职责,作业时进行岗前、岗中、岗后检查的职责,以及发现隐患及时上报的职责等。

作业过程中主要危害因素是指作业时,存在的可能导致人身伤害或健康损害、财产损失、工作环境破坏等因素,如触电、机械伤害、高处坠落、物体打击、火灾爆炸、中毒窒息等。

岗位应急处置程序是指作业现场一旦发生紧急情况或事故时,应采取的应急措施,是应急状态下的操作规程,如火灾应急处置措施、中毒应急处置措施、高处坠落应急处置措施、控制系统失灵应急处置措施、物料泄漏应急处置措施等。另外,操作规程的管理职责要求(如规程培训和日常管理职责、规程落实监督职责等)也可以纳入操作规程中。一般情况下,可选内容涉及的相关要求,可能在企业的相关文件中均会进行说明,这些内容是否需要在岗位安全操作规程中再次体现、强调,需要企业根据自身实际情况和管理要求来选择、确定。在以上描述的内容基础上,当岗位涉及巡查、检测等作业活动时,应在操作规程中规定频次和指标,以及需要填写并保存记录。岗位涉及的安全知识、管理要求、技术规范和安全装置清单等,通常不在岗位安全操作规程内具体描述,但可形成摘要作为岗位安全操作规程的增加要素或附件。岗位人员的培训要求、持证要求、能力要求以及身体状况等,企业可根据具体情况决定是否在操作规程中体现。

第五节　文件控制

一、概述

实验室应建立和保持程序来控制构成其管理体系的所有文件(内部制定或来

自外部的),如法规、标准、其他规范化文件、检测和(或)校准方法,以及图纸、软件、规范、指导书和手册。文件是指信息及其承载媒体(媒体可以是纸张,计算机磁盘、光盘或其他电子媒体),照片,或它们的组合。

二、标准条款

4.4.1 实验室对文件控制的要求应符合 GB/T 27476.1—2014 中 4.3 的规定。

4.4.2 应确定不同类别文件的定期评审要求;当外部环境发生变化时,应及时评审。

4.4.3 记录的保存期应大于其内容需要的可追溯时间,并符合法规的要求;事故调查记录、未遂事件和资料、重大隐患排查和治理的相关记录和资料等,应长期建档保存。

三、标准解读

【解读】 此 3 条款规定了烟草行业实验室对文件控制的基本要求,同时对文件评审和保存作出了规定。

GB/T 27476《检测实验室安全》是针对某些危险因素而制定的检测实验室安全标准,旨在提升检测实验室的安全管理能力和安全技术能力,降低检测实验室运行的安全风险。GB/T 27476《检测实验室安全》是适用于检测实验室的系列安全标准,与现已颁布的专业领域实验室安全标准共同组成检测实验室安全标准体系。GB/T 27476《检测实验室安全》分为 7 部分,第 1 部分:总则;第 2 部分:电气因素;第 3 部分:机械因素;第 4 部分:非电离辐射因素;第 5 部分:化学因素;第 6 部分:电离辐射因素;第 7 部分:工效学因素。GB/T 27476.1—2014《检测实验室安全 第 1 部分:总则》规定了检测实验室(简称实验室)安全的通用要求,适用于检测实验室,校准和科研实验室可参照使用;适用于固定场所内的实验室,其他场所的实验室可参照使用,但可能需要附加相应要求。其 4.3 规定了实验室应对安全管理体系所要求的文件进行控制,应建立、实施和保持程序,具体要求如下。

4.3 文件控制

实验室应对安全管理体系所要求的文件进行控制,应建立、实施和保持程序,规定:

a)发布前审批,确保充分性和适宜性;

b)必要时,对文件进行修订,并重新审批;

c)对文件更改和现行修订状态作出标识;

d)确保在使用处能得到适用文件;

e)确保文件字迹清晰,易于识别;

f)对策划、运行所需的外来文件作出标识,并对发放予以控制;

g)防止对过期文件的非预期使用。如需保留,应作出适当标识。

所有包含安全管理体系运行所需信息和组织安全活动绩效的文件和数据应予以识别和控制。

实验室还要考虑以下内容。

(1)为其安全管理体系和安全活动提供支持并使其能满足本标准要求的文件和数据系统的详情。

(2)在安全方面,组织所指定的职责和权限的详情。

书面程序应界定安全文件的识别、批准、发放和移除的控制措施,以及安全数据的控制措施。这些程序最好能明确界定其所适用的文件和数据的类别。

在常规和非常规情况下,包括紧急情况下,需要使用文件的场所,其文件和数据应可利用和可获取。例如,实验室的危险物品清单和 MSDS 的安全信息,对于全体员工应容易得到和易懂,这些信息也应能被应急服务人员获得并使用。这些文件可能包括最新实验室工程图、危险材料数据表、程序和指令等。

实验室应建立程序,用于识别策划和实施其安全管理体系所需的源于外部的任何文件;对这些文件的分发应予以控制,以确保最新信息用于影响安全的决策。例如,实验室应建立程序,用于管理组织所用危险物质的安全数据表,该项任务的职责应予以指定,负责该项任务的人员应确保实验室中的所有人员被告知诸如影响其职责或工作条件的信息的任何相关变化。

实验室文件控制过程的开发将输出以下结果。

(1)包括指定责任和权限的文件控制程序。

(2)文件登记簿、持有者清单或索引。

(3)受控文件及其位置清单。

(4)档案记录(其中一些依据法律法规或其他时间要求予以保存)。

应定期对文件进行评审,以确保其始终有效和准确,其可作为一项专门工作来执行,也可作为下列各项工作的必要部分。

(1)作为评审风险评价过程的必要部分。

(2)作为对事件响应的必要部分。

(3)作为程序变更管理的必要部分。

(4)随法律法规和其他要求、工艺、装置、工作场所布局等发生变化所必须执行的活动。

仍保留供参考的过期文件可表现对某一特定方面的关注,但对此应小心谨慎,以确保其不重新进入引用循环之中。但有时也有必要保留过期文件,以作为与安全管理体系的建立或绩效相关的部分记录。

第六节　安全意识、能力和培训教育

一、概述

从前述的大量案例分析可知,如果能及时收集到这些安全隐患的信息,并进行科研危险实验的安全风险评估,按照安全风险评估的结论和管控建议,落实好实验设备、实验工艺和实验防护的安全要求,控制好实验材料与存储材料的剂量,实验室安全事故就可以避免。由此可见,有关实验室的违章操作和违规行为信息的缺失,引发了实验室安全管理的失效;不安全行为又触发了危险源,造成了实验室安全事故的发生。

从大量的伤亡事故分析中也可以看出,违章违纪始终在各类事故原因中占有较大的比例,即抓住了违章违纪也就抓住了伤亡事故的主要矛盾,而抓住违章违纪的有效途径就是安全教育。

安全教育是指对从业者进行安全思想(态度)、安全知识(应知)、安全技能(应会)的教育和培训,它对端正安全态度,树立安全风气,养成安全习惯,灌输安全知识、技术是必不可少的,是一项基础性非常强的工作,是确保企业实现安全生产的必要条件。但是在现实生产实践中,有的从业者(包括领导层)忽视了安全教育的重要性,片面认为既然谁也不愿意发生事故,也就不必在安全教育上花费更多、更大的精力。然而就是在这种安全法治观念淡薄、安全意识低下或利益驱动的作用下,重、特大恶性事故却在不断地发生,而有的事故就源于安全法治观念淡薄、安全知识缺乏。有关安全教育的作用问题正日益引起从业者的注意。

安全态度是从业者对安全工作的思想认识,是对来自内部、外部刺激进行评估后所持的态度和做出的反应。安全态度并不是生来就有的本能,是后天形成的,需要长期灌输安全理念才能达到预期的效果。但从业者因生活经历、性格、文化水平乃至道德修养等综合能力不同,对客观外界会做出不同的反应,产生的结果也是不一样的。工作中一定要做到"三不伤害",只有实现从"要我安全"向"我要安全""我会安全""我管安全"的转化,才能达到这一目标。"要我安全"明显地带有强制性,"我要安全"则由消极被动转向积极主动,"我会安全"又从主观愿望转向实际行动,而"我管安全"已由单纯的保护自己发展到具有强烈的事业心、高度的责任感、自觉的参与意识,所保护的不仅是自己,而是与之结成命运共同体的周围人。这是一个循序渐进的过程,由量变到质变的过程,也是端正安全态度的过程,这个过程离不开多种形式的安全教育。

安全工作是一门综合性科学,知识面非常广,技术性也非常强,作为从业者,虽不能样样精通,但有些必要的安全知识和安全技能必须要了解和掌握。例如,要掌握本专业、本工艺的基础安全要求,熟知有关的安全规章制度、工艺生产特点、设备状况;要吸取以往的事故教训(包括同行业、外行业);知晓所操作设备的危险、易出事故部位、安全装置部位,目前处于什么状态,发生紧急情况时采取哪些措施等,特别是企业规模的扩大,设备的不断更新换代,自动化程度的不断提高,对从业者的安全素质都提出了更高的要求。这些安全知识和安全技能的获得,就更离不开安全教育这条重要的途径。

总之,安全教育是安全工作的立本之举,因为它不仅关系到安全生产,关系到企业的经济效益,而且关系到家庭的幸福、社会的稳定。因此安全教育是一项长期而艰巨的工作,为有一个安全的生产环境和稳定的社会环境,安全教育工作要持之以恒。

二、标准条款

4.5.1　安全意识和能力

4.5.1.1　实验室各层级人员(含劳务派遣人员)的岗位资格和能力获取应符合 YC/T 384.1—2018 中 4.3.2 的规定;从事特殊岗位工作的人员,应具备相应的资格和能力,如:危险化学品的采购、保管和使用人员应经相应的培训,获得与岗位相适应的资格和能力后,方可上岗。

4.5.1.2　实验室人员的健康状况应与岗位职业健康要求相适应。

4.5.1.3　实验室应对实验室场所内工作人员所接触危险源的安全风险进行告知,确保其明确所从事工作的流程、安全职责、风险管控措施及应急措施。

4.5.2　教育和培训

4.5.2.1　培训教育管理应符合 YC/T 384.1—2018 中 4.3.1 的规定,培训计划应与实验室当前和预期的工作要求相适应。

4.5.2.2　实验室各层级人员(含劳务派遣人员)应按照单位安全教育培训要求接受安全教育培训,熟悉实验室相关法律法规、标准及规章制度、风险和管控措施。掌握本岗位安全操作规程、应急处置方法,并应做好以下人员的教育和培训工作:

a)实验室应对相关方(实验室外来临时人员和劳务派遣人员)进行安全教育。实验室应将劳务派遣人员视为本单位人员进行安全管理;

b)新进实验室人员必须经过三级安全教育,并经考核合格后方可安排上岗;

c)当实验室使用新技术、新工艺、新设备、新材料时,必须对有关人员进行有针对性的教育。

三、标准解读

4.5.1　安全意识和能力

4.5.1.1　实验室各层级人员(含劳务派遣人员)的岗位资格和能力获取应符合 YC/T 384.1—2018 中 4.3.2 的规定;从事特殊岗位工作的人员,应具备相应的资格和能力,如:危险化学品的采购、保管和使用人员应经相应的培训,获得与岗位相适应的资格和能力后,方可上岗。

4.5.1.2　实验室人员的健康状况应与岗位职业健康要求相适应。

【解读】　此 2 条款规定了烟草行业实验室安全意识和能力基本要求应符合 YC/T 384《烟草企业安全生产标准化规范》的相关规定,同时对从事特殊岗位工作的人员和实验室人员健康提出了要求。

YC/T 384.1—2018《烟草企业安全生产标准化规范 第 1 部分:基础管理规范》中的 4.3.2 规定了人员培训教育的相关要求,包括岗位任职安全培训教育、从业人员(含被派遣劳动者)安全培训教育、作业资质培训和考核等应符合的要求,具体如下。

4.3.2　人员培训教育

4.3.2.1　岗位任职安全培训教育,应符合下列要求:

a)主要负责人、分管安全领导、专职安全管理人员的任职安全培训,应在任职前或任职三个月内组织进行,初次培训学时不应少于 32 学时,每年应进行再培训,学时不少于 12 学时;当地政府有要求的,应取得由当地政府安全主管部门颁发的培训合格证书。

b)其他领导和中层干部任职安全培训,应在任职前或任职三个月内组织进行,培训时间不应少于 6 学时;每年应参加再培训。

c)兼职安全员应经过本单位组织的兼职安全员上岗前培训,考核合格方可任职。

d)生产型车间/部门的班组长的班组管理安全培训,每年至少组织 1 次,学时不得少于 4 学时。

e)教育培训内容应符合国家、行业和地方法规要求,结合本单位及相关岗位实际确定。

4.3.2.2 从业人员(含被派遣劳动者)安全培训教育,应符合下列要求:

a)对新员工(含实习生)进行单位级、部门(车间)级和班组级三级安全教育,教育时间不应少于24学时,并经过考核合格后方可上岗作业;

b)转岗人员和涉及新技术、新工艺、新设备、新材料的人员,离开岗位一年以上(含一年)的复岗人员,应由所在部门、班组进行部门(车间)、班组级安全教育,经过考核合格后方可上岗作业;

c)应规定每一级安全教育的学时,由教育者和被教育者在记录中签字,记录列入员工培训档案;

d)从业人员每年至少进行8学时的安全再教育,包括各级培训或教育;

e)各部门应根据本部门风险管控和隐患排查治理、规章制度,形成部门(车间)级安全教育大纲;班组级教育以危险源及风险分级管控清单、安全生产管理制度、安全操作规程等作为基本培训内容。

4.3.2.3 作业资质培训和考核,应符合下列要求:

a)各单位应按国家和地方政府有关规定,确定需进行作业资质考核取证的人员并形成清单,登记其需取得的资质证书名称、培训取证及上岗时间、证件复审情况等。

b)需考核取证的人员应包括:特种设备作业人员(含特种设备管理和操作人员)、特种作业人员、消防控制室的值班和操作人员、职业机动车驾驶员、国家和地方政府规定的其他相关岗位人员;其中:本单位在册在岗的机动车驾驶员还应取得烟草系统机动车驾驶员资质。

c)作业人员考核取证前的培训可由本单位自主组织的,应按考核部门相应的培训大纲编制教材,并组织培训;国家或地方政府明确不再组织考核发证的特种作业人员和特种设备作业人员等,单位应对其进行培训和考核,由本单位确认其作业资质。

d)各单位应根据本单位实际,确定本单位作业风险较大,需本单位培训考核确认作业资质的岗位。

人是实验室安全管理的主体。安全意识的强弱,是实验室运行安全与否的重要因素,实验室人员的安全意识强弱以及对危险因素的认识能力直接关系到实验室的安全。实验室管理者对实验室安全问题重视与否非常关键,实验室安全管理工作的好坏,与实验室管理者关系重大,与其重视与支持程度,以及工作态度密不可分,直接影响员工对实验室安全的态度。实验室管理者和安全负责人应具备安全相关知识和管理能力,对安全问题要予以充分的重视,以身作则,带头做好培训、消防演习、应急预防等安全工作,强化自身及员工的安全意识,在日常工作中保持高度的安全责任心,督促和落实安全责任。安全管理者应做好与其工作相适

应的安全工作以及控制好可能影响安全的危险源。对于任何风险的变更,如实验室某些影响安全的关键环节发生变更后,应立即组织人员重新进行危险源和潜在风险的识别,同时修改相应的工作程序,并且将这些修改的内容安排在年度安全培训计划内,保证实验室的安全工作持续有效。

实验室人员应遵守安全的有关程序、规章制度,严格遵照安全操作规程,参加安全教育培训和学习,建立起遵守安全法律法规和要求、安全第一、预防为主、自我保护的安全意识,以及良好的群体意识。从以往事故中吸取经验教训,积极参加实验室内的安全相关事宜,运用良好的安全意识来保护自身的人身安全。实验室人员应通过培训学习提高其安全意识,从被动接受安全教育和培训,转化为主动提升自我安全意识,最终具备必要的安全管理能力。

为了确保实验室安全工作的顺利开展,实验室应配备足够的安全人员,安全人员可为兼职或专职。对于承担实验室安全管理和操作的人员,要求将其职责和权限形成文件,对其职责和权限的描述可纳入运行程序、作业指导书或岗位描述。实验室安全职责应予以界定,以避免与岗位职责相混淆,确保实验室安全工作的正常开展和落实。

实验室应确保从事对安全有影响的工作的人员具备从事相关工作的能力。实验室对实验室人员除了进行岗位操作培训,还应进行岗位潜在危险、可能导致的危害、应采取的防护措施、应急措施等进行培训,确保实验室人员知晓所从事岗位的安全风险及处理措施。实验室应对他们的能力进行确认后才予以安排工作,并保存教育、培训以及能力确认的记录。对于人员是否能胜任相应的安全岗位,应该从能力、培训和意识三方面来确认,"能力"宜考虑安全岗位工作职责、运行程序和指令的执行情况、法律法规和其他要求,以及个人综合能力等;对于"培训"应评估培训的有效性,可通过笔试或口试、实践考核或者其他证实能力的方法来验证;"意识"可从员工工作中反映出的责任心、对安全培训的态度,以及消防演习等方面考量。

实验室还应在运行、操作或实验方案发生变更时,考虑变更带来的危险源和潜在的风险变化,对于危险源和潜在风险发生变化时应重新加以评估,确保工作人员得到相应的变更培训,总之,应确保在这些变更发生过程中,人员具有持续符合实验室安全要求的能力。

实验室人员的健康状况应能适应其岗位工作的要求,如果自身身体状况不适合从事特定岗位工作,应主动、及时向实验室安全主管或监督人员报告,便于实验室采取合适的措施,如换岗或休息恢复后再上岗等。

实验室应建立健康监护档案,并保留员工的健康检查记录备查。

实验室应采取培训、岗位作业指导书、流程卡等多种方式,确保实验室人员清楚所从事的工作可能遇到的危险和危害,以及防护和应急措施,包括如下注意事项。

(1)危险源的种类和性质;

(2)工作时用到的材料和设备的危险特性;

(3)可能导致的危害;

(4)应采取的防护措施;

(5)紧急情况下的应急措施。

实验室安全责任人可以是实验室最高管理者,也可以是经授权对实验室安全全面负责的人员。在担任安全责任人前,应得到充分的安全培训和安全指导。

实验室安全责任人应根据实验室业务性质、活动特点等情况建立、实施、保持并持续改进与其规模及活动性质相适应的安全管理体系,确定如何满足所有安全要求,并形成文件;具有所需的权力和资源来履行包括实施、保持和改进安全管理体系的职责,识别安全管理体系的偏离,以及采取预防或减少这些偏离的措施;向最高管理者报告安全体系绩效,以供评审,制订实验室年度培训计划并组织实施,确保实验室人员理解他们活动的安全要求和安全风险,以及如何为实现安全目标作出贡献;确保人员在其能控制的领域承担安全方面的责任和义务,包括遵守适用的安全要求,避免因个人原因造成安全事故;应有直接与实验室管理者对话的渠道。

> 4.5.1.3　实验室应对实验室场所内工作人员所接触危险源的安全风险进行告知,确保其明确所从事工作的流程、安全职责、风险管控措施及应急措施。

【解读】　本条款针对实验室存在的危险性,对安全意识和安全能力提出具体要求。

(一)岗位安全风险告知卡

岗位安全风险告知卡的内容要求如下。

(1)任务描述:简要描述任务的性质和目标,包括任务的开始和结束时间、地点等信息。

(2)安全风险识别:对任务进行全面的安全风险识别,包括可能存在的人身伤害、财产损失和环境破坏等风险。

(3)安全风险评估:对每个安全风险进行评估,包括风险的概率和严重程度等因素,以确定其优先级。

（4）风险控制措施：针对每个安全风险，提出相应的风险控制措施，包括预防措施、应急措施和监控措施等。

（5）责任分工：明确任务执行过程中各相关方的责任分工，包括任务负责人、安全责任人等。

（6）应急预案：制定相应的应急预案，包括应急联系人、应急联系方式、应急处置流程等。

（7）安全培训和教育：针对任务执行人员进行必要的安全培训和教育，提高其安全意识和应急处理能力。

（8）安全监督和检查：建立安全监督和检查机制，确保任务执行过程中的安全措施得到有效执行。

岗位安全风险告知卡示例如图 4-3 所示。

（二）危险化学品安全周知卡

1. 安全周知卡内容

常用危险化学品安全周知卡用文字、图形符号和数字及字母的组合形式表示该危险化学品所具有的危险性、安全使用的注意事项、现场急救措施和防护的基本要求。危险化学品安全周知卡示例如图 4-4 所示。

（1）危险性提示词。

根据化学品的危险性进行提示。危险提示词包括"爆炸！""易燃！""自燃！""剧毒！""有毒！""有害！""腐蚀！""刺激！""窒息！""致癌！""致敏！""放射！"。当某种化学品具有一种以上危险性时，按危险性程度依次排列，提示词不超过 3 个，与危险性标志相对应。提示词要醒目、清晰，位于安全周知卡的左上方（位置仅供参考，可根据具体情况确定，下文同）。

（2）化学品标识。

①名称。

用中文和英文分别标明化学品的商品名称。中文名称要求醒目、清晰，位于安全周知卡的正中上方，英文名称位于中文名称的正下方。

②分子式。

用元素符号表示危险化学品的分子式，位于英文名称的正下方。

③辅助识别码。

CC 码或 CAS 码位于分子式的正下方。

（3）危险性标志。

①种类。

根据常用危险化学品的危险特性和类别，采用 12 种标志。

岗位名称	实验室	风险等级		一般风险
		主要危害因素	1.作业人员未培训合格上岗。 2.未制定安全操作规程。 3.未做岗前检查。 4.未张贴安全警示标识。 5.未定期进行事故应急演练。 6.违规使用明火或吸烟。 7.电气线路老化、破损，设备不防爆等。 8.无漏电保护装置。 9.违规作业。 10.未定期进行设备维护保养。 11.安全消防器材过期失效	
易发生事故类型	火灾、机械伤害、触电	安全防范措施	1.作业人员必须经培训方能上岗。 2.已制定安全操作规程。 3.作业前进行安全检查。 4.张贴安全标识。 5.已制定事故专项应急处置方案，并定期进行演练。 6.厂区内严禁烟火。 7.定期进行电器、线路火灾防爆检测。 8.配电线路控制开关已经设置漏电保护装置。 9.作业人员定期进行安全操作规程实操培训。 10.定期对设备设施维护保养。 11.安全器材定期维护保养	
责任人： 联系电话： 应急电话：急救电话120 　　　　　火警电话119 　　　　　公安电话110		应急处置措施	触电事故： 1.使触电者脱离电源：一是切断电源；二是用绝缘物作为工具使触电者脱离电源。 2.现场抢救伤员措施如下：将伤员移至安全地带，对神志清醒的触电者采取静卧、保暖并严密观察；对神志不清的触电者，有心跳但呼吸停止的用人工呼吸法抢救；对神志丧失的触电者心跳停止有微弱呼吸的应立即施行心肺复苏法抢救；触电者心跳、呼吸停止时应立即采用心肺复苏法抢救。 3.及时拨打"120"，说清楚事件发生的具体地址和伤员情况，并安排人员接应救护车。 4.及时报告上级领导。 火灾事故： 1.立即切断有关电源。 2.使用干粉灭火器或消火栓将火扑灭。 3.火势较大，应立即疏散场内人员，向上级汇报，并拨打"119"。 机械伤害： 1.发现有人受伤后，马上关闭机械设备电源，并通知救护人员到达事故现场。对创伤出血者迅速进行包扎止血后送往医院救治。 2.发生断指时立即止血，尽可能做到将断指冲洗干净，用消毒敷料袋包好，放入装有冰块的塑料袋内与伤者一起立即送往医院救治。 3.肢体骨折时，应固定伤肢，用木板或平板抬运，送往医院救治。	

图 4-3 岗位安全风险告知卡示例

危险化学品安全周知卡

危险性类别	品名、英文及分子式、CC码及CAS	危险性标志
腐蚀品	**氢氧化钠** Sodium hydroxide NaOH CAS号：1310-73-2	

危险性理化数据	危险特征
熔点：318.4℃(591K) 沸点：1390℃(1663 K) 水溶性：111g(20℃)(极易溶于水) 密度：2.130 g/cm³	与酸发生中和反应并放热。遇湿时对铝、锌和锡有腐蚀性，并发出易燃易爆的氢气，本品不会燃烧，遇水和水蒸气大量放热形成腐蚀性溶液。具有强腐蚀性。

接触后表现	现场急救措施
本品有强烈刺激和腐蚀性，粉尘刺激眼和呼吸道，腐蚀鼻中隔；皮肤和眼直接接触可引起灼伤；误服可造成消化道灼伤，黏膜糜烂、出血和休克。	皮肤接触：用大量的水清选。 眼睛接触：撑开上下眼皮并用大量的水冲洗。 吸　　入：立即将患者移至新鲜空气处。 食　　入：使患者喝下大量水（如果必要最好喝入至少数升的水）。就医。

个体防护措施

泄漏应急处理

隔离泄漏污染区，限制出入。建议应急处理人员戴防尘面具(全面罩)，穿防酸碱工作服。不要直接接触泄漏物。小量泄漏：避免扬尘，用洁净的铲子收集于干燥、洁净、有盖的容器中，也可以用大量水冲洗，冲水稀释后放入废水系统。大量泄漏：收集回收或运至废物处理场所处置。

浓度	当地应急救援单位名称	当地应急救援单位电话
MAC(mg/m³)： 未制定标准	×　×　×	急救：120 火警：119

图4-4　危险化学品安全周知卡示例

②图形和颜色。

按照 GB 190—2009《危险货物包装标志》的要求制作和印刷危险化学品安全周知卡所需的危险性标志。标志采用菱形,上方为危险性的图示,下方为危险性的文字叙述。

③使用方法。

一种标志对应一个类别或一种危险性。当一种化学品具有一种以上的危险性时,标志应同危险性保持一致。危险性主次按上、左、右的次序排列。危险性标志位于安全周知卡的右上方,每种化学品最多可选用 3 个标志。

(4)危险性理化数据。

危险性理化数据是指根据危险化学品的危险特性,列出的相应的理化数据,包括闪点、燃点、爆炸极限、沸点、相对密度、蒸气压等。

(5)危险特性。

危险特性是指按照 GB 13690—2009《化学品分类和危险性公示 通则》的有关规定,确认危险化学品易发生的危险性。

(6)接触后表现。

接触后表现是指危险化学品与机体接触后,特别是在意外事故发生时(如吸入、皮肤接触、经口等),产生的急性、慢性症状和体征。

(7)现场急救措施。

现场急救措施是指在工作场所中发生意外,机体受到危险化学品伤害时,在就医之前所采取的自救或互救的简单有效的救护措施。

(8)个体防护措施。

表述在危险化学品生产、使用、储存等作业中所必须采取的个体防护要求,采用 12 种个体防护标志。防护标志采用圆形,标志正中为防护图示,标志下方为防护的文字叙述。根据具体化学品的危险特性,有针对性地选用相应的标志,填入"个体防护措施"一栏中。

(9)泄漏应急处理。

表述在工作场所中,危险化学品泄漏后所采取的最有效的消除方法和工人必须进行的个体防护措施。

泄漏应急处理及防火防爆措施采用 3 种标志:三角形为警告标志,圆形为禁止标志,正方形为提示标志。标志正中为图示,标志下方为文字叙述。根据具体化学品的危险特性,有针对性地选用相应的标志,填入"泄漏应急处理"一栏中。

(10)浓度。

浓度是指作业场所空气中,危险化学品在长期、分次、有代表性的采样监测中,均不应超过的限值规定。

(11)当地应急救援单位名称。

要求由使用单位的安全专业技术人员填写当地应急救援单位及消防部门的全称,不得缩写或简写。

(12)当地应急救援单位电话。

要求由使用单位的安全专业技术人员完整填写当地应急救援单位及消防部门的电话。

2.安全周知卡的使用

(1)位置。

安全周知卡应拴挂于危险化学品生产岗位及作业场所显著的位置。

(2)要求。

安全周知卡的拴挂要牢固、结实,保证在使用过程中不脱落。

> 4.5.2 教育和培训
>
> 4.5.2.1 培训教育管理应符合 YC/T 384.1—2018 中 4.3.1 的规定,培训计划应与实验室当前和预期的工作要求相适应。

【解读】 本条款规定烟草行业实验室培训教育应符合 YC/T 384《烟草企业安全生产标准化规范》的相关要求。

(三)实验室培训教育要求

YC/T 384.1—2018《烟草企业安全生产标准化规范 第 1 部分:基础管理规范》中的 4.3.1 规定了培训教育管理的相关要求,包括按安全管理部门和相关部门提出的培训需求,制订年度安全教育培训计划;安全培训教材和师资库管理;安全教育培训的实施和效果评价等应符合相应要求,具体如下。

> 4.3.1 培训教育管理
>
> 4.3.1.1 按安全管理部门和相关部门提出的培训需求,制订年度安全教育培训计划,并符合下列要求:
>
> a)计划应规定内部培训和外部培训的具体组织部门、计划时间、培训内容、培训方式和考核方式;
>
> b)内部培训计划应包括由相关部门自行组织的培训;采取网络自学方法时应进行闭卷或随机抽题考试。
>
> 4.3.1.2 安全培训教材和师资库管理,应符合下列要求:
>
> a)至少应建立新员工单位级教育、中层领导和班组长专门安全培训、员工安全通用安全知识和技能等基本安全培训教材;教材应符合法规要求,贴近本单位实际,经过评审或审批后确定;
>
> b)建立安全培训内部师资库,根据讲师特长确定授课方向,组织讲师学习、研讨,不断提升授课水平。

4.3.1.3 安全教育培训的实施和效果评价,应符合下列要求:

a)教育培训应保持记录,记录培训内容、时间、地点、课时、培训方式、授课人、考核方式及效果评价、人员签到等内容;

b)新员工厂级教育培训以及专业、技能类培训应进行书面闭卷考试或现场实操考核,并明确合格标准,未达到培训效果应组织补课或再培训;

c)对各类人员的安全教育培训学时、内容等进行统计,形成安全教育培训档案。

4.5.2.2 实验室各层级人员(含劳务派遣人员)应按照单位安全教育培训要求接受安全教育培训,熟悉实验室相关法律法规、标准及规章制度、风险和管控措施。掌握本岗位安全操作规程、应急处置方法,并应做好以下人员的教育和培训工作:

a)实验室应对相关方(实验室外来临时人员和劳务派遣人员)进行安全教育。实验室应将劳务派遣人员视为本单位人员进行安全管理;

b)新进实验室人员必须经过三级安全教育,并经考核合格后方可安排上岗;

c)当实验室使用新技术、新工艺、新设备、新材料时,必须对有关人员进行有针对性的教育。

【解读】 本条款规定了烟草行业实验室各层级人员(含劳务派遣人员)教育和培训以及相关方、新进人员和新技术、新工艺、新设备、新材料相关的培训。

实验室应建立相应的程序,对所有进入实验室办公区域或试验区域的人员(包括来访者、聘用人员、临时聘用人员)进行入门培训,并对需要用到的个体防护装备的使用和维护进行必要的培训。实验室的基本安全规范应该张贴在实验室入口醒目位置,并尽量使用简单易懂的语言进行描述,保证进入实验室的任何人员都能在第一时间清楚地看到和识别,了解实验室的安全规定、区域内可能存在的安全隐患和风险,以及如何防护和可以采取的应急措施。入门培训还包括相关法规知识培训。

实验室制定的年度培训计划应包含安全培训内容,并且安全培训内容应与实验室当前和预期的工作相适应。某些影响安全的关键环节发生变更时,应重新对识别的危险源和潜在风险进行评估,修改相应的工作程序,并且这些修改的内容应安排在年度安全培训计划里实施培训,保证实验室的安全工作持续有效。

实验室应根据危险源和潜在风险的识别情况,对实验室管理人员,实验室操作人员、辅助人员以及临时聘用人员进行相关化学品和安全设备使用前培训,保证在出现紧急情况时,现场操作人员有能力进行一些基础安全处理,避免安全事件的扩大和升级。

实验室应对其员工进行应急措施和程序的培训,保证实验室员工和来访者

在遇到危险时能安全及时、有序地撤离实验室。实验室的年度培训计划应涵盖应急措施和程序的培训,实验室应按计划定期模拟演练应急程序,保证实验室员工在紧急情况下能安全撤离实验室,有条件的实验室还应任命一定数量的安全引导员,在发生紧急情况时引导来访者或临时聘用人员有序地安全撤离实验室。

实验室如有相关方,应对其安排适当的监督,以确保其在实验室工作的安全。对于相关方人员(包括新聘用人员和一部分临时聘用人员),除安排适当的安全培训外,还必须安排适当的监督,监督内容应包括人员在实验室指定的工作区域,按规定操作指定的设备,佩戴适当的安全防护装备。对于不符合安全程序要求的活动或操作应及时制止并及时进行教育和培训等。监督的方式可采用定时巡查或者远程监控等。

安全培训的内容、方式、频率以及参加人员等关键信息应该文件化,并写入年度培训计划之中,对于培训应记录的内容、方式和参加人员等按实验室要求保存,并对培训的效果进行评价,作为实验室改进安全工作的依据。

实验室制定的年度培训计划应包含安全培训内容,包括但不限于:对员工安全意识提升的培训;对来访者应知应会的培训;对相关方人员的岗前培训和监督、各岗位危险源的识别、风险评估、防护和应急措施等内容的培训以及关键岗位变更后导致的安全文件变更的培训;对安全相关法律法规的培训;对不同性质火灾的消防灭火演习以及应急撤离演习计划安排等。

培训可按岗位和人员的不同要求分别安排,对基本安全知识、安全相关法律法规以及每人应知应会的内容要安排全体人员培训,对岗位中共性和个性的知识可根据岗位要求分别实施培训,对实验室特殊岗位人员有条件的要送到相关培训机构进行安全培训,无条件的可由实验室自行组织研究和培训或采取其他方式进行培训,对外来人员要进入实验室区域,可根据所进入的区域要求进行简要培训。

培训应不限方式,可采取"请进来,走出去"的方式,集中培训和个别培训相结合也可通过实验室网络系统告示、张贴标志标语、发 e-mail 文件、短信或口头交代、通过实验室员工"传帮带"、发布案例分析、到优秀实验室参观等多种方式进行,安全文件和培训教材的编制尽可能采用浅显易懂的语言和标识,培训计划实施后应保存记录,并对其效果的有效性进行评价。

(四)实验室岗位安全培训大纲建立

实验室在开展工作前,应建立必要的岗位安全培训大纲,对相关人员实施必要的培训和对培训有效性进行评价。培训大纲包括:对每个岗位的工作描述、对可能存在的危险源进行识别和风险分析、采取的防护措施和应急处理措施、涉及人员范围、培训的频次,以及培训要求等。

【应用示例 4-2】 ×××实验室安全培训大纲

1. 实验室基本安全知识

包括实验室安全规则、实验室安全设施使用方法、紧急情况的处理方法。

2. 实验室危险品和毒物安全知识

涉及常见的危险品和毒物的鉴别、存储、使用、处置方法等。

3. 实验室爆炸和火灾防范

涉及实验室火源、电气设备、化学品等引起火灾和爆炸的原因,并介绍防范措施。

4. 实验室生物安全知识

介绍生物实验中的常见病原体、安全操作规程,以及如何避免感染。

5. 危险化学品事故应急处理程序(化学品泄漏应急处理方法)

6. 废液处理方法

7. 实验室人员穿着基本要求

8. 消防知识

熟悉灭火器、消防设备的使用方法及放置地点,了解各工作场所逃生及疏散路线。

9. 日常水电安全卫生检查

10. 基础安全培训

以通识性内容为主,包括消防安全、水电安全、治安防盗、安全案例警示、安全措施认知、基本急救知识与警示标识等常识性内容。

11. 专业类安全培训

针对各实验室所涉及的危险化学品安全、辐射安全、危险废弃物处置安全、机电设备安全等开展专业安全知识与技能培训,并安排培训对象到现场熟悉正确操作流程与规范。

12. 专项培训

针对特种设备实施的安全培训项目,培训对象需要取得准入资格或操作资格,在培训对象考核合格后颁发证书。

13. 安全管理培训

以宣传解读上级部门的安全管理要求,讲授科学的安全管理方法、风险隐患排查流程及安全检查规范等内容为重点,提升各类责任人的安全管理能力与水平。

【应用示例 4-3】 实验室发热试验项目安全培训大纲建立

1. 工作描述

按标准要求设定器具工作状态,布置热电偶,布置电阻法测量电路,器具的放置尽可能使热电偶测得各部位的最高温升。

2. 危险源识别

发热试验过程中器具可能的不正常工作导致器具某部分温度过高、排放出有毒有害气体、起火危险或发生器具爆炸危险。

3. 风险分析

送到实验室检测的样品均为企业经过成品终端检测合格的产品,因此在正常情况下,发热试验危险发生的概率应为中等,对事件的影响等级也为中等,最终可以判定其风险等级为中等。

4. 防护措施

实验室应配置防火、防爆、防毒的密封测试系统和通风系统,对可预见的危险产品应放入该系统中进行试验,同时还应配有一定数量的防毒面具和灭火设施,如灭火器、防火沙、防火地毯等,以便在发生危险时能及时取用,消除危险。

5. 应急处理

危险发生时,应在第一时间切断电源,打开通风设备,视危害程度发放防毒面具和使用灭火设备,由安全员及时疏散现场人员(包括来访者)。

6. 培训实施

该培训涉及实验室试验工程师以及实验室管理岗位员工。同时实验室还应对新进员工及初次来访者实施应知应会培训,使他们及时了解发热试验过程中可能产生的危险,以及如何防护和采取应急处理措施、如何放置和使用防护设备等,培训完后,可以采用提问互动的方式考察受训者的理解程度,以进一步验证培训的效果。

第七节 采 购

一、概述

实验室实验用品的采购是实验室保证实验结果质量的第一关,也是基本保证。采购工作是一项政策性强、专业程度高、牵涉面广的系统工程。实验室的工作不仅要在内部控制好,更多的控制是在供应商的质量管理过程中。供应商的质量控制得好,可以提高实验室的检测工作质量,同时也可以降低成本。只有供应商和实验室采购具有安全性和可靠性的实验用品,才能保证下一步工作的有序进行。因此需要对采购环节中的安全问题作出明确规定。

二、标准条款

4.6.1　实验室应识别所购买的供应品、试剂、消耗品、设施和设备以及服务的安全风险,采购文件应明确相关的安全要求,必要时也可要求供应商提供与风险控制相关的信息或技术支持。

4.6.2　实验室与相关方签订的服务协议,应包含职业健康与安全、监视与责任的相关条款。如设备维护、保洁和科研辅助等工作;应签订《安全生产协议书》,明确双方的安全管理职责,并督促落实安全管理责任。

4.6.3　实验室采购实验用危险化学品时,应向具有《危险化学品安全生产许可证》的生产单位或具有《危险化学品经营许可证》的经营单位采购。购买剧毒化学品的,应当向所在地公安机关申请取得《剧毒化学品购买许可证》;购买易制爆危险化学品的,应当持本单位出具的合法用途说明,按照《易制爆危险化学品治安管理办法》执行;购买易制毒化学品应按照《易制毒化学品管理条例》执行。

4.6.4　实验室采购仪器设备时,除满足国家法律法规中安装防护措施的要求外,还应考虑以下安全因素:

a)用于处理可燃物或病原体的特殊装置;

b)运动部件的失效保护装置;

c)安全联锁装置;

d)异常情况下自动切断电源的装置;

e)可能危及人身安全的运动部件的防护装置;

f)相应的安全设备的辅助装置。

三、标准解读

4.6.1　实验室应识别所购买的供应品、试剂、消耗品、设施和设备以及服务的安全风险,采购文件应明确相关的安全要求,必要时也可要求供应商提供与风险控制相关的信息或技术支持。

【解读】　本条款规定了烟草行业实验室采购实验用品(包括供应品、试剂、消耗品、设施和设备,以及服务)的相关安全要求。

采购活动安全风险的相关控制措施如下。

(1)确立所要采购的供应品、试剂、消耗材料、设施和设备、服务的安全要求。

(2)与供方沟通实验室自身的安全要求。

(3)确立危险化学品、材料和物资的采购、运输、转移的事先批准、报备等的要求。

（4）确立采购科研仪器设备事先批准的要求和规范。

（5）确立对所接收供应品、试剂、消耗材料、设施和设备、服务进行检查的要求，以及对其安全绩效进行验证的要求。

> 4.6.2　实验室与相关方签订的服务协议，应包含职业健康与安全、监视与责任的相关条款。如设备维护、保洁和科研辅助等工作；应签订《安全生产协议书》，明确双方的安全管理职责，并督促落实安全管理责任。

【解读】　本条款规定了烟草行业实验室聘用相关方开展服务时签订协议的要求。

实验室与相关方签订的服务协议，应包含职业健康与安全、监视与责任的相关条款。例如，实验室采购了清洁、保安服务，需要对清洁工和保安人员的活动范围提出限制，规定清洁工不能对测试设备、测试样品进行清洁，保安人员不能擅自进入有限制出入的实验区域等。

签订《安全生产协议书》，明确双方的安全管理职责，包括甲、乙双方的责任和义务，违约责任，争议处理方式等。

> 4.6.3　实验室采购实验用危险化学品时，应向具有《危险化学品安全生产许可证》的生产单位或具有《危险化学品经营许可证》的经营单位采购。购买剧毒化学品的，应当向所在地公安机关申请取得《剧毒化学品购买许可证》；购买易制爆危险化学品的，应当持本单位出具的合法用途说明，按照《易制爆危险化学品治安管理办法》执行；购买易制毒化学品应按照《易制毒化学品管理条例》执行。

【解读】　本条款规定了烟草行业实验室购买危险化学品、剧毒化学品、易制爆危险化学品以及易制毒化学品的相关要求。

（一）《危险化学品安全生产许可证》

《危险化学品安全生产许可证》是危险化学品生产单位必须办理的一个证件。根据《中华人民共和国安全生产法》《危险化学品安全管理条例》等法规规定，国家对涉及公共安全的化学品种类和数量有限制性规定。未取得《危险化学品安全生产许可证》的企业不能进行相关产品的生产经营活动，如烟花爆竹、民用爆炸物品、剧毒产品等；而取得相应资质的单位才能合法地生产这些产品并出售给需要的人。

《危险化学品安全生产许可证》申请条件如下。

（1）企业主要负责人、分管负责人、技术负责人和其他关键岗位人员经考核合格。

（2）有与本单位相适应并经检测合格的储存设施、运输工具和应急救援器材。

(3)法律、行政法规和国务院部门规章规定的其他条件。

生产许可范围:一类易制毒化学品(麻黄碱除外);二类易制毒化学品(含麻黄碱);三类易燃、易爆化学药品以及国务院确定的其他列入目录的剧毒化学品和其他有毒、有害物质的制造或者配制(三类易燃物为甲苯、乙酸丁酯、过氧化甲乙酮、异丙胺)。

(二)《危险化学品经营许可证》

《危险化学品经营许可证》是化工贸易或者其他经营危险化学品的企业,在经营前,需要向安监局提出公司所需要危险化学品的品种或者类别,提交相应资料,获得《危险化学品经营许可证》。

办理《危险化学品经营许可证》需具备以下条件。

(1)经营和储存场所、设施、建筑物符合国家标准 GB 50016—2014《建筑设计防火规范》、《爆炸危险场所安全规定》和《仓库防火安全管理规则》等规定,建筑物应当经公安消防机构验收合格;经营场所符合工商部门关于经营场所的有关规定要求。

(2)经营条件、储存条件符合 GB 18265—2019《危险化学品经营企业安全技术基本要求》、GB 15603—2022《危险化学品仓库储存通则》的规定。

(3)单位主要负责人和主管人员、安全生产管理人员和业务人员必须经过专业培训,并经考核取得上岗资格。

(4)有健全的经营管理制度和安全生产管理制度。

(5)有本单位事故应急救援预案。经营单位应当与经营场所或储存场所的所有者共同编制事故应急救援预案。

(6)法律、法规规定的其他条件。

(三)实验室危险化学品采购

易制爆、易制毒化学品为管制类化学品,购买和使用需经过公安部门严格审批。

示例:×××实验室易制毒、易制爆化学品采购指南(2022 年)

1．易制毒化学品采购指南

易制毒化学品是指具有可以作为原料或辅料而制成毒品性质的化学品,包括盐酸、硫酸、部分有机物、有机溶剂和极少数强氧化剂。易制毒化学品一般可分为三类,其中实验室常用易制毒化学品为第二类、第三类,如盐酸、硫酸、高锰酸钾(亦是易制爆化学品)。

1)审批机构

(1)购买第一类非药品类易制毒化学品由省公安厅审批。

(2)购买第二、三类非药品类易制毒化学品由所在地县级以上公安机关审批。

2）采购流程

（1）申购人选择有销售经营易制毒化学品资格的供应商签订《购销合同》。

（2）准备资料到当地公安局或网络平台办理《易制毒化学品购买备案证明》。

（3）《易制毒化学品购买备案证明》审批下来后，提供给销售业务员并委托销售方办理《易制毒化学品运输备案证明》。

（4）《易制毒化学品运输备案证明》审批下来后，售方即可安排发货。

注：个人不得购买第一类和第二类易制毒化学品。

3）提供资料

（1）购买单位。

①购买易制毒化学品的书面申请（注明品种、数、用途）。

②营业执照。

③法人代表和单位负责人身份证复印件及联系方式。

④经办人的委托书、身份证复印件及联系方式。

⑤单位内部制定的易制毒化学品的管理制度。

⑥存放易制毒化学品仓库管理员的基本情况、身份证复印件及联系方式。

⑦易制毒化学品仓库发生火灾、被盗等事件安全处置预案。

⑧购销合同。

⑨合法使用证明。

（2）销售单位。

①营业执照副本复印件。

②法人代表身份证复印件及联系方式。

③危险化学品安全生产/经营许可证。

④非药品类易制毒化学品经营备案证明。

4）注意事项

（1）建立易制毒化学品的管理制度，使用台账（出入登记）如实记录购进化学品的品种、数量、使用情况和库存等。

（2）使用单位应当按照当地主管部门要求及时将购买使用情况报送公安机关备案。

（3）使用单位应当组织从业人员对《易制毒化学品管理条例》等法律法规进行学习，要严格执行《易制毒化学品管理条例》《易制毒化学品购销和运输管理办法》等法律规定。

2. 易制爆危险化学品采购指南

易制爆危险化学品是指可以作为原料或辅料制成爆炸物品的化学物质。易制爆危险化学品通常包括强氧化剂、可/易燃物、强还原剂和部分有机物,如硝酸、高氯酸、过氧化氢、过氧化钠、重铬酸钾、硼氢化钾等。

1)审批机构

所在地县级以上公安机关审批。

2)采购流程

与有易制爆危险化学品销售资质的公司签订合同,填写《购买易制爆危险化学品备案表》,并携带合同复印件、公司营业执照、资质证明,前往所在公安分局治安大队办理。填写的《购买易制爆危险化学品流向信息备案表》,一联留存,一联给销售商进行采购,到货后,进行入库流程。

注:严禁个人购买易制爆危险化学品。

3)提供资料

(1)购买单位营业执照、销售合同。

(2)危险化学品经营许可证(仅经销商需提供,且购买的产品必须在许可证名录范围内)。

(3)法定代表人签字盖公章的经办人委托书,标注购买易制爆化学品的名称、规格、数量、用途,被委托人的身份证复印件、联系电话。

(4)合法使用证明模板及《易制爆危险化学品购买告知书》。

4)注意事项

(1)易制爆化学品购买付款需公对公转账,不可现金付款。

(2)重复购买的产品,以上证件提供合法使用证明即可。

(3)购买单位在购买后5日内,将所购买的易制爆危险化学品的品种、数量以及流向信息报所在地县级人民政府公安机关备案,并输入计算机系统。

需要注意的是,每个地区的易制毒化学品、易制爆危险化学品的管理情况可能有所不同,实际采购、使用时应咨询当地公安部门并进行备案,不可私下进行采购使用。

4.6.4　实验室采购仪器设备时,除满足国家法律法规中安装防护措施的要求外,还应考虑以下安全因素:

a)用于处理可燃物或病原体的特殊装置;

b)运动部件的失效保护装置;

c)安全联锁装置;

d)异常情况下自动切断电源的装置;

e)可能危及人身安全的运动部件的防护装置;

f)相应的安全设备的辅助装置。

【解读】　本条款规定了烟草行业实验室采购仪器设备时应注意的安全事项。

（四）实验室仪器设备采购

实验室仪器设备采购质量控制的对策如下。

1. 完善实验室仪器设备采购制度

完善实验室仪器设备采购制度,使采购工作的各个环节有法可依、有章可循,是保证实验室仪器设备采购工作顺利开展的重要保证。采购制度要结合当前新的形势,及时修订实验室仪器采购招标管理办法,与时俱进,使规章制度适应形势发展的需要,为实验服务。

2. 加强实验室仪器设备采购队伍建设,提高专业素养

（1）思想政治素质要求。

作为实验室仪器设备采购从业人员,要树立正确的人生观、价值观,要以学校利益为重,以高度的责任感和饱满的热情投入到日常工作中。爱岗敬业,乐于奉献,牢固树立为学校教学和科研服务的意识,遵纪守法,廉洁奉公,洁身自好。

（2）业务素质要求。

作为实验室仪器设备采购人员,要加强学习,及时掌握仪器设备的最新动态,了解市场行情。同时要拓展自己的知识面,熟悉相关政策法规以及单位的各项规章制度,充分了解仪器设备的技术指标、工作原理和性能,以适应这项工作对专业知识、政策法规的要求,保证仪器设备的采购质量。要切实维护单位利益,避免因自己知识储备不足而给单位造成损失。

3. 加强采购招标论证工作,使采购计划科学合理

仪器设备采购前的立项论证,是制订科学合理采购计划的重要前提。在采购计划发布前,作为项目承办单位,实验室建设与设备管理处工作人员要和使用部门就所购买仪器设备的技术参数、性能、产地等进行充分沟通,加强立项论证,确保在预算资金范围内买到高质量的、满足现实需要的产品。通过立项论证充分了解所购买仪器设备的性能和指标参数及市场行情,避免仪器设备购置的盲目性和重复性,有利于统筹资源、优化配置,促进仪器设备的共享、共用,节约资金,提高仪器设备的使用效率。同时,采购前的论证也有利于制定合理的招标文件和评标办法,确保所购买仪器设备的质量,真正买到教学科研所需的产品。

4. 落实验收制度,完善仪器设备供应商服务质量评价体系

为了发挥仪器设备代理商、供应商的积极作用,加强对所购买仪器设备的质量控制,完善售后服务,建立实验室仪器设备供应商服务质量追踪评价体系,从供应商的供货速度、公司规模、成功案例、负债情况、信誉度、售后服务响应情况等方面对供应商进行考核,优选供货速度快、产品性能优、信誉好、服务质量好的优质供应商。把虚假应标、围标、串标以及中标后在非不可抗力情况下不能按招标要求提供产品和服务的供应商列入黑名单,取消其再次参与单位招投标项目的资格,确保所采购仪器设备的质量。同时,成立验收小组,仪器设备安装调试完成后,验收小组会同设备厂家代表一起参加项目验收,严把质量关。验收合格才能按照合同条款支付相应款项,保证了所采购仪器设备的质量,维护单位的利益。

(五) 实验室采购仪器安全因素

实验室采购仪器时要考虑的安全因素包括用于处理可燃物或病原体的特殊装置、运动部件的失效保护装置、安全联锁装置、异常情况下自动切断电源的装置、可能危及人身安全的运动部件的防护装置、相应的安全设备的辅助装置。

其中,安全联锁装置是用于安全目的的自动化装置,其通过机械或电气的机构使两个动作具有互相制约的关系。在生产过程中,为了保证正常工作,实现自动控制,以及为了防止事故,广泛采用了联锁装置。联锁装置包括直接作用式、间接作用式和组合式三种形式。

第八节　实验室内务

一、概述

实验室内务管理对于实验室质量控制和安全管理至关重要。良好的内务管理不但可使实验室内务短期内发生质的改善,而且可以营造一种"人人积极参与"的良好整体氛围,有助于保证实验室内部环境控制,避免实验室发生污染,防止实验室发生操作事故,避免操作隐患,同时也可以大大提升员工信心,提高工作效率,保证实验质量。实验室内务包括对实验室材料、物品的管理及对设备设施定期进行维护、清洁、消毒,以时刻保证材料正常供应及使用、设施设备的正常运行及环境整洁有序。

二、标准条款

实验室应保持良好内务,在管理上应考虑以下内容:

a)不应在实验室饮食;不应储存食品、饮料等个人生活物品;不应做与实验、检测和研究无关的事情。实验室内的冰箱、冷柜、电炉和微波炉不应用于储存和加热个人食品和饮料,且应设置禁止标识;

b)根据化学品的理化性质、使用过程选择相应的存储容器;

c)应保持实验台面、试剂架以及通风柜的干净、整齐；

d)在完成各阶段操作后应进行整理,如将试剂、仪器及未使用的玻璃器皿放回各自适当的地点,并保持干净整齐；

e)禁止将使用后剩余的化学品放回原试剂容器；

f)在实验室的工作区域不应存放比实验要求更多的化学品；

g)实验室的工作区域应时刻保持干净整齐。禁止在工作场所存放可导致阻碍、绊倒或滑倒危险的物品；

h)废液、废物应及时进行处置,严禁过量存储；

i)破碎的玻璃器皿可用预备并标识好的容器存放,最好使用专用包装容器(如利器盒)存放破碎的玻璃制品；

j)实验室外来临时人员进入实验室应执行相关的实验室准入制度,并应由实验室相关人员陪同。

三、标准解读

本条款规定了烟草行业实验室保存良好内务应注意的管理事项。

实验室内务是实验室安全管理的重要内容,良好的实验室内务是实验室安全管理成效的外在体现。

实验室必须保持良好的内务,必要时可考虑制定内务管理程序。实验室良好内务包括但不仅限于以下方面。

1. 环境卫生管理

(1)实验室应注重环境卫生,保持环境清洁整齐、门窗明亮。禁止在实验室内进行与检测无关的活动,存放与检测无关的物品。实验室逃生通道和走廊不得堆放样品杂物,确保时刻通畅。

(2)严禁在测试区域饮食。使用化学药品后须先洗净双手并确认安全后方能进食,食物不得储藏在装有化学药品的冰箱或储藏柜内。

2. 危险物品管理

(1)易燃、易爆药品、试剂应设专库妥善存放,严禁混存,并由专人保管。实验需用时,要随用随领,控制实验室内的存放量。

(2)仓储保管剧毒品、易爆品时,应严格执行"五双"制度(双人管、双人发、双人运、双把锁、双人用)。剧毒品的领用须经批准并详细登记领用日期、用量、剩余量,并有领用人签字备案。

(3)库内危险品试剂应科学分类存放,存放基本原则:毒、爆炸品存保险箱,且分格安放;易燃品及性质互相抵触或灭火方法不同的试剂应分库分类堆放或上货架;货架下层放液态试剂,中层放固体类试剂;上层放小包装试剂;易受光照变质的试剂必须放在库内最阴暗处。

（4）高压气体钢瓶应符合国家《气瓶安全监察规程》的规定，设专用库房和地点，按种类分开整齐排列安放，并定期进行技术检验，逾期不得使用，实验室内气瓶必须放在专门室内，严禁安放在露天、走廊，或使用区域，严禁远距离输气。

（5）实验室使用的压力容器应严格按相应压力蒸气灭菌器安全使用操作规范进行操作，并有专用的使用场所和使用上岗考核合格人员，使用过程中应密切注意观察，防止危险事故的发生。

3．用电管理

（1）实验室内的电气设备的安装和使用管理，必须符合安全用电管理规定，大功率实验设备用电必须使用专线，严禁与照明线共用，谨防因超负荷用电着火。

（2）实验室用电容量的确定要兼顾事业发展的增容需要，留有一定余量。

（3）实验室内的用电线路和配电盘、板、箱、柜等装置及线路系统中的各种开关、插座、插头等均应经常保持完好，熔断装置所用的熔丝必须与线路允许的容量相配，严禁用其他导线替代。室内照明器具都要经常保持稳固可用状态。

（4）可能散布易燃、易爆气体或粉体的建筑内，所用电器线路和用电装置均应按相关规定使用防爆电气线路和装置。

（5）安全负责人应知晓实验室内可能产生静电的部位，装置要有明确标记和警示标识，对其可能造成的危害要有妥善的预防措施。

（6）实验室内所用的高压、高频设备要定期检修，要有可靠的防护措施。凡设备本身要求安全接地的，必须接地；定期检查线路，测量接地电阻。自行设计、制作对已有电气装置进行自动控制的设备，必须在验收合格后方可使用。自行设计、制作的设备或装置，其中的电气线路部分，也应请专业人员查验无误后再投入使用。

（7）实验室内不得使用明火取暖，严禁抽烟。必须使用明火试验的场所，须经批准后，才能使用。

（8）手上有水或潮湿时，请勿接触电器用品或电器设备，严禁使用水槽旁的电器插座（防止漏电或感电）。

（9）检验室内的专业人员必须掌握本室的仪器、设备的性能和操作方法，严格按操作规程操作。

（10）机械设备应装设防护设备或其他防护罩。

（11）电器插座不能接太多插头，以免超负荷或接触不良，引起电器火灾。如电器设备无接地设施，请勿使用，以免产生感电或触电。

（12）供电设施由专人管理，临时供电线路由具备相应资格的人员负责连接，但不准乱拉乱接电线。长期运行无人看管的设备应有监管，实验室内的试验装置在无人照看下运行时，应该标示"正在运行"的标签。

4. 消防设施

应在实验室内或楼道内配备足够的消防设施,并维护消防设施使其处于正常使用状态。

5. 内务管理监督和教育

实验室的内务管理不但要形成管理规范,还要加强内务管理的监督和教育。实验室内务负责人要组织管理人员进行实验室不定期的内务监督,口头警告内务工作做得不好的,严重的进行经济惩罚。同时,要定期开展内务与安全教育,使全体人员对实验室内务管理能"内化于心,外化于行",形成良好的内务管理素养。工作中各部门领导和老员工不仅自己要做好,而且要起到模范作用,尤其是对新进的员工,使他们一开始就养成良好的内务管理习惯,如及时清洁和整齐摆放等。

【应用案例】 某大学实验室内务事故

某大学一实验人员,误将冰箱中含苯胺的试剂当酸梅汤喝了引起中毒,原因是冰箱中曾存放过该人员饮用的酸梅汤。直接原因是实验人员违反操作规程,将食物带进实验室。

夏天太热,进入分析室后,看桌上放有矿泉水(刚取回的二甲苯),拿起就喝,结果导致中毒。

提醒:实验室严禁放置食物。

第五章
实验室安全技术管理要求

本章明确了实验室安全技术管理要求,对应《要求》的条款 5.1~5.6,从危险源辨识和风险评价,设施和环境,物料,科研、检测方法,安全标志以及隔离状态下工作管理等六个方面提出了实验室安全技术管理要求,其中设施和环境又包括实验室结构和布局、消防设施、电气设备及供电线路、通风、空调和供暖、防雷、安防等,物料又包括危险化学品、气体钢瓶、实验室仪器设备等,安全标志又包括一般要求和安全告示牌,如图 5-1 所示。

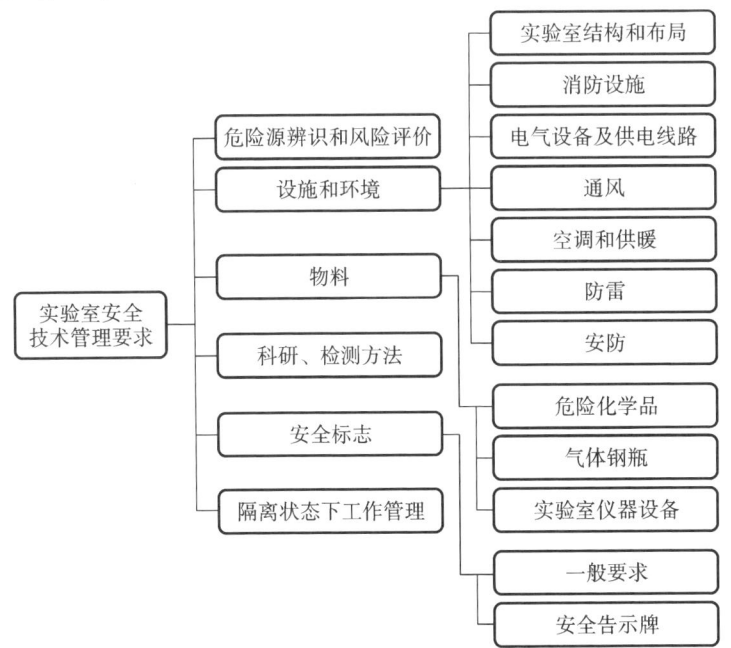

图 5-1 实验室安全技术管理要求框架

第一节　概　　述

实验室安全技术管理是指实验室针对在运行过程中人、机、料、法、环等可能涉及的危险因素,制定相应的安全标准,以提升实验室的安全管理能力和安全技术能力,降低试验运行的安全风险。本章主要从实验室设施环境、物料、实验室活动、安全标识和隔离状态下工作管理等方面进行阐述。

第二节　危险源辨识和风险评价

一、概述

危险源是指可能导致人员伤害或疾病、物质财产损失、工作环境破坏或这些情况组合的根源或状态因素。危险源是指能释放危险的、可造成人员伤害的、在一定的触发因素作用下可转化为事故的部位、区域、场所、空间、岗位、设备及其位置。其实质是具有潜在危险的源点或部位,是爆发事故的源头,是能量、危险物质集中的核心,是能量从那里传出来或爆发的地方。根据 GB/T 45001—2020《职业健康安全管理体系　要求及使用指南》给出的定义,危险源(hazard)指可能导致人身伤害和(或)健康损害的根源、状态或行为,或其组合。

危险源由潜在危险性、存在条件和触发因素三个要素构成。危险源的潜在危险性是指一旦触发,危险源可能带来的危害程度或损失大小,或者危险源可能释放的能量强度或危险物质量的大小。危险源的存在条件是指危险源所处的物理、化学状态和约束条件状态。例如,物质的压力、温度、化学稳定性,盛装压力容器的坚固性,周围环境障碍物等情况。触发因素虽然不属于危险源的固有属性,但它是危险源转化为事故的外因,而且每一类型的危险源都有相应的敏感触发因素,如易燃、易爆物质,热能是其敏感的触发因素,又如压力容器,压力升高是其敏感触发因素。因此,危险源总是与相应的触发因素相关联,在触发因素的作用下,危险源转化为危险状态,继而转化为事故。

二、标准条款

> 5.1　危险源辨识和风险评价
> 应符合 GB/T 27476.1—2014 中 5.1 的规定。

三、标准解读

本条款规定了烟草行业实验室危险源辨识和风险评价须符合 GB/T 27476.1—2014《检测实验室安全 第1部分:总则》5.1 的规定,包括总则、危险源辨识、风险评价等内容,具体如下。

> 5.1　危险源辨识和风险评价
> 5.1.1　总则
> 实验室应建立、实施和保持程序,以持续进行危险源辨识、风险评价和确定必要的控制措施。应对实验室的所有工作进行危险源辨识和风险评价。在确定控制措施时,应考虑评价的结果。
> 危险源辨识、风险评价和确定的控制措施应形成文件,并及时更新。
> 应定期评价适用法律法规和其他要求的遵守情况。
> 5.1.2　危险源辨识
> 应系统识别实验室活动所有阶段可预见的危险源,应识别所有与各类任务相关的可预见的危险,如机械、电气、高低温、火灾爆炸、噪声、振动、呼吸危害、毒物、辐射、化学等危险;或与任务不直接相关的可预见的危险,如实验室突然停电、停水,地震、水灾、台风等特殊状态下的安全。
> 进行危险源辨识时,宜根据检测实验室的专业分工、实验室设立、区域划分管理特点和运作惯例,可按照检测产品或项目以及按区域场所/管理类别识别评价单元,以方便识别危险源和评价风险。
> 危险源识别宜采用系统识别危险源的方法,宜从人员、设备、物品、检测方法及环境和设施等方面对评价单元进行危险源辨识。
> 5.1.3　风险评价
> 5.1.3.1　应对实验室的所有工作、设施和场所进行风险评价。风险评价应考虑(但不限于)以下内容:
> a)常规和非常规活动;
> b)正常工作时间和正常工作时间之外所进行的活动;

c)所有进入实验室的人员的活动；

d)人员因素,包括行为、能力、身体状况、可能影响工作的压力等；

e)源自工作场所外的活动,对实验室内人员的健康产生的不利影响；

f)工作场所附近,相邻区域的实验室相关活动对其产生的风险；

g)工作场所的设施、设备和材料,无论是本实验室还是外界提供的；

h)实验室功能、活动、材料、设备、环境、人员、相关要求等发生变化；

i)安全管理体系的更改,涉及对运行、过程和活动的影响；

j)任何与风险评价和必要的控制措施实施相关的法定要求；

k)实验室结构和布局、区域功能、设备安装、运行程序和组织结构,以及人员的适应性；

l)本实验室或相关实验室已发生的安全事故。

5.1.3.2　发生以下情况时,应重新进行风险评价：

a)采用新的设备、材料、方法、环境、人员发生变化或改变实验室结构的功能时；

b)包括物质存储或使用的实验室分区执行的任务发生改变之前；

c)变更检验工作流程时；

d)发生安全事故或事件后；

e)适用的法律法规和标准等发生改变。

5.1.4　控制措施

在控制风险时,宜按有效性顺序选择可获得的最有效的控制措施。控制的顺序如下：

a)消除来自实验室的危险源；

b)采用替代物或替代方法来减少风险；

c)隔离危险源来控制风险；

d)应用工程控制抑制或减少接触,例如局部排风通风；

e)采用安全工作行为最小化接触,包括改变工作方法；

f)在采用其他的有效控制危险源的方法不可行时,使用合适的个体防护装备；

注:简化试验规模是一个重要而有效的控制手段。

以上措施仍无法将风险降低到可接受的水平,应停止工作。

（一）危险源辨识和风险评价总体要求

风险管理是实验室安全管理的核心和基础,是实验室安全管理体系的重要组成部分。为帮助实验室进行有效的风险管理,国际标准化组织(ISO)于2009年11月18日发布了ISO 31000:2009《风险管理-原则和准则》。该标准为各种类型和规模的组织提供了风险管理所需的原则、框架以及过程,并且使组织能以明确的、系统的、可信的方式,应用在组织的各个范围和利益关系中。ISO 31000 类似 ISO 9000 和 ISO 14000 标准,它将对 ISO 和 IEC 的所有其他标准起指导作用,并取代全球所有国家的风险管理标准。《要求》结合实验室管理的特点,将风险管理的要求和理念融入安全管理要求和安全技术要求,以便于实验室理解和实施,从实验室人员、设备、环境与设施、物料、操作等方面提出具体安全技术要求,是特别适用于实验室的安全标准,《要求》的起草也符合 ISO 31000 的风险管理理念。

危险源可能导致人身伤害和(或)健康损害,因此,应先识别危险源的存在并确定其特性。对已识别的危险源,评估其风险等级,如果对危险源的现有控制措施不充分或未采取控制措施,宜按控制措施的有效性顺序选择和实施最有效的控制措施。风险控制的目的是将风险降至可容许程度,可容许风险是指经过实验室的努力将原来危害程度较大的风险变成危害程度较小的、可以被接受的风险。

实验室应建立、实施和保持危险源辨识、风险评价和风险控制程序,以持续进行危险源辨识、风险评价和实施必要的控制措施。危险源辨识、风险评价和风险控制程序至少应考虑以下方面,并形成单个或若干个以文件形式规定的程序。

(1)危险源。

(2)风险评价。

(3)控制措施。

(4)变更管理。

(5)文件管理。

(6)持续评审。

实验室应对其工作范围内的所有工作,包括所有试验项目、工作场所、设备、基础设施、公共区域等进行危险源辨识和风险评价,提出风险控制措施。确定控制措施时,应考虑风险评价的结果,采取有针对性的风险控制措施。风险评价的结果使得实验室对降低风险的可选方案加以比较和选择,实施最有效、合理的资源配置管理解决方案。

实验室宜将危险源辨识、风险评价和确定的控制措施的结果形成文件,并予以保存,以便于审查。宜记录和保存的信息包括以下几类。

(1)辨识的危险源清单。

(2)与已辨识的危险源相关的风险的确定。

(3)与危险源相关的风险水平的标示。

(4)控制风险所采取措施的描述或引用。

(5)实施控制措施的能力要求的确定。

现有的控制措施宜明确形成文件,以便在后续清晰地表述评审依据。危险源

辨识、风险评价和确定的控制措施的输出也可用于建立和实施职业健康安全管理体系的全过程。

实验室应实施变更管理,在人员、工作流程、设备、材料、方法、环境、实验室结构功能、法律法规等发生变化,以及发生安全事件后,便于重新进行危险源辨识和风险评价,及时更新相关文件。

国家安全法律法规和其他要求是实验室危险源辨识和风险评价的主要依据之一。为进行危险源辨识和风险评价工作,实验室需要收集并研究安全相关的国家法律法规和标准及其他要求,及时更新,并定期评价遵守情况。

危险源辨识和风险评价的方法和工具很多,每一种方法与工具都有其特点和目的性,也有其适用范围和各自的局限性。实验室宜根据其管理和运行特点,开发或选择适用于其范围、性质和规模的危险源辨识和风险评价的方法,且能在其数据的详尽性、复杂性、及时性、成本和可利用性方面满足其要求。

(二)危险源辨识和风险评价过程

危险源辨识和风险评价过程如图 5-2 所示。

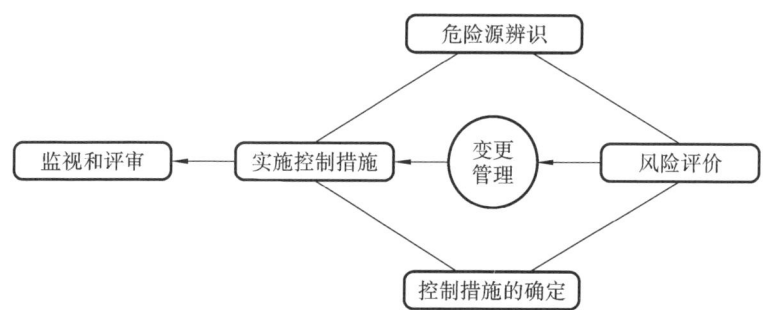

图 5-2 危险源辨识和风险评价过程

危险源辨识和风险评价的步骤如下。

1. 风险单位(评价单元)的确定

实验室宜根据检测实验室的专业分工、实验室设立、区域划分管理特点和运作惯例等,按照检测产品或项目、区域场所或管理类别确定评价单元。

2. 危险源辨识

危险源辨识采用系统识别危险源的方法,如 JHA、SCL 方法等,从人员、设备、物品、检测方法及环境和设施等方面对评价单元进行危险源辨识。

3. 风险评价

采用合适的风险评价工具(如风险矩阵法),对已经识别的危险源所带来的风险进行评价分级,确定其大小或严重程度,再综合根据法律法规、标准、行业等安全要求,将风险与安全要求进行比较,判断其是否可接受。其目的是对风险进行筛选,对风险的重要性进行排序和分配资源,以便根据评价结果,采取有针对性的风险控制措施,将风险降低和减少到实验室可容许的程度。

4. 控制措施的确定

采取消除、替代、隔离、工程控制、管理控制、PPE 的优先顺序,在风险评价的基础上,根据评价结果有针对性地进行风险控制。目的是将风险降至可容许程度。对制定的风险控制措施在实施前应予以评审。

5. 实施控制措施

对制定的风险控制措施予以实施,并评价控制措施的有效性。

6. 风险的复查

实验室应以一定时间间隔,对已经识别的风险进行复查和评审,以确保危险源辨识和风险评价持续进行。如有变更的情况,应重新进行危险源辨识和风险评价全过程。

7. 变更管理

对于可能影响安全危险源和风险的任何变更,实验室应予以管理,重新进行危险源辨识和风险评价全过程,确保引起的新风险或变化的风险为可接受风险。

(三)合规性评价

危险源辨识和风险评价的目的是使得实验室的运作符合相关法律法规的规定,减少安全事故、人员伤害和损害健康,使得实验室的工作设计是高效的、有效的和安全的。

国家安全法律法规和其他要求是实验室危险源辨识的主要依据之一,也是衡量实验室安全绩效的依据。遵守法规和其他要求是安全方针中的正式承诺,也是实验室安全管理体系管理的重点。实验室应主动收集、研究、遵循、及时更新安全相关的国家法律法规和其他要求,并定期评价实验室对适用的法律法规和其他要求的遵守情况。实验室应建立获取法律法规和其他要求的信息渠道。实验室应认识和了解其活动将如何受到适用法律法规要求的影响,并就此信息与有关员工进行沟通。

(四)危险源辨识

1. 危险源辨识概述

危险源指可能导致人身伤害和(或)健康损害的根源、状态或行为,或其组合。危险源是一种潜在的伤害源或一种潜在的导致伤害的情形,也是一种潜在的伤害能量源,可导致伤害或损害健康的潜在的任何事物或任何条件,对危险源应加以识别并确定其特性。

危险源辨识是风险评价中最重要的一步,只有危险源被正确识别后,才有可能采取行动,减小与之有关的风险。危险源辨识的目标是形成一份危险、危险状态和

危险事件的列表,描述危险状态可能在何时以及以何种方式导致伤害事故场景。

实验室应系统识别实验室活动中的所有可预见的危险源,包括与任务直接相关的和不直接相关的危险。与任务直接相关的危险,如机械危害、电气危害、热危害(包括高温和低温)、火灾、爆炸、噪声危害、振动、呼吸危害、毒物、辐射、化学危害、环境污染、人类工效学方面的危险;与任务不直接相关的危险,如实验室突然停电、停水,地震、雷电、台风等突发事件或灾害带来的危险。

实验室应系统识别其活动过程中所有阶段、所有场所的危险源,如设施和设备的采购、安装、调试、使用、维护、报废等各个阶段;危险物品的购买、储存、使用、废弃处理各阶段;检验样品的接收、搬运、储存、备样、安装(或预处理)、接线、运行、测试、后处理等各阶段。

危险源辨识过程中,需要考虑的信息如下。

(1)安全法律法规和其他要求。

(2)安全方针。

(3)职业暴露和健康评价。

(4)以往发生的事件和报告。

(5)审核、评价和评审的报告。

(6)员工和其他相关方沟通、协商的结果。

(7)其他管理体系的信息。

(8)评审和改进信息。

(9)其他类似组织的相关信息,如典型危险源及以往事件报告等。

(10)实验室运行有关资料和信息等。

2. 危险源的分类

根据不同的侧重点,危险源的分类如表 5-1 所示。

表 5-1　危险源的分类

分类依据	危险源分类
安全科学理论	①第一类危险源;②第二类危险源
GB/T 13861—2022	①人的因素;②物的因素;③环境因素;④管理因素
GB 6441—1986	①物体打击;②车辆伤害;③机械伤害;④起重伤害;⑤触电;⑥淹溺;⑦灼烫;⑧火灾;⑨高处坠落;⑩坍塌;⑪透水;⑫放炮;⑬火药爆炸;⑭化学性爆炸;⑮物理性爆炸;⑯中毒和窒息;⑰其他伤害
AS/NZS 2243 系列标准	①电气类;②机械类;③非电离辐射类;④电离辐射类;⑤微生物类;⑥化学类

按照安全科学理论对危险源在事故发生发展过程中的作用描述,把危险源分为第一类危险源和第二类危险源两大类。

(1)第一类危险源。

生产过程中存在的,可能发生意外释放的能量(能量或能量载体)或危险物质称作第一类危险源。为了防止第一类危险源导致事故,必须采取措施约束、限制能量或危险物质,控制危险源。

(2)第二类危险源。

导致能量或危险物质约束或限制措施破坏或失效的各种因素称作第二类危险源。第二类危险源主要包括物的故障、人的失误和环境因素(环境因素引起物的故障和人的失误)。

第一类危险源是伤亡事故发生的能量主体,决定事故发生的严重程度。第二类危险源是第一类危险源造成事故的必要条件,决定事故发生的可能性。第一类危险源的存在是第二类危险源出现的前提,第二类危险源的出现是第一类危险源导致事故的必要条件。

按照 GB/T 13861—2022《生产过程危险和有害因素分类与代码》的规定,将可能导致生产过程中危险和有害因素的性质进行分类,将危险源分为人的因素、物的因素、环境因素和管理因素四大类,如表 5-2 所示。

人的因素是指在生产活动中,来自人员自身或人为性质的危险和有害因素。物的因素是指机械、设备、设施、材料等方面存在的危险和有害因素。环境因素是指生产作业环境中的危险和有害因素。管理因素是指管理和管理责任缺失所导致的危险和有害因素。

表 5-2　生产过程危险和有害因素分类

序号	分类	有害因素细分和类别
1	人的因素	①心理、生理性危险和有害因素,如负荷超限、健康状况异常、从事禁忌作业、心理异常、辨识功能缺陷及其他心理、生理性危险和有害因素; ②行为性危险和有害因素,如错误指挥、操作错误、监护失误和其他行为性危险和有害因素
2	物的因素	①物理性危险和有害因素,如设备、设施、工具、附件缺陷,以及防护缺陷、电伤害、噪声、振动危害、电离辐射、非电离辐射、运动物伤害、明火、高温物质、低温物质、信号缺陷、标志缺陷、有害光照及其他物理性危险和有害因素;

续表

序号	分类	有害因素细分和类别
2	物的因素	②化学性危险和有害因素,如爆炸品、压缩气体和液化液体、易燃液体、易燃固体、自燃物品和遇湿易燃物品;氧化剂和有机过氧化物、有毒品、放射性物品、腐蚀品、粉尘和气溶胶及其他化学性危险和有害因素; ③生物性危险和有害因素,如致病微生物、传染病媒介物、致病动物、致病植物及其他生物性危险和有害因素
3	环境因素	①室内作业场所环境不良,如地面滑、场所狭窄、地面不平、梯架缺陷;地面、墙和天花开口缺陷;基础下沉、安全通道缺陷;安全出口缺陷;采光照明不良;作业场所空气不良;室内温度、湿度、气压不适;给、排水不良;室内涌水及其他室内作业场所环境不良; ②室外作业环境不良; ③地下(含水下)作业场所环境不良
4	管理因素	①职业安全卫生组织机构不健全; ②职业安全卫生责任制未落实; ③职业安全卫生管理规章制度不完善; ④职业安全卫生投入不足; ⑤职业健康管理不完善等

3. 资料和信息的收集

国家安全相关法律法规和其他要求是危险源辨识和风险评价最基本的依据,实验室要注重法律法规和其他要求的收集与适用性研究。同时,重点收集实验室运行有关的各种资料和数据,包括实验方法、实验用品、设备、设施、应急救援、规章制度和环境等方面内容。

(1)实验方法。

实验作业指导书、操作规程等,包括从样品的接收、贮存、备样至检测活动完成及检后样品的处理整个实验过程的说明文件。

(2)实验用品相关信息。

①实验用品名称及用量;

②实验用品处理和消耗材料的说明;

③实验用品、消耗材料和废物的安全、卫生及环保数据;

④规定的极限值和(或)允许的极限值。

（3）设备相关资料。

①建筑和设备平面布置图；

②设备明细表；

③设备功能说明、大机组监控系统、设备厂家提供的图纸资料。

（4）公用基础设施工程系统。

①公用设施说明书；

②消防布置图及消防设施配备和设计应急能力说明；

③系统可靠性设计、通风可靠性设计、安全系统设计资料；

④通信系统资料。

（5）事故应急救援预案。

①事故应急救援预案；

②事故应急救援预案演练计划。

（6）规章制度。

①内部规章、制度、检查表；

②有关实验室安全生产经验；

③维修操作规程；

④已有的安全研究、事故统计和事故报告。

（7）实验室周边环境和结构情况，包括区域图和实验室平面布置图等。

4. 危险源辨识应考虑的因素

烟草行业实验室的危险源辨识宜从人、机、料、法、环五个方面进行识别。

危险源辨识宜由在相关危险源辨识方法和技术及适当工作活动知识方面有能力胜任的人员来实施。

1）人的因素

人是安全行为的主体，也是安全工作的关键。危险源辨识宜考虑进入工作场所的所有人员，包括实验室人员和外来人员，外来人员包括维护人员、各类相关方、参观者和其他被授权进入的人员，如学生、清洁工、保安人员等。

人的因素应从以下几方面考虑。

（1）人的心理、生理性危险，如负荷超限（压力、疲劳）、健康状况异常、从事禁忌作业、心理异常（知觉、注意力）、辨识功能缺陷等。

（2）人的健康状况应与岗位要求相适应。对于自身身体状况，可能影响其在实验室安全工作的能力或可能增加危险性的人员，宜告知相关人员。对于自身的经验不足的，应安排监督人员。

（3）人的行为性危险和有害因素，如错误指挥、操作错误、监护失误、安全意识缺乏、安全知识匮乏、能力不足等。

人的不安全行为有如下情形。

①实验操作不规范、违章操作或粗心;

②易燃易爆气瓶操作不规范;

③残余有机试剂乱放;

④不了解的反应及操作;

⑤缺乏安全意识;

⑥使用不安全设备;

⑦实验操作意外断水断电;

⑧知觉能力缺陷,判断失误;

⑨防护不当,或防护距离不够;

⑩安全制度不健全;

⑪安全教育不够;

⑫其他。

2)机的因素

(1)设备、设施可能造成的电危害、噪声危害、振动危害、电磁辐射危害、电气危害、机械伤害、热危害等,以及与装配、试运行、操作、维护、修理和拆卸有关的装置、设备的危险源。

(2)设备、设施可能发生紧急情况的状况。

(3)安全设备的使用不当或防护不够。

设备的危害举例如下。

①设备、设施缺陷,如稳定性差、外露运动部件等;

②防护缺陷,如设备无防护、防护装置缺陷等;

③电危害,如带电部件裸露、漏电、静电等;

④设备产生的噪声,如机械噪声、电磁噪声等;

⑤振动危害,如机械振动、电磁振动等;

⑥电气危险,如短路、接触不良、短路、绝缘不良、过载、散热失效等;

⑦机械危险,如机械故障、机械挤压、失控、甩脱等;

⑧设备信号故障等;

⑨焊接、切割产生明火、表面过烫等。

3)料的因素

(1)样品。在备样、安装、运行、测试、后处理等过程由样品引起的危害。

(2)实验室的高温物质、低温物质。

(3)化学性危害。如易燃易爆物质、自燃性物质、有毒物质、腐蚀性物质、化学试剂的混放反应、可伤害眼睛的物质、通过皮肤接触和吸收而造成伤害的物质等。

(4)生物性危害。如致病微生物、传染病微生物、传染性媒介物、致病动植物等。

(5)实验室废弃物的处理。

4)法的因素

(1)安全组织结构不健全。

(2)安全责任制未落实。

(3)安全管理规章制度不完善。

(4)安全设备、安全设施功能和数量不满足安全需求。

(5)提供的安全教育和安全培训不够等。

安全管理应确保人员清楚了解所从事工作可能遇到的危险,包括危险源的种类和性质;工作时用到的材料和设备的危险特性;可能导致的危害;应采取的防护措施;紧急情况下的应急措施等。

5)环的因素

(1)实验室操作环境不良。

①不合理的实验室布局;

②安全通道缺陷;

③采光、照明不足;

④给排水效率低;

⑤环境温湿度不达标。

(2)通风、防毒设施不完善。

①实验室拥挤;

②突然停水停电;

③化学品的储存空间狭小;

④下水道不通畅;

⑤其他环境问题等。

(3)室外作业环境不良。由相邻区域相关活动引起的对实验室内人员的危害,如噪声、电离辐射、非电离辐射、施工和化学危害等。

(4)三废处理的环境危害。

5. 危险源辨识方法与工具

危险源辨识的方法常见的有自上而下法和自下而上法两种,如图5-3所示。

自上而下法是指以潜在后果的核查清单为起点,确定引起伤害的危险,如识别过程由危险事件追溯到危险状态,再追溯到危险本身。缺点是可能依赖并不完善的核查清单。

自下而上法是指以检查所有危险为起点,考虑到所有危险状态下可能出错的过程。自下而上法比自上而下法更全面彻底,但可能需要耗费较多的时间。

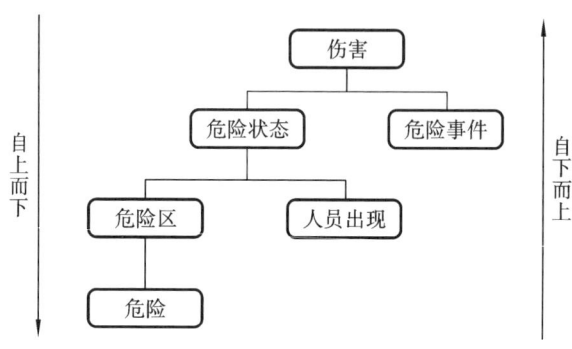

图 5-3 危险源辨识方法示意

危险源辨识的工具有很多,每一种都有其目的性和应用的范围,如工作危害分析法(JHA)、安全检查表法(SCL)、危险性与可操作性分析法(HAZOP)、事故树分析法(ETA)、故障树分析法(FTA)。以上方法各有其特点,也有各自的适用范围和局限性。表 5-3 归纳了各种危险源辨识和风险评价的方法和工具的优势、劣势,及其应用范围。在烟草行业实验室的危险源辨识和风险评价方法中,工作危害分析法(JHA)和安全检查表法(SCL)适合作为危险源辨识的工具,风险矩阵法适合作为风险评价的工具。

表 5-3 危险源辨识和风险评价工具和方法

工具	优势	劣势	应用范围
安全检查表法(SCL)	易用;系统、完整,不遗漏;提问形式简单,印象深刻;编制过程即系统安全分析过程;应用范围广	常受限于回答"是/否";所用检查表几乎一样(不考虑独特状况);根据不同需要编制大量检查表;检查表质量受制于编制人员知识水平	应用广泛;适用于工作区域、过程或设备
风险矩阵法	相对易用;提供可视表达;不需要使用数字	仅考虑二维层面(不能考虑影响风险的多重因素);预设答案可能不适合某些情况	应用范围广
危险性与可操作性分析法(HAZOP)	详尽的过程分析;提供技术数据的输入;汇集集体智慧	需使用专业知识;需输入数值数据进行分析;花费资源(时间和金钱);受制于分析评价人员主观影响	适用于设计阶段和现有生产装置的评价

续表

工具	优势	劣势	应用范围
暴露评价策略法	适用于危险材料和环境有关的数据分析	需使用专业知识;需输入数值数据	适用于危险材料和环境有关的数据分析
计算机模拟法	如果有关且足够的数据可利用,计算机模拟可给出很好的答案	需要花费相当多的时间和金钱去开发和验证,潜在地过度依赖结果,而不质疑结果的有效性	
工作危害分析法（JHA）	系统、过程分析;全面、彻底	对评价单元没有确定;耗时较多	检测活动等;应用范围广
事故树分析法（ETA）	图解形式、层次清晰;从原因到结果,概念清楚;依赖于时间	成长快,为保持合理大小,使得分析结果粗糙;缺少数学混合应用	灾害分析、事故分析;对 FTA 的补充;分析系统的可靠性
故障树分析法（FTA）	分析事故的因果关系;简洁、形象地表示事故发生的内在逻辑;预测、预防事故;可定性分析,也可定量分析	要求分析人员非常熟悉对象系统,实践经验丰富;定量分析时,需知道事故树的故障数据;不适合对复杂系统进行分析	事故分析
专家打分评价法	专家评议和专家质疑;简单、客观、深入、全面	要求专家具有较高水平	类比工程项目、系统和装置的安全评价
风险图法	形象	多个参数具有多个分支时,风险图会变得杂乱	投资等工程项目管理
定量风险评估法（QRA）	简单易行;定量分析	取得三种因素的科学准确数据过于复杂、难以定性分析;风险级别临界值的确定烦琐	过于复杂、难以定性评估单一风险

以下介绍几种危险源辨识方法和工具。

1)工作危害分析法(JHA)

JHA 是一种安全分析技术,通过分析检测活动过程中或特定场所/区域人员、工作任务、使用的设备设施、材料和样品及工作环境之间的相互关系,识别出活动过程中每个步骤存在的危险源。

(1)JHA 的实施方法。

JHA 的实施可采用观察或小组讨论的方法进行。

①观察方法。

实验室指派有能力、有经验的人员,现场观察检测活动的整个操作过程,分解检测步骤,识别检测过程中可能产生的危害。观察方法不依赖操作人员的个人记忆,通过"另一双眼睛"可以识别以往未引起注意的危害。

②小组讨论方法。

由有经验的人员、监督人员、安全管理人员和相关人员组成分析小组,进行检测活动的危害分析,识别可能产生的危害。小组讨论的方法可以吸纳更为广泛的知识和经验,分析结果可靠性高。

(2)JHA 的实施步骤。

JHA 的实施通常采取以下四个步骤。

第一步,选择被分析的对象。

第二步,将工作步骤顺序分解。

第三步,识别潜在的危害。

第四步,确定预防措施,控制可能产生的危害。

JHA 的第二步是将检测工作按照活动顺序进行分解,分解目的是能够清晰、准确地识别可能的危险。对单项的检测项目,大多数工作或过程都可以分解成 10 步或更少。对区域对象,可以按照实际需要进行步骤分解。分解步骤时,需要考虑工作或活动相关的人(操作人员和可能的外来人员)、机(使用的设备和设施)、料(样品、预处理备样和消耗材料)、法(检测方法、操作规程和安全规程、应急程序等)、环(污染排放和废弃物处理)等因素,将分解的步骤填写在工作危害分析表的对应列中。对复杂的检测项目,可以先画出检测流程图,按照流程详细列出每个步骤使用的人、机、料、法、环诸因素,如所使用的化学品的品名、代号、使用方法、使用量、储存量、安全数据单等信息。然后将细化后的步骤列入 JHA 表的对应列中。

对专业实验室,按照负责的产品检测项目或产品组检测项目逐项进行。对场所/区域或专项管理单元,按照分工负责逐个进行。

每个检测项目、区域或专项管理单元对应一份分析表。

2)安全检查表法(SCL)

安全检查表法(SCL)又称检查清单法,它以表格形式,列明危险类型、危险源、潜在后果或危险事件等。安全检查表法是一种定性的安全评价方法,为系统地辨识和诊断某一系统安全状况而事先将要检查的项目,以提问的方式制定的问题清单。根据相应的法规、标准设置检查项目和内容,并以实际采取的安全技术措施对照进行安全检查,以系统地检查识别和评价单元可能存在的各种隐患并避免遗漏。安全检查表能够指引实验室策划、建立、完善安全管理体系和风险控制措施。

(1)SCL 的主要优点。

①检查项目系统、完整,可以做到不遗漏任何可能导致危险的关键因素,因而能保证安全检查的质量。

②可以根据已有的规章制度、标准、规程等,检查执行情况,得出准确的评价。

③采用提问的方式,有问有答,给人的印象深刻,能使人知道如何做才是正确的,因而可起到安全教育的作用。

④编制安全检查表的过程本身就是一个系统安全分析的过程,可使检查人员对系统的认识更深刻,更便于发现危险因素。

SCL 适用于专业试验室、公共基础设施/区域或专项管理评价单元。

(2)SCL 的实施方法。

①编制检查表。

由于安全检查的目的、对象不同,检查的内容也有所区别,因而应根据需要制定不同的检查表。

②检查方法。

对专业实验室或公共设施/区域场所单元,可以由负责单位指派有能力、有经验的人员,按照检查表的内容,逐条、逐项对每个涉及的场所进行全面检查,识别存在的潜在危害,并提出是否符合要求的意见。

对专项管理单元,最好由实验室指派有经验的人员、监督人员、安全管理人员和相关人员组成检查小组,对所有涉及的场所,进行逐条检查核对,识别存在的潜在危害,并提出是否符合要求的意见。

(3)实施步骤。

SCL 的实施与 JHA 类似,也可以采取以下步骤。

第一步,选择被分析的对象。

第二步,编制安全检查表。

第三步,检查组实施检查,记录实际实施情况,识别存在的危险因素。

第四步,确定预防措施,控制可能产生的危害。

①选择被分析的对象。

专业实验室和公共设施或区域/场所单元的分析对象在 JHA 法中已详细说明。专项管理单元对象的选择,应注意首先识别所有涉及的实验室和区域/场所;

然后调查明确各实验室和区域/场所中具体分布、定额、用途、用量、使用方法、储存、排放、废弃物处理等的详细情况。最好能用清单的形式记录。

【应用示例 5-1】 危险化学品管理对象选择。

危险化学品在实验室中使用非常广泛,烟草实验室也不例外。首先,设计表格,登记各实验室使用的危险化学品、用途、用量、储存量等信息,进而汇总整个实验室所有的危险化学品清单。然后,对危险化学品分类识别,依据相关危险化学品的管理法规、规章和标准提出管理的具体可操作的要求。危险化学品类别按照GB 13690—2009《化学品分类和危险性公示 通则》的八大类填写,代号按照《危险化学品名录》填写。用量指每次检测所使用的数量,储存量指在使用该化学品的专业实验室的储存量。SDS是化学品安全技术说明书,是化学品生产供应企业向用户提供基本危害信息的工具。SDS为化学物质及其制品提供了有关安全健康和环境保护方面的各种信息,并提供有关化学品的基本知识防护措施和应急行动等方面的资料。SDS在某些国家也称作物质安全技术说明书(MSDS)。SDS的具体要求见GB/T 16483—2008《化学品安全技术说明书 内容和项目顺序》的规定。

②编制安全检查表。

检查表总体要求内容必须全面,以避免遗漏主要的潜在危险;重点突出,简明扼要,避免检查要点太多而掩盖主要危险,分散检查的注意力,影响检查的效果。

安全检查表编制的主要依据如下。

a.有关标准、规程、规范及规定。国家及有关部门发布的安全法规、标准及文件是编制安全检查表的主要依据。为了便于工作,可对检查条款的出处加以注明,以便能尽快统一不同的意见。对没有规定的,可以采用检测行业惯例或实验室的经验。

b.国内外实验室事故案例。搜集国内外检测实验室的事故案例,从中发掘出不安全因素,作为安全检查的内容。实验室在安全管理及安全检测中的有关经验,也是检查表的重要内容。

c.通过系统安全分析确定危险过程、活动及防范措施,也是制定安全检查表的依据,如JHA结果。

③实时检查识别潜在的危险。

SCL的第三步是检查人员(组)按照检查表,对专项管理单元的场所/区域进行检查,注意不要遗漏。要对照法规和标准的要求进行检查,将检查结果记录在检查表中,并作出是否符合要求的判定。根据检查结果,提出该专项管理单元存在的危险源,鉴别产生危险的原因,提出消除或控制危险的措施。

【应用示例 5-2】 危险化学品管理安全检查表制定。

危险化学品管理是跨部门的活动,管理流程涉及购买、储存和使用三个环节。

检查表编制的依据包括国家对危险化学品管理的法规、规章和标准,地方政府和监管部门发布的地方法规、规章等。危险化学品管理安全检查表示例如表 5-4 所示。

表 5-4　危险化学品管理安全检查表示例

项目	检查内容	依据	实际情况	检查结果
危险化学品购买环节	危险化学品是否从具有相应的危险化学品经营许可资质的单位采购,在采购过程中是否向供货单位索取化学品安全技术说明书和安全标签	《危险化学品安全管理条例》	使用的危险化学品采购于×××化学技术有限公司,该单位具有北京市安全生产监督管理局颁发的《危险化学品经营许可证》,其危险化学品采购符合国家有关要求。但未向供货单位索取化学品安全技术说明书和安全标签	不合格
	长期需要购买易制毒化学品的,必须在向所在地的地级以上市公安机关申领《易制毒化学品购买凭证》后,方可购买剧毒化学品	《危险化学品安全管理条例》	×××室使用的 1-苯基-2-丙酮是易制毒化学品,未向所在地的地级以上市公安机关申领《易制毒化学品购买凭证》	不合格
危险化学品储存环节	根据危险品性能分区分类、分库储存。各类危险品不得与禁忌物料混合储存	GB 15603—2022《危险化学品仓库储存通则》第 4.8 条	×××室、×××室、××中心、×××室、×××室化学品混存现象严重,尤其是××试验室氯气瓶柜与硫化氢气瓶柜未进行隔开,×××室的氧气瓶与乙炔气瓶处于同一气瓶柜内,未进行隔开储存	不合格
	储存的化学危险品应有明显的标志,标志应符合 GB 190—2009《危险货物包装标志》的规定	GB 15603—2022《危险化学品仓库储存通则》第 4.6 条	×××室、×××室、××中心、×××室部分化学试剂标签字迹脱落,不清楚,容易引起误用	不合格
	易制毒化学品必须在配备防盗报警装置的专用仓库内单独存放,严格实行双人收发、双人记账、双人双锁、双人运输、双人使用的"五双"制度	《危险化学品安全管理条例》	×××室使用的 1-苯基-2-丙酮未进行单独存放,未实行双人收发、双人记账、双人双锁、双人运输、双人使用的"五双"制度	不合格

续表

项目	检查内容	依据	实际情况	检查结果
危险化学品使用环节	从业人员在作业过程中,必须按照安全生产规章制度和劳动防护用品使用规则,正确佩戴和使用劳动防护用品;未按规定佩戴和使用劳动防护用品的,不得上岗作业	《劳动防护用品监督管理规定》第19条和GB 39800《个体防护装备配备规范》	各实验室均存在试验操作人员未按规定佩戴劳动防护用品现象	不合格
	使用的装备不是国家和省淘汰的生产装备	《中华人民共和国安全生产法》	各实验室仍在使用国家发展改革委颁布的《产业结构调整指导目录》(2024年本)已明令淘汰的卤代烷1211灭火器	不合格
	特种设备使用单位应当按照安全技术规范的定期检验要求,在安全检验合格有效期届满前1个月向特种设备检验检测机构提出定期检验要求;未经定期检验或者检验不合格的特种设备,不得继续使用	《特种设备安全监察条例》第28条	××室的耐氟高压试验罐属特种设备,未办理使用登记手续,未进行定期检测	不合格
	使用的易制毒化学品必须按照有关规定进行登记,取得危险化学品登记证书	《工作场所安全使用化学品的规定》	××室使用的1-苯基-2-丙酮是易制毒化学品,未取得危险化学品登记证书	不合格
	生产、储存危险化学品的,应当根据危险化学品的种类、特性,在作业场所设置相应的监测、监控、通风、防晒、调温、防火、灭火、防爆、泄压、防毒、消毒、中和、防潮、防雷、防静电、防腐、防渗漏等安全设施设备,并按照国家标准和国家有关规定进行维护保养,保证安全设施、设备的正常使用	《危险化学品安全管理条例》第20条	××室的硫化氢、氯气和二氧化硫气瓶柜虽有通风装置,但通风口设在气瓶上方,而硫化氢、氯气和二氧化硫均比空气重,通风口应设在气瓶下方	不合格

续表

项目	检查内容	依据	实际情况	检查结果
危险化学品使用环节	试验室应保持环境卫生清洁,材料摆放整齐	《工作场所安全使用化学品的规定》	××室的洗涤布摆放混乱,如发生火灾很容易引起蔓延,低压控制柜设在门口有触电危险;××室的气焊、气割场地堆有可燃物,在进行气焊、气割作业时容易引起火灾	不合格
	有爆炸危险的试验装置应设置在独立区域,禁止与办公区混合使用	《工作场所安全使用化学品的规定》	××实验室门对应的区域为办公区域,如果试验过程中爆炸能量意外释放,则此区域人员容易受到伤害	不合格

3)其他危险源辨识工具

(1)危险性与可操作性分析法(HAZOP)。

危险性与可操作性分析法采用正规系统标准检查方法检查工艺过程和设备工程的意图,以评价工艺和设备个别项目的误操作或故障的潜在危险及其对整个设备的影响后果。步骤:对生产过程给予全面描述,对每一部分进行系统提问,以发现那些偏离设计意图的现象,并确定这些偏离是否能上升成危险源。

(2)事故树分析法(ETA)。

事故树分析法是一种从原因到结果的过程分析方法。任何事物从初始原因到最终结果所经历的每一个中间环节都有成功(或正常)或失败(或失效)两种可能或分支。如果将成功记为 1,并作为上分支,将失败记为 0,并作为下分支,然后再分别从这两个状态开始,仍按成功或失败两种可能分析。这样一直分析下去,直到最后结果为止,最后即形成一个水平放置的树状图。事故树分析是利用逻辑思维的规律和形式,分析事故的起因、发展和结果的整个过程,或以人、机、物、环综合系统为对象,分析各环节事件成功与失败两种情况,从而预测系统可能出现的各种结果。

(3)故障树分析法(FTA)。

故障树分析法是一种根据系统可能发生的或已经发生的事故结果,去寻找与事故发生有关的原因、条件和规律的方法。通过这样一个过程分析,辨识出系统中导致事故的有关危险源。故障树分析法是一种严密的逻辑过程分析方法,分析中涉及的各种事件、原因及其相互关系需要运用一定的符号(事件符号、逻辑门符号、转移符号)予以表达。

(五)风险评价

风险是指发生危险事件或有害暴露的可能性,与随之引发的人身伤害或健康损害的严重性的组合。可能性即指特定危害事件发生的概率,而后果则代表其影响的严重性,即危险一旦发生,将造成的人员伤害、财产损失、环境破坏的程度和大小。风险评价是指对危险源导致的风险进行评估,对现有控制措施的充分性加以考虑,以及对风险是否可接受予以确定的过程。风险评价内容:一是对现阶段危险源所带来的风险进行评价分级,确定其大小或严重程度;二是对现有控制措施的充分性进行评审;三是将风险与安全要求进行比较,判断其是否可接受。风险评价需要根据法律法规、标准要求和行业、社会、大众的普遍要求综合确定。可容许风险指经过实验室的努力将原来危害程度较大的风险变成危害程度较小的、可以被接受的风险。

危险源辨识和风险评价应考虑诸多因素,实验室须注意参考有关的法规和标准,以确保其满足特定的法规要求。

危险源辨识和风险评价应考虑常规和非常规的活动。常规的活动包括检测活动、化学品管理、废弃物处理等;非常规的活动包括周期性的、偶然的、紧急的活动,如设施或设备的清洁、临时的工艺更改、非预定的维修、设备的启用或关闭、现场外的访问、翻新整修、极端气候条件、公用设施(如供电、供水、供气等)毁坏、临时安排、紧急情况等。正常工作时间之外,安全人员的减少通常会使得风险增加,尤其应引起注意,如耐久性试验、环境试验等,常常运行时间很长,正常工作时间之外无人或少人留守,其在危险源辨识和风险评价以及制定风险控制措施时,也应考虑正常工作时间之外的情况。

危险源辨识和风险评价应考虑所有进入工作场所的人员的活动,如施工人员、仪器设备维修人员、参观者、其他被授权进入的人员(如清洁工和保安人员等)。考虑因素如下。

(1)因其活动所产生的危险源和风险。

(2)对工作场所的熟悉程度。

(3)行为。

当考虑人员因素时,危险源辨识和风险评价过程应考虑人的心理和生理性危险,如压力、疲劳、身体状况、从事禁忌作业、心理异常情况、辨识功能缺陷等,以及人的行为性危险,如操作失误、安全意识薄弱、安全知识匮乏、能力不足等。

某些情况下,可能存在发生或源自工作场所之外,但对工作场所内的人员产生影响的危险源,如相邻区域产生的电磁辐射或释放的有毒物质能影响工作场所内的人员。

考虑设施、设备可能造成的各种危害,如电危害、噪声危害、机械伤害、辐射危害等,以及可能发生的紧急情况,或防护不当等。考虑材料带来的化学性危害、生物性危害、高低温危害、机械伤害、废弃处理等。

当实验室的区域功能、活动、材料、设备、环境、人员、相关要求等发生变化,或者实验室发生安全事件后,适用的法律法规和标准发生改变等,应重新进行危险源辨识和风险评价。

危险源辨识和风险评价也应考虑安全管理体系的更改情况,实验室结构和布局、区域功能、设备安装情况与分布、运行程序和组织结构,以及人员的适应性等。

本实验室或相关实验室已发生过的安全事故,也可以作为危险源辨识和风险评价的依据。

(六)变更管理

实验室应管理和控制可能影响安全危险源和风险的任何变更,包括组织结构、管理体系、人员、流程、设备、材料、环境、法律、法规等的变化。发生以下变更情况时,应重新进行危险源辨识和风险评价。

(1)新购设备、设施,采用不同类型或等级的原材料,采用新的方法、技术,工作环境发生变化,组织结构和人员配备(包括承包方)发生变化等。

(2)实验室结构的功能发生变化,如物质存储或使用的实验室分区执行的任务发生改变。

(3)变更检验或科研工作流程、程序、工作惯例等。

(4)发生了安全事故或事件。

(5)适用的法律、法规和标准等发生改变。

为确保由变更引起的新的风险或变化的风险为可接受的风险,重新进行危险源辨识和风险评价应考虑以下几个方面因素。

(1)是否产生新的危险源。

(2)新的危险源引入何风险。

(3)源自其他危险源的风险是否发生变化。

(4)现有风险控制措施是否足够。

(5)变更是否需要修改或增加风险控制措施。

(七)风险评价方法

风险评价的方法和工具很多,包括定性分析方法和定量分析方法。可采取的分析方法有风险矩阵法、风险图法、数值评分法、定量风险评估法及综合方法等。以上各种方法和工具各有其特点,也各有其局限性,风险评价更注重其过程的严谨性,而不是其结果的精确性。风险评价应由具备相关风险评价方法和技术方面的能力,并具有相应工作经验的人员负责实施。

对因暴露于化学、生物和物理因素中而造成的伤害进行评估,此类风险评价可能需要运用合适的仪器和抽样方法来测量暴露的浓度。宜将所测量的浓度与适用的职业接触限值进行比较,并注意确保所用样本能充分代表所有被评价的状况和场所。实验室宜确保风险评价既考虑到短期又考虑到长期的暴露后果,还要考虑到多重因素和多重暴露的叠加效应。

风险评价过程需要开展的工作如下。

(1)采用适合实验室特点的分析方法,确定事件发生的概率和事件严重程度的分级。

(2)确定风险矩阵和风险分级。

(3)采用确定的风险评价工具,对前面分析出的特定危险源进行风险分级。

(4)评价现有风险控制措施的充分性及确定风险是否可接受。

(5)对特定的危险源制定风险控制措施。

下面介绍几种适用于实验室的风险评价方法。

1. 风险矩阵法

风险矩阵法包括风险矩阵的选择、严重程度的评价、概率的评价和风险等级四个步骤。

风险等级＝发生的概率×事件的严重程度,采用风险矩阵概念,交叉考虑不同概率与后果组合后的风险。

应用风险矩阵法可对前三个步骤进行评价,从而得出风险等级。

1)安全概率和伤害严重程度分级

安全概率指事件发生的可能性,安全概率的考虑因素如下。

(1)暴露的人员数量。

(2)持续暴露的频率和时间。

(3)供应中断(如断电)。

(4)接近危险区域的人员。

(5)设备和机械部件及安全装置失灵。

(6)个人防护用品所能提供的保护及使用率。

(7)需要在压力下工作的因素。

(8)缺少合适的培训和监督,或不适当的工作场所设计。

(9)人的不安全行为(不经意的错误或故意违反操作规程)。

(10)其他会显著影响事故发生的可能性因素。

检测实验室将发生概率分为如下三级。

(1)低,事故不可能发生。

(2)中,事故可能发生。

(3)高,事故非常可能发生。

伤害程度分级如下。

(1)轻微伤害,如表面损伤、轻微的割伤和擦伤、粉尘对眼睛的刺激等。

(2)中等伤害,如划伤、脑震荡、严重扭伤、轻微骨折等。

(3)严重伤害,如截肢、严重骨折、中毒、致命伤害、职业癌、其他导致寿命严重缩短的疾病等。

2)风险分级

风险矩阵如表5-5所示,风险等级定义如表5-6所示。

表 5-5　风险矩阵

伤害程度	发生概率		
	低	中	高
	风险等级		
轻微伤害	极低风险	低风险	中等风险
中等伤害	低风险	中等风险	高风险
严重伤害	中等风险	高风险	极高风险

表 5-6　风险等级定义

风险	措施
极低风险	为可忽略风险,一般不需要采取其他控制措施
低风险	为可容许风险,不需要另外的控制措施,除非可采取的控制措施成本很低。需要保证控制措施有效实施的计划,特别注意风险等级与严重伤害成因果关系的场合
中等风险	应努力降低风险,需要仔细测定并限定预防成本,在规定的时间期限内实施降低风险的措施。需要保证控制措施有效实施的计划,特别注意风险等级与严重伤害成因果关系的场合
高风险	需要作出实质性努力来降低风险,快速在限定的时间周期内实施控制措施。在限定期内,有必要停止或限制活动,或采取过渡性的临时风险控制措施。需要保证控制措施有效实施的计划,特别注意风险等级与严重伤害成因果关系的场合。为降低风险,需要配备资源
极高风险	为不可容许的风险,禁止工作。必须采取实质性的控制措施,降低风险到可容许或可接受水平后,才能开始或继续工作。如果不可能降低风险,应禁止工作

2. 定量风险评估法

定量风险评估法(quantitative risk assessment,QRA)是基于大量的实验结

果和广泛的事故资料统计,通过分析获得指标或规律(数学模型)的方法,常用于对生产系统的工艺、设备、设施、环境、人员和管理等方面的状况进行定量的计算,评价结果是一些定量的指标,如事故发生的概率、事故的伤害(或破坏)范围、定量的危险性、事故致因因素的关联度或重要度等。按照评价给出的定量结果的类别不同,定量风险评估方法可分为概率风险评价法、伤害(或破坏)范围评价法和危险指数评价法。

概率风险评价法是根据事故基本致因因素的发生概率,应用数理统计中的概率分析方法,求取事故基本致因因素的关联度(或重要度)或整个评价系统事故发生概率的风险评价方法。常用的概率风险评价法有事故树分析、故障类型及影响分析、逻辑树分析、概率理论分析、马尔可夫模型分析、原因—结果分析、管理失误和风险树分析、模糊矩阵分析、统计图表分析。

伤害(或破坏)范围评价法是根据事故的数学模型,应用计算数学方法,求取事故对人员的伤害模型范围或对物体的破坏范围的风险评价方法。常用的伤害(或破坏)范围评价法有液体泄漏模型、气体泄漏模型、两相流动泄漏模型、毒物泄漏扩散模型、液体扩散模型、喷射扩散模型、绝热扩散模型、池火火焰与辐射强度评价模型、喷射火伤害模型等。

危险指数评价法是应用系统的事故危险指数模型,根据系统及其物质、设备(设施)和工艺的基本性质和状态,采用推算的办法,逐步给出事故的可能损失、引起事故发生或使事故扩大的设备、事故的危险性以及采取的安全措施的有效性的风险评价方法。危险指数评价法可以对几种工艺现状及运行的固有属性(以作业现场危险度、事故概率和事故严重度为基础,对不同作业现场的危险性进行鉴别)进行比较计算,确定工艺危险特性、重要性,并根据评价结果,确定需要进一步评价的对象。危险指数评价法可以运用在工程项目的各个阶段(可行性研究、设计、运行等),可以在详细的设计方案完成之前运用,也可以在现有装置危险分析计划制定之前运用;也可用于在役装置,作为确定工艺及操作危险性的依据。常用的危险指数评价法有火灾、爆炸指数评价法,ICI 公司蒙德火灾、爆炸、毒性指标法,日本劳动省六阶段评价法,易燃、易爆、有毒重大危险源评价法,危险度评价法。

3. 风险程度分析法(MES)

人们常常将事故发生的可能性大小和事故后果的严重程度分别用数值 L、S 表示,然后用两者的乘积反映风险程度 R 的大小,即 $R = LS$。

1)事故发生的可能性 L

人身伤害事故和职业相关病症发生的可能性主要取决于对于特定危害的控制措施的状态 M 和人体暴露于危害(危险状态)的频繁程度 E;单纯财产损失事故和环境污染事故发生的可能性主要取决于对于特定危害的控制措施的状态 M 和危害(危险状态)出现的频繁程度 E。

2）控制措施的状态 M

对于特定危害引起特定事故（这里"特定事故"一词既包含"类型"的含义，如碰伤、灼伤、轧入、高处坠落、触电、火灾、爆炸等；也包含"程度"的含义，如死亡、永久性部分丧失劳动能力、暂时性全部丧失劳动能力、仅需急救、轻微设备损失等）而言，无控制措施时发生的可能性较大，有减轻后果的应急措施时发生的可能性较小，有预防措施时发生的可能性最小。

（八）风险控制

1．风险控制原则

在风险评价基础上，根据评价结果采取有针对性的风险控制措施，将风险降低或减少至可容许程度。可容许风险指经过实验室的努力将原来危害程度较大的风险变成危害程度较小的、可以被接受的风险。

在控制风险时，可获得的最有效的措施优先顺序如下。

（1）消除。优先选择消除实验室内的危险源，如停止危险工作，停止使用危险工具、过程、设备或物质。

（2）替代。如无法消除，采用替代物或替代方法来减少风险，如用低危险的物质取代高危险的物质（如提高化学品的闪点、使用无毒溶剂），或使用安全操作方法。

（3）隔离。将危险源隔离来控制危险，如使用屏蔽室或电波暗室测量以屏蔽电磁辐射或对高压危险作业进行隔离，并附以危险警示等。

（4）工程控制。应用工程控制方法，消除或减少危险，如采用局部排气通风措施来收集危害物或降低危险物的影响，或使用经人体工程学设计的工具、设备和家具，机械防护装置，连锁装置，声罩等。

（5）管理控制。采用安全工作管理经验，如改变工作方式来减少危险物的影响，或是减少工作时间来限制暴露，建立适宜的程序和操作规程。

（6）个体防护装备。在采用其他控制危险源的方法都不奏效时，应当用合适的个体防护装备，如让使用或靠近高噪声的设备的人员佩戴听力保护设备。

（7）减少试验的规模是一个重要而有效的控制手段。

2．风险控制措施

风险评价结果可能有 4 个（见图 5-4）。对于极低风险和得到合理控制的风险，应转入控制程序，其有效性靠日常的监测保证。对于控制不当的风险，对照要求，提出进一步的控制措施，必要时重新评价。对于极高风险，应立即禁止工作。对高风险，在新控制措施完成前，有必要停止或限制该项工作。对于无法作出决定的风险，需要寻求外部协助。

按照评价单元列出针对风险评价结果的控制措施表，包含针对风险评价结果应该采取的风险控制措施、现在已有的控制措施，以及需要进行改进的措施。

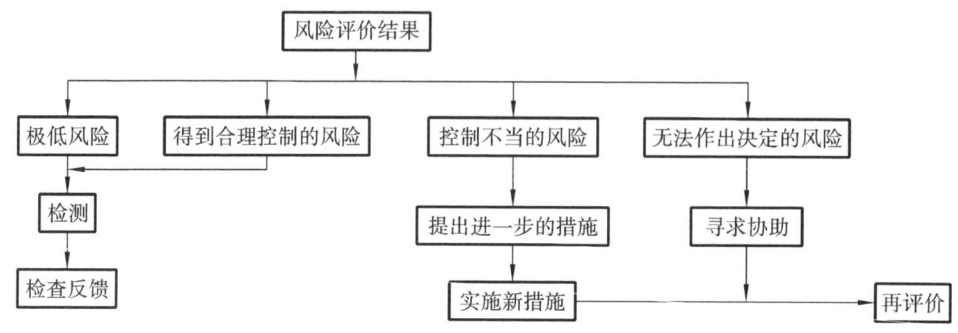

图 5-4　风险评价结果

对不同等级风险的控制措施应遵循一定的基本原则,具体操作如下。

(1)对低风险项目,可以直接采用实验室原有的运行控制措施。

(2)对高风险和极高风险的项目,需要采取目标管理方案的方式在期限内解决。

(3)对中度风险的项目,看具体情况,可以转入运行控制或目标管理方案。

3. 风险控制措施的评审和实施

风险控制措施应在实施前予以评审,评审包括以下内容。

(1)控制措施能否使风险降低到可容许水平。

(2)是否会产生新的危险源。

(3)是否已选定了最有效的解决方案。

(4)受影响的人员如何评价计划的预防措施的必要性和可行性。

(5)计划的控制措施是否会被应用于实际工作中。

第三节　设施和环境

一、概述

实验室设施和环境是保障实验室安全的基础条件,实验室设施和环境对于实验室工作的顺利进行和实验结果的准确性起着至关重要的作用。实验室的设施包括照明设施、消防设施、排气设施等,而环境包括采光条件、通风条件、温湿度条件等。其中任何一项设施或任何一种环境不满足实验室的实验要求,均会对实验结果造成重大影响。因此,实验只有在相同的设施和环境下进行,所得到的结果才具有可比性,数据才具有真实性和准确性。

二、标准条款

5.2.1　实验室结构和布局

5.2.1.1　实验室的设计应符合 YC/T 554 的规定。

5.2.1.2　新建、改建、扩建实验室/试验区域时,在可行性论证和设计阶段,应充分考虑实验室的布局和结构可能存在的安全风险,对于火灾、爆炸、泄漏所造成的中毒和窒息等风险应给予特别关注。

5.2.2　消防设施

5.2.2.1　实验室的消防安全应符合 YC/T 554—2017 中 10.1 的要求。

5.2.2.2　实验室危险化学品存储、使用、废物暂存等场所应配备灭火器,必要时应配备自动灭火装置。灭火器的配备应符合 GB 50140 的规定,并保证处于适用状态,灭火器的选择应考虑危险化学品的理化性质。

5.2.2.3　配有贵重实验仪器设备的实验室及实验室内存放检测报告的档案室宜采用气体灭火系统。设置的气体灭火系统,应符合 GB 25972 的规定。

5.2.2.4　实验室消防的防烟和排烟应符合 GB 50016—2018 中第 9 章的规定;消防防烟和排烟应独立于其他用途的防排烟设施。

5.2.2.5　消防设施和灭火器应定期检查、维护和保养。

5.2.3　电气设备及供电线路

5.2.3.1　实验室电气线路安全要求

实验室电器安装应符合 GB/T 27476.2 要求。实验室的用电设备可由固定在实验台或靠近实验台的固定电源插座(插座箱)供电。电源插座回路应设有漏电保护电器及过载保护装置。各实验室电源侧应设置独立的保护开关。

电器插头和连接用插头应符合以下要求:

a)电器插头和连接用插头应符合 GB 2099。

b)所有新的软线应符合 GB/T 5013 或 GB/T 5023 系列标准的规定。

5.2.3.2　临时安装和电气系统的保护

应符合 GB/T 27476.1—2014 中 5.3.6.2 的规定。

5.2.3.3　实验室电气设备防爆安全要求

对于使用可能导致爆炸危险的物质的实验室,应根据 GB 3836.14 来划分危险区域,根据 GB 50058 选择和配置电气设备。

5.2.3.4　照明系统安全要求

应符合 YC/T 554—2017 中 8.3.13-8.3.16 的规定。

5.2.4 通风

5.2.4.1 实验室通风系统要求

5.2.4.1.1 实验室的通风能力应与当前实验室运行情况相适应,应符合 YC/T 554 和 GB 50736 对通风的要求。应具备自动防故障装置或报警装置,确保与通风系统联锁。当发生空气污染物聚集达到不安全浓度时或实验室内有缺氧风险时,以确保有效地排除或处理。

5.2.4.1.2 试验场所、试剂存储柜、化学品存储间等应具有足够的通风能力;存储易挥发、有毒、易腐蚀物质的场所应设置专门的通风系统,不应与其他储藏区域共用一个通风系统。

5.2.4.1.3 空气污染物的职业接触限值应符合 GBZ 2.1、GBZ 2.2 和 GB/T 18883 的要求。

5.2.4.2 通风柜

5.2.4.2.1 凡进行对人体有害气体、蒸气、气味、烟雾、挥发物质等实验工作的实验室场所,应设置通风柜。

5.2.4.2.2 当通风柜内产生的有害气体密度比空气小,或当通风柜内有发热体时,为有效地防止有害气体从操作口上缘逸出,应选择上部排风的通风柜。

5.2.4.2.3 当通风柜内没有发热体,且产生的有害气体密度比空气大,柜内气流下降,为有效地防止有害气体从操作口下缘逸出,应选择下部排风的通风柜。当通风柜内既有发热体,同时又产生密度大小不等的有害气体时,为有效地适应各种不同操作条件的变化,宜选择上下联合排风的通风柜。

5.2.4.2.4 通风柜排风系统可以设置为独立排风系统或者集中排风系统,型式的选择应综合考虑功能的需要、维护的便利及安全可靠性。当采用集中排风系统时,一般每个系统所带的通风柜不宜多于4个。

5.2.4.2.5 通风柜的排风出口,不论其系统为单独排风或集中排风,均应装设有一个可关闭的阀门。

5.2.4.2.6 通风柜内不允许存放危险废弃物,在通风柜内放置的仪器应尽量减少使用时间,同时将其放置在四角架上。

5.2.4.2.7 通风柜内衬板及工作台面,按使用性质不同应具有相应的耐腐、耐火、耐高温及防水等性能。应采用盘式工作台面并应设杯式排水斗。通风柜外壳应具有耐腐、耐火及防水等性能。

5.2.4.2.8 通风柜内的公用设施管线应暗敷,向柜内伸出的龙头配件应具有耐腐及耐火性能。各种公用设施的开闭阀、电源插座及开关等应设于通风柜外壳上或柜体以外易操作处。

5.2.4.2.9 通风柜柜口窗扇以及其他玻璃配件,应采用透明安全玻璃。

5.2.4.2.10　通风柜应贴邻或靠近管道井或管道走廊布置,并应避开主要人流及主要出入口。不设置空气调节的实验室,通风柜应远离外窗布置;设置空气调节的实验室,通风柜应远离室内送风口布置。当两者矛盾时,应调整室内送风口的位置。

5.2.4.2.11　在提供通风柜的地方,从通风柜到排风口的整个系统都应定期进行检查和维护。

5.2.5　空调和供暖

5.2.5.1　实验室的空调与供暖系统设计应符合 YC/T 554 的规定。

5.2.5.2　存在易燃物品或易燃蒸汽的地方,应以间接方式加热;当实验室内的高温能导致可识别的潜在危险时,应提供制冷。

5.2.6　防雷

5.2.6.1　实验室的建筑物防雷应符合 GB 50057 的规定,存放有大型分析仪器的实验室等特殊场所应开展雷击风险评价,确定防雷等级。火灾自动报警及消防设施的防雷与接地应能防止其被雷击误触发。

5.2.6.2　实验室的仪器设备应实现等电位连接和接地保护。

5.2.6.3　实验室所在建筑和特殊场所应每年至少一次检查防雷系统,包括系统的腐蚀情况检查,并测量接地电阻。

5.2.7　安防

5.2.7.1　实验室应设置安防措施,避免无授权人员进入,如:门禁系统。

5.2.7.2　安防系统设计应优先考虑消防和应急要求。涉及剧毒品、放射源、易制爆危化品储存场所的治安防范要求应符合 GA 1002 和 GA 1511 的规定。

本部分条款规定了烟草行业实验室设施和环境的相关的要求,从实验室结构和布局、消防设施、电气设备及供电线路、通风、空调和供暖、防雷、安防七个方面进行阐述说明,如图 5-5 所示。

三、实验室结构和布局

5.2.1　实验室结构和布局

5.2.1.1　实验室的设计应符合 YC/T 554 的规定。

5.2.1.2　新建、改建、扩建或改造实验室/试验区域时,在可行性论证和设计阶段,应充分考虑实验室的布局和结构可能存在的安全风险,对于火灾、爆炸、泄漏所造成的中毒和窒息等风险应给予特别关注。

【解读】　本部分条款规定了烟草行业实验室结构和布局的要求,首先设计要符合 YC/T 554—2017《烟草行业实验室设计规范》的规定,其次对新建、改建、扩建实验室/试验区域提出了要求。

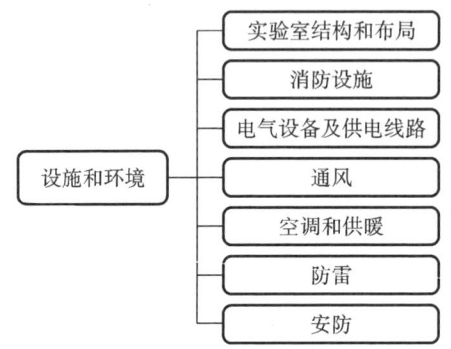

图 5-5　设施与环境框架

YC/T 554—2017《烟草行业实验室设计规范》通过归纳近年来烟草行业实验室设计领域的经验,制定了全面、系统的烟草行业实验室设计规范,为烟草行业实验室的建设和改造提供依据和指导,提升实验室新建和改建的科学性、先进性和合理性,增强实验室建设产生的经济、环境、社会效益。

YC/T 554—2017《烟草行业实验室设计规范》主要内容如下。

引言

随着烟草行业对"技术创新"的日益重视及大力推进,烟草行业对实验室的建设提出了更高的要求。烟草行业实验室规划设计是一项相当复杂的系统工程,前期主要是参考和借鉴国内外相关科学实验室或专业实验室的设计规范和/或标准,存在针对性不强等问题。本项目通过归纳总结近年来烟草行业实验室设计领域的经验,制定了全面、系统的烟草行业实验室设计规范,为烟草行业实验室的建设和/或改造提供依据和指导,提升实验室新建和/或改造的科学性、先进性和合理性,增强实验室建设产生的经济、环境、社会效益。

4　实验室组成与分类

4.1　一般规定

4.1.1　烟草行业实验室建筑一般由实验用房、辅助用房和公用设施用房等组成。

4.1.2　实验用房指直接用于科学研究、实验、检测工作的用房,可按学科或实验室特性进行分类。

4.1.3　辅助用房指为科学研究和实验工作提供服务的用房,一般由图书资料室、学术活动室、数据处理室、样品室、贮藏室、洗涤室、高温室等组成。

4.1.4　公用设施用房指为科学研究、实验、检测工作提供所需环境及其他保障条件的用房,一般包括供暖、通风、空气调节、制冷、给排水、特殊气体、压缩空气、真空、照明、供配电、弱电、消防、三废处理、不间断电源等设施的建筑物。

4.2　实验用房按学科分类

4.2.1　实验用房按学科可分为物理实验室、化学实验室和生物实验室。

4.2.2　物理实验室主要用于烟草和烟草制品的成品及其原辅材料物理特性研究与检测,包括但不仅限于烟叶物理指标实验室、烟用纸张实验室、烟用丝束实验室、卷烟(滤棒)实验室、烟用薄膜实验室、烟用香料物理指标实验室、配方实验室、工艺设备实验室、热物理实验室、再造烟叶实验室等。

4.2.3　化学实验室主要用于烟草和烟草制品的成品及其原辅材料、与烟叶生产有关的土壤肥料等物质化学特性研究与检测,包括但不仅限于化学基础实验室、仪器分析实验室及前处理室、烟草增香实验室、天然香料提取实验室、烟草减害实验室、安全评估实验室等。

4.2.4　生物实验室主要用于烟草和烟草制品的毒理分析、烟草基因研究与检测等,包括但不仅限于生物培养室、微生物实验室、毒理分析实验室、生物信息学实验室、分子生物学实验室、蛋白与代谢组学实验室等。

4.3　实验用房按特性分类

4.3.1　实验用房按特性可分为常规实验室和特殊实验室。

4.3.2　常规实验室适用于多学科,一般以实验台规模进行实验工作,对压差及净化等无特殊要求。

4.3.3　特殊实验室对环境有特定的要求(如恒温、恒湿、洁净、无菌、压力梯度防护、防震、防辐射、防电磁干扰等)或以精密、大型、特殊实验装置为主(如电子显微镜、高精度天平、色谱仪、吸烟机等)。

4.3.3.1　对温湿度条件有要求的特殊实验室包括恒温恒湿实验室、洁净实验室、吸烟机房等。

4.3.3.2　对洁净度有要求的特殊实验室一般包括生物培养用洁净实验室、微生物洁净实验室及理化用洁净实验室。

4.3.3.3　对压力梯度防护有要求的特殊实验室一般包括 PCR 实验室、无菌室等。

4.3.3.4　对光照有要求的特殊实验室主要指烟叶分级实验室等。

4.3.3.5　对通风有要求的特殊实验室主要有评吸室和吸烟机房等。

4.3.3.6　对减振有要求的特殊实验室主要指电子显微镜室和高精度天平室等。

4.3.3.7　对层高负荷有要求的特殊实验室主要是指工艺设备、热物理及香料提取等工程实验室。

4.3.3.8　对减磁有要求的特殊实验室主要指核磁共振实验室等。

5　实验室布置与功能

5.1　一般规定

5.1.1　实验室功能设计应体现安全、实用、灵活、环保、经济的原则。

5.1.2　实验室布置应遵循实验流程顺畅、功能分区明确、人流物流顺畅、布局合理、联系方便、互不干扰、留有发展余地的原则。

5.1.3　同类型实验室、有类似特殊要求的实验室以及有相互紧密联系的实验室宜集中布置。

5.1.4　实验用房、辅助用房和公用设施用房的建筑规划面积分配一般为：实验用房 50%～70%，辅助用房 10%～30%，公用设施用房 5%～20%。

5.1.5　放置有防尘、防潮、防振、防磁要求的仪器设备的房间，宜远离内部振源、污染源以及配电间等。

5.1.6　部分可扩展实验室宜建成灵活式集成实验室，包括活动式隔断系统、活动式排放系统、活动式供给系统、活动式实验台、活动式排风柜、活动式通风罩等。

5.1.7　以下设备的用房宜布置在建筑物底层：

大型或重型设备；

产生较大振动的设备；

噪声较大的设备；

辐射源设备；

需做设备基础或防震基础的设备。

5.1.8　符合下列情况之一的实验室宜布置在建筑物顶层且位于建筑的下风向：

产生有害气体；

排风装置较多。

5.1.9　符合下列情况之一的用房宜布置在建筑物的北侧区域：

需避免日光直射的用房；

药品贮藏室、精密仪器室。

5.2　常规实验室

常规实验室宜采用标准单元组合设计，并与通风柜/罩、实验台及实验仪器设备的布置、结构选型以及管道空间布置紧密结合。

常规实验室标准单元开间应由实验台宽度、布置方式及间距决定。实验台平行布置的标准单元，其开间不宜小于 6.60 m。

常规实验室内部布局应根据仪器设备的重量、检验流程综合布局，一般宜集中靠建筑物内墙布置。

5.3　特殊实验室

5.3.1　空间尺寸

由标准单元组成的特殊实验室,其空间尺寸应按特殊实验室功能、仪器设备尺寸、安装及维护检修的要求确定。

5.3.2　恒温恒湿实验室

5.3.2.1　常用恒温恒湿实验室温湿度参数见表 1,并应符合 GB/T 16447 和 JJG(烟草)21 的有关规定。

表 1　烟草行业恒温恒湿实验室的温湿度参数

实验室名称	温度/℃	相对湿度/(%)	换气次数/(次/h)
烟用纸张实验室	23±1	50±2	
烟用丝束实验室	22±2	60±5	
卷烟(滤棒)实验室	22±2	60±5	
烟叶分级实验室	22±2	70±5	
吸烟机房	22±2	60±5	≥12
洁净实验室	22±2	60±5	

5.3.2.2　恒温恒湿实验室应尽量避免阳光直射和其他(冷)热源等影响,一般位于大楼背光面或弱光照区域,或者采取专用设计。

5.3.2.3　恒温恒湿实验室气流组织应均匀,宜优先采用上送风下侧回风气流组织方式。

5.3.2.4　恒温恒湿实验室进风口应保证洁净空气源,并过滤。

5.3.2.5　恒温恒湿实验室应与周围空间保持一定的静压差,恒温恒湿实验室与室外及非恒温恒湿环境之间的压差应大于 10 Pa。

5.3.2.6　恒温恒湿空气处理机组宜安装在空调机房内,空调机房宜靠近空调服务区,并保证风管的安装空间及设备的操作、检修空间。

5.3.2.7　恒温恒湿实验室围护结构材料应满足保温、隔热、防火要求。

5.3.3　仪器分析实验室

5.3.3.1　仪器分析实验室一般分为大型精密仪器室和小型仪器室。大型精密分析仪器主要包括原子吸收光谱仪、原子荧光光谱仪、测汞仪、定氮仪、电感耦合等离子体发射光谱仪、电感耦合等离子体质谱仪、高效液相色谱仪、气相色谱仪、液相色谱质谱仪、气相色谱质谱仪、化学成分检测仪、近红外光谱分析仪等;常用的小型分析仪器主要包括红外分光光度计、紫外分光光度计、电位滴定仪、阿贝折光仪、浊度计、旋光仪、黏度计、pH 计等。

5.3.3.2　仪器分析实验室应根据使用要求设置局部排风(包括通风罩和通风柜等),并将仪器排放废气接入排风管道内,并应做好排气和排污处理。

5.3.3.3　大型精密仪器室的仪器台一侧宜设计有 $500\sim800$ mm 的通道，根据需要设置电源插座、网络接口、气体管路接口等。

5.3.3.4　仪器分析实验室配套前处理间应设紧急洗眼器、紧急淋浴器及紧急救护药箱，并就近设送新风系统。

5.3.4　洁净实验室

5.3.4.1　洁净实验室宜由前处理室、缓冲、风淋、恒温洁净室组成，洁净实验室的设计应参照 GB 50457 和 GB 50073 的相关要求，并符合 GB 50591 的有关规定。

5.3.4.2　洁净室内应少敷设管道，与本区域无关管道不应穿越。无法避免时，管道穿越洁净室顶棚、墙壁和楼板处宜设置套管，管道与套道之间应密封，无法设置套管的部位应采取密封措施。

5.3.4.3　洁净实验室围护结构的材料应符合保温、隔热、防火、防潮、防尘等要求。

5.3.4.4　洁净实验室灯具应采用洁净灯具，宜为吸顶明装。

5.3.4.5　生物培养室宜由前室、准备间、生物培养间、器械消毒及清洗间组成。生物培养室应防止人流交叉感染，宜布置在建筑物的尽端，不宜开设外窗，宜保持微负压。

5.3.4.6　分子实验室宜由试剂储存和准备区、标本制备区、扩增反应混合物配置和扩增区、扩增产物分析区等组成。实验室的出口处应设洗手池，扩增产物分析区应设更衣区和通风柜。

5.3.4.7　微生物实验室宜由准备室、缓冲、风淋、灭菌室、无菌室组成。实验室的出口处应设洗手池，缓冲间应设更衣区，灭菌室应设消毒灭菌设备。

5.3.4.8　毒理分析实验室宜由前室、动物饲养室、动物实验室、动物吸烟室组成。一般按 P2 动物毒理实验室设计。

5.3.5　烟叶分级实验室

5.3.5.1　烟叶分级实验室环境条件应符合 YC/T 291—2009 中第 4 章、第 5 章、第 7 章的规定。

5.3.5.2　烟叶分级实验室工作台面的光照度应在 (2000 ± 200) lx 范围内，均匀度不应小于 0.8。

5.3.5.3　工作区宜充分模拟自然光，光照应广泛地漫射、均匀，以浅色为宜，不应有眩光和交叉照明。

5.3.5.4　烟叶分级实验室工作台面高度宜为 $800\sim1050$ mm，台面应具有漫反射特性。

5.3.6 评吸室

5.3.6.1 评吸室环境应安静,不宜设置在噪音大和有异味的区域。

5.3.6.2 评吸室环境温湿度应适当,温度宜为 18~25 ℃,相对湿度宜为 55%~75%。

5.3.6.3 评吸室应设置强制通风措施,采用全新风换气模式,室内换气次数宜为 12~20 次/h,并能根据评吸人员数量调节换气次数。

5.3.6.4 评吸室建筑设计宜自然对流,室内吊顶不宜采用密闭式吊顶,层高宜尽可能高。

5.3.7 吸烟机房

5.3.7.1 吸烟机房宜设置烟气样品准备室,用于布置平衡箱和冷柜等。

5.3.7.2 吸烟机房室内换气次数应≥12 次/h,吸烟机房新鲜空气补充量应满足人均 2 m^3/min 以上。

5.3.7.3 吸烟机房每个独立隔断内最多布置 2 台吸烟机,宜每台吸烟机设一套排风风速控制系统。

5.3.7.4 吸烟机房应配置风速、大气压力、温湿度等监控设施。

5.3.8 电子显微镜室

5.3.8.1 电子显微镜室由电镜间、过渡间、准备间、切片间、涂膜间及暗室组成。

5.3.8.2 电子显微镜室宜布置在建筑物的底层,并远离振动源及磁场干扰源。

5.3.8.3 电镜基座应采取隔振措施,与电镜配套使用但有振动的辅助设备及室内空调设备等应设隔振装置。

5.3.9 工程实验室

5.3.9.1 工程实验室室内净空宜≥6 m。

5.3.9.2 工程实验室地面或楼面荷载标准值不宜小于 10.0 kN/m^2。

5.3.9.3 工程实验室宜合理规划设备基础、排水地漏及配电、压缩空气等公辅配套设施。

5.3.10 防爆实验室

5.3.10.1 防爆实验室宜设在靠外墙处,应避开人流密集的方向,应避免西向,不应设于地下室或半地下室。

5.3.10.2 防爆实验室应通风良好,易爆装置应设于当地全年主风向的下风侧,操作人员应站在上风侧。

5.3.10.3 防爆实验室的楼板和屋面应考虑防爆、泄爆,与邻室相接处必须采用防爆墙。门应采用防爆门,且朝外开。外窗和外墙应进行泄爆设计。

5.4 辅助用房

5.4.1 高精度天平室

5.4.1.1 高精度天平室应远离振动源,要求防震、防尘、防腐蚀、防潮、防电磁干扰、温度湿度相对恒定。天平台应做隔振处理。

5.4.1.2 放置百万分之一天平的天平室,宜设缓冲间,并可兼作更衣换鞋间。

5.4.1.3 天平室内不得设置洗涤台或任何管道穿过室内。

5.4.1.4 外窗宜密闭并设遮光窗帘。

5.4.2 纯水室

5.4.2.1 实验室宜设纯水制备系统,制备的实验用水应符合 GB/T 6682 的规定。

5.4.2.2 纯水室宜设置在高层,供水管道宜采用循环供水方式。

5.4.2.3 纯水室的地面宜采用陶瓷耐酸砖铺设并作防水层,地面宜设地漏。

5.4.2.4 实验室纯水亦可采用分散供水模式,即在实验室各用水点位置设置纯水机或成品纯水。

5.4.3 药品贮藏室

5.4.3.1 药品贮藏室主要用于存放少量近期要用的化学药品,且应符合危险品存放安全要求。

5.4.3.2 药品贮藏室内按照药品性质或品种的不同分别存放于药品柜、毒品柜、防爆柜等。

5.4.3.3 药品贮藏室应具有防明火、防潮湿、防高温、防日光直射、防雷电的功能。

5.4.3.4 药品贮藏室应朝北、干燥、通风良好,顶棚应遮阳隔热,门窗应坚固,窗应为高窗,门窗应设遮阳板。

5.4.3.5 药品贮藏室应设置抽风系统,存放易燃易爆药品的贮藏室应设置防爆监控系统,应采用防爆型电气设备。

5.4.3.6 对于存放剧毒及危险化学品的药品贮藏室,应采用危险品储存柜,并设置出入口控制装置或视频控制装置。

5.4.4 气瓶间

5.4.4.1 实验室需求的气体种类大于3种或需储存3瓶以上气体时,宜设置气瓶间。

5.4.4.2 气瓶间应阴凉、干燥、严禁明火、远离热源。

5.4.4.3 气瓶间应有换气次数不应小于 3 次/h 的通风措施,应隔离易发生反应的气体。

5.4.4.4　气瓶间应配备防爆灯、防爆开关、防气体渗漏报警装置和事故自动通风装置,墙壁应专门设计、施工,具有一定防爆级别。

5.4.5　高温室

5.4.5.1　高温室内高温炉和恒温箱等设备宜放置在高温台上,但特大型的恒温箱应放置在地面上,高温炉和恒温箱高温气体抽离排放。

5.4.5.2　高温台深度宜为 900～1000 mm,长度根据场地尺寸而定,高度宜为 500～800 mm。高温台要求承重、耐高温,台面宜为钢制框架配大理石或花岗岩。

5.4.6　样品室

5.4.6.1　样品室一般分为样品制备室和样品储藏室,样品制备室应包含样品制备所用的设备、操作台及洗涤池。样品制备室与样品储藏室宜在相邻位置。

5.4.6.2　样品室应根据样品特点进行布局,环境条件应符合样品存储要求。

5.4.6.3　样品制备室应具有良好的通风,样品制备散发大量粉尘时应进行防尘设计。

5.4.6.4　样品储藏室应通风、避光、保持一定的温湿度;应防虫、防蝇、防鼠;应规划出易燃、易爆和有毒危险品的单独放置区域。

5.5　实验室装备

5.5.1　总体要求

5.5.1.1　实验室装备应针对实验室的工作内容、环境条件和具体要求进行设计和选型。

5.5.1.2　实验室装备按功能可分为实验台与实验柜。

5.5.2　实验台

5.5.2.1　实验台包括但不仅限于理化实验台、仪器台、天平台、洗涤台、解剖台、高温台等。

5.5.2.2　实验台宜采用标准设计产品,单面实验台的宽度一般为 750 mm,双面实验台的宽度一般为 1500 mm,实验台长度根据实验需要而定,一般是 750 mm 的倍数,不宜超过 4500 mm。

5.5.2.3　实验台台面按使用性质不同应具有相应的绝缘、耐磨、耐腐蚀、耐火、耐高温、防水、防静电及易清洗等性能,一般宜采用层压板、环氧树脂板、大理石板、不锈钢面板和橡胶板等。

5.5.2.4　各种公用设施管线及龙头、电源插座及开关等配件,宜与实验台体的公用设施支架或与邻近实验台体的独立公用设施支架或管槽结合在一起。实验用水盆亦宜与实验台体结合在一起。

5.5.3 实验柜

5.5.3.1 实验柜包括但不仅限于通风柜、毒品柜、器皿柜、药品柜、样品柜、文件柜、更衣柜、气瓶柜、防爆柜等。

5.5.3.2 通风柜宜采用标准设计产品,通风柜的选择及布置应与建筑标准单元组合设计紧密结合,并宜满足以下要求:

——通风柜应贴邻或靠近管道井或管道走廊布置,并应远离主要人流及主要出入口。

——通风柜内的公用设施管线应暗敷,向柜内伸出的龙头配件应具有耐腐及耐火性能。各种公用设施的开闭阀,电源插座及开关等应设于通风柜外壳上或柜体以外易操作处。

——通风柜宜设置自动防护装置,视窗采用透明安全玻璃,具有触发随动升降并自动限高,操作人员离开时延时自动关闭且具备防夹功能。

——通风柜柜口面风速,应根据有害气体的性质和通风柜的结构形式及工艺要求确定。

——通风柜宜采用变风量通风柜并符合 JG/T 222 相关要求。

——通风柜与墙壁的距离宜为 0.30 m,通风柜侧对门最小开间宜为 1.00 m,通风柜正对门摆放最小距离宜为 1.80 m,人背对门操作通风柜最小距离宜为 1.50 m。

5.5.3.3 毒品柜用于储存有毒物品,应配双门双锁,房顶安装防盗网。

5.5.3.4 防爆柜用于储存易燃易爆的物品,应配自动闭门器、防爆门。

5.5.3.5 药品柜主要放置化学试剂,化学试剂需按固体、液体、有机、无机、酸、碱、盐等分类放置,便于查找和安全。

5.5.3.6 药品柜分为抽屉式阶梯层板式或可升降层板式。尺寸一般为 900 mm(宽)×500 mm(深)×2000 mm(高)。

5.5.3.7 器皿柜用于存放洗净后的玻璃器皿,一般设有层板,层板可根据器皿尺寸大小调节位置。器皿柜应通风良好,易于清洁干燥。尺寸一般为 900 mm(宽)×500 mm(深)×2000 mm(高)。

5.5.3.8 气瓶柜一般采用钢制产品,应配备报警器,宜具备防爆功能,并在柜子上方设泄爆口。

7 建筑结构设计

7.1 一般规定

7.1.1 建筑、结构设计应满足实验室工艺及设备需求,符合安全、实用、经济的原则。

7.1.2 实验室宜采用平面规整的建筑体型,空间布局应具有适当的灵活性。宜采用标准单元组合形式,不同性质的实验室应相对独立,联系便捷,互不干扰。

7.1.3　实验室建筑结构宜采用多层建筑结构。当采用高层建筑结构形式时,必须结合工艺需求与当地技术经济条件综合考虑。

7.2　建筑设计

7.2.1　实验室标准单元的开间不宜小于 6.60 m。进深应由实验台长度、通风柜及实验仪器设备布置决定,且不宜小于 6.60 m;无通风柜时,不宜小于 5.70 m。实验室设备的背面应留有检修通道,通道宽度不小于 0.60 m。

7.2.2　实验室的室内净高应按实验仪器设备尺寸,安装及检修的要求确定。当不设置空气调节时,不宜低于 2.80 m;设空气调节时,不宜低于 2.60 m。

7.2.3　走道净高不应低于 2.20 m,走道最小净宽不应小于表 2 的规定。

表 2　走道最小净宽

走道长度	走道最小净宽/m	
	单面布房	双面布房
小于等于 40 m	1.30	1.60
大于 40 m	1.50	1.80

走道地面有高差时,当高差不足二级踏步时,不得设置台阶,应设坡道,其坡度不宜大于 1∶8。

7.2.4　二层以上的实验室建筑宜设电梯,电梯尺寸和疏散楼梯的宽度应能满足设备的进出。

7.2.5　实验室的门应满足工艺设备尺寸要求并符合下列要求:

——门的净宽度不应小于 1.00 m,高度不应小于 2.10 m;

——有特殊要求的房间的门洞尺寸应按具体情况确定,设备进出的入口处宜设置坡道;

——建筑底层的门宜采取安全防范措施。

7.2.6　实验室的窗应符合下列要求:

——设置采暖及空气调节的实验室,在满足采光要求的前提下,应减少外窗面积,外窗应具有良好的密闭性及隔热性;

——建筑底层、半地下室及地下室的外窗宜采取安全防范措施。

7.2.7　实验室的装修应选用易清洁、耐久性好、气密性优良、在温度和湿度变化时变形小且有防火性能的材料。有洁净要求的实验室,其墙面与地面,墙面与顶棚,墙角与墙角的相接处宜做半径不小于 50 mm 的圆弧处理。

7.2.8　实验室围护结构的材料选型应满足保温、隔热、防火、防潮等要求,特殊要求如下:

——有洁净要求的实验室的围护结构应具备隔尘功能;

——有放射性的实验室的围护结构设计应符合防护要求;

——生物培养室各功能房间之间,宜采用密封的玻璃隔断分隔,玻璃隔断的骨架宜采用不易变形及耐清洗的材料制作。

7.2.9　实验室的楼地面应符合下列要求:

——楼地面应满足工艺设备的要求;

——楼地面应平整,耐磨,易清洁,不易集聚静电,避免眩光,不开裂等;

——地面垫层宜配筋,潮湿地区垫层应做防潮构造;

——用水量较多的实验室楼地面应设置防水层及地漏;

——有强酸、强碱的实验室楼地面应具有耐酸碱腐蚀性。

7.2.10　实验室的顶棚应符合下列要求:

——需设吊顶的房间,在材料选择及构造上应满足工艺要求;

——需设吊顶且无严格密封要求的空间,宜采用活动板式吊顶。

7.3　结构设计

7.3.1　多层实验室建筑宜采用钢筋混凝土框架结构,当采用其他结构形式时必须与当地的施工条件、预制品构件的供应情况以及地震等诸多因素综合考虑。

7.3.2　实验室楼面宜采用现浇钢筋混凝土楼板,当采用装配整体式楼板时,应每层设置钢筋混凝土整浇层。

7.3.3　实验室楼层的主梁和次梁的高跨比,初选截面时高跨比可按主梁 $1/12 \sim 1/10$,次梁 $1/15 \sim 1/12$ 估算。

7.3.4　实验室楼面活荷载标准值不宜小于 $3.0\ kN/m^2$,荷重较大的实验室的楼面活荷载应按实验工艺要求确定。实验室楼面活荷载组合值系数不应小于 0.7,准永久值系数不应小于 0.5。

7.3.5　布置有振动设备的房间,应考虑减振措施。

实验室的建设,无论是新建、扩建、改建,均要综合考虑实验室的总体规划、合理布局和平面设计,以及供电、供水、供气、通风、空气净化、安全措施、环境保护等。实验室设计必须执行国家现行有关安全、职业卫生、辐射防护、环境保护法规和规定。在规划阶段,实验室的设计和结构应考虑消除或减少实验室的风险,对通道、出口和安全应给予特别关注,同时也要对试验区域和设施的设计和结构给予特别关注。

四、消防设施

5.2.2　消防设施

5.2.2.1　实验室的消防安全应符合 YC/T 554－2017 中 10.1 条的要求。

　　5.2.2.2　实验室危险化学品存储、使用、废物暂存等场所应配备灭火器，必要时应配备自动灭火装置。灭火器的配备应符合 GB 50140 的规定，并保证处于适用状态，灭火器的选择应考虑危险化学品的理化性质。

　　5.2.2.3　配有贵重实验仪器设备的实验室及实验室内存放检测报告的档案室宜采用气体灭火系统。设置的气体灭火系统，应符合 GB 25972 的规定。

　　5.2.2.4　实验室消防的防烟和排烟应符合 GB 50016—2018 中第 9 章的规定；消防防烟和排烟应独立于其他用途的防排烟设施。

　　5.2.2.5　消防设施和灭火器应定期检查、维护和保养。

　　【解读】　此部分条款规定了烟草行业实验室消防设施的要求，从消防安全要求、灭火器、配有贵重实验仪器设备的实验室及实验室内存放检测报告的档案室灭火系统、防烟和排烟设施、定期检查等方面进行了重点阐述。

　　【事故案例 5-1】

　　近年来，高校实验室事故时有发生，并多次出现人员伤亡情况。如 2015 年 12 月 18 日，清华大学化学系何添楼二层的一间实验室发生爆炸火灾事故，造成 1 名正在做实验的博士后当场死亡。2016 年 1 月 10 日，北京化工大学一化学实验室突然起火，并伴有刺鼻气味的黑烟冒出。过火面积约 2 m²，起火时室内无人，未造成人员伤亡及其他财产损失，事故为冰箱电线短路引发自燃所致。2017 年 2 月 27 日，北京科技大学功能材料实验室实验台抽屉起火，经现场初步检查，起火物疑似金属化合物。经高校保卫保密处、资产管理处调查，并经实验室学生及指导教师确认，此次火情系实验台抽屉内存放的钐铁合金氧化自燃，引燃抽屉内其他可燃物所致，未造成人员伤亡及重大财产损失。2018 年 12 月 26 日，北京交通大学市政环境工程系学生在学校东校区 2 号楼环境工程实验室，进行垃圾渗滤液污水处理科研实验期间，实验现场发生爆炸，造成 3 名参与实验的学生死亡。事故原因：在使用搅拌机搅拌镁粉和磷酸使其发生反应的过程中，料斗内产生的氢气被搅拌机转轴处金属摩擦、碰撞产生的火花点燃爆炸，继而引发镁粉粉尘云爆炸，爆炸引起周边镁粉和其他可燃物燃烧。事故调查组同时认定，北京交通大学有关人员违规开展试验、冒险作业；违规购买、违法储存危险化学品；实验室和科研项目安全管理不到位。本起事故认定是一起责任事故，对相关人员进行了追责处理。

　　实验室火灾频发的主要原因有以下几个方面。

　　(1)消防安全意识淡薄和消防安全知识缺乏。

　　学生是实验室人员主体，而且流动性大，每年都会有新生进入实验室，而他们普遍存在消防安全意识淡薄、缺乏基本的消防安全知识等问题，进入实验室后也

很少接受专门的消防安全培训,因此,对身边存在的隐患,甚至危害自身安全的隐患和行为也习以为常。作为实验室消防安全负责人的老师,不同程度地存在着"重实验、轻安全"的思想,把消防安全工作看成是负担,忽视对学生的安全教育和管理,有的甚至为完成实验任务或受经济利益驱使,而忽视安全,致使一些实验室的消防安全规章制度不健全或无章可循。例如,有些实验人员违反有关规定燃烧蚊香、吸烟、使用灶具做饭、焚烧废物等。

(2)实验室空间小、设备多、人员密度高。

随着高校办学规模的不断扩大,学生人数的增加和实验室建设的矛盾日益突出。实验室建设规模的扩大远不及学生人数的增长,加之实验设备的不断增加,造成目前很多高校实验室空间严重不足。一些需要分开存放的物品堆放在一起,一些原有双通道的实验室的一个通道被设备或物品堵住。一旦发生火灾,短时间内人员很难迅速疏散。

(3)基础设施陈旧落后。

由于实验室基础设施资金投入少,很多高校实验室的建筑防火性能差、安全疏散存在先天缺陷、消防设施陈旧不灵敏。

(4)实验药品及试剂危险性大。

在化学实验室中,各种危险化学品使用极为普遍,且种类繁多。这些化学品中有的物质化学性质活泼,稳定性差;有的易燃,有的易爆,有的性质相互抵触,一旦相互接触即能发生着火或爆炸,在储存和使用中,稍有不慎,就可能酿成火灾或爆炸事故。

(5)实验加热设备及器具易成为点火源。

实验室里常使用煤气灯、酒精灯或酒精喷灯、电烘箱、电炉、电烙铁等加热设备和器具,为可燃物或易燃物提供了能量源,增大了实验室的火灾危险性。电气故障是发生火灾的重要原因之一。实验室大量使用各类电气设备,若电气设备发生过载、短路、断线、接点松动、接触不良、绝缘下降等故障,会产生热量和电火花,可引燃周围的可燃物或易燃物。

(6)化学反应及实验操作危险性大。

实验室经常进行的蒸馏、回流、萃取、重结晶、化学反应等典型操作,都具有较大的火灾危险性。若操作者没有经验,工作前无准备,操作不熟练或违反操作规程等,均易诱发火灾爆炸事故。

(7)不同实验室发生火灾的种类不同,扑救的方法也有区别。

例如,实验室内有可能同时存在可燃气体、粉尘、电气、金属、易燃液体、纸张、塑料等,当此实验室发生火灾并呈扩大趋势时,灭火方式需要科学判定,不能盲目用水、干粉灭火器进行扑救,否则可能会导致火势扩大。

（一）消防安全要求

> 5.2.2.1　实验室的消防安全应符合 YC/T 554—2017 中 10.1 条的要求。

【解读】　此条款规定了烟草行业实验室的消防安全应符合 YC/T 554—2017《烟草行业实验室设计规范》中 10.1 的要求，具体内容如下。

> 10.1　消防
>
> 10.1.1　消防设计应符合 GB 50016、GB 50140 和 GB 50116 的有关规定；实验室的内装修材料设计应符合 GB 50222 的规定。
>
> 10.1.2　实验室建筑的防火设计除应符合 GB 50016 外，应符合以下规定：
>
> ——有贵重仪器设备的实验室的隔墙应采用耐火极限不低于 1 h 的不燃烧体；
>
> ——易发生火灾、爆炸、化学品伤害等事故的实验室门应向疏散方向开启；
>
> ——由一个以上标准单元组成的实验室安全出口不宜少于两个；
>
> ——建筑物的耐火等级不应低于二级。
>
> 10.1.3　屏障环境设施不宜设置自动喷水灭火系统，但应根据需要采取其他自动灭火措施。
>
> 10.1.4　放置贵重设备仪器、物料的实验室设置固定灭火设施时，除应符合 GB 50016 的有关规定外，尚应符合下列要求：
>
> ——当设置气体灭火系统时，不应采用卤代烷以及能导致人员窒息的灭火剂；
>
> ——当设置自动喷水灭火系统时，宜采用预作用式自动喷水装置。
>
> 10.1.5　洁净室的生产层及可通行的上、下技术夹层应设置室内消火栓，消火栓的用水量不应小于 10 L/s，同时使用水枪数不应小于 2 只，水枪充实水柱长度不应小于 10 m，每只水枪的出水量应按不小于 5 L/s 计算。
>
> 10.1.6　火灾自动报警系统选用开放型、寻址式的总线型自动报警的消防控制系统，设置火灾探测器，并设有消防应急广播系统。设置固定消防电话，并在消防中心与消防部门直通消防热线电话。

（二）灭火器配备要求

> 5.2.2.2　实验室危险化学品存储、使用、废物暂存等场所应配备灭火器，必要时应配备自动灭火装置。灭火器的配备应符合 GB 50140 的规定，并保证处于适用状态，灭火器的选择应考虑危险化学品的理化性质。

【解读】　此条款规定了烟草行业实验室灭火器配备的相关要求。

消防设施是指火灾自动报警系统、自动灭火系统、消火栓系统、防烟排烟系统,以及应急广播和应急照明、安全疏散设施等。灭火器属于消防器材,在这里统称消防设施。

在实验室内,各种设备和材料往往具有较高的火灾危险性。因此,配备符合本实验室要求的消防设施对于防止火灾事故的发生、保障科研人员的人身安全,以及保护实验室财产至关重要。一旦发生火灾,有效的消防设施可以迅速控制火势,为救援和撤离提供宝贵的时间。

灭火器是实验室必须配备的安全设备之一。灭火器的类型较多,包括水型灭火器、干粉灭火器、泡沫灭火器、卤代烷灭火器、二氧化碳灭火器,以及专用灭火器等。正确选择灭火器的类型是灭火器配置设计的关键之一。灭火器的选择应考虑如下因素:配置场所的火灾种类;配置场所的危险等级;灭火器的灭火效能和通用性;灭火剂对保护物品的污损程度;灭火器设置点的环境温度;使用灭火器人员的体能等。灭火器的选择如表 5-7 所示。灭火器应设置在位置明显和便于取用的地点,且不得影响安全疏散,当有视线障碍时,应设置便于识别的标志,如发光标志,不得设置在超出其使用温度范围的地点。灭火器设置点的位置和数量应根据灭火器的最大保护距离确定,在一个灭火器配置的计算区域内配置灭火器不得少于 2 具,并应保证最不利点至少有 1 具灭火器。

表 5-7　灭火器的选择

火灾	火灾种类	可选择的灭火器类型
A 类火灾	固体物质火灾	小型灭火器、磷酸铵盐干粉灭火器、泡沫灭火器或卤代烷灭火器
B 类火灾	液体火灾或可熔化固体物质火灾	泡沫灭火器、碳酸氢钠干粉灭火器、磷酸铵盐干粉灭火器、二氧化碳灭火器、灭 B 类火灾的水型灭火器或卤代烷灭火器
C 类火灾	气体火灾	磷酸铵盐干粉灭火器、碳酸氢钠干粉灭火器、二氧化碳灭火器或卤代烷灭火器
D 类火灾	金属火灾	扑灭金属火灾的专用灭火器
E 类火灾	物体带电燃烧的火灾	磷酸铵盐干粉灭火器、碳酸氢钠干粉灭火器、卤代烷灭火器或二氧化碳灭火器,不得选用装有金属喇叭喷筒的二氧化碳灭火器

灭火器的选择、配置、设计和安装应符合 GB 50140—2005《建筑灭火器配置

设计规范》的规定,该规范明确了灭火器配置场所的火灾种类和危险等级、灭火器的选择、灭火器的设置、灭火器的配置和灭火器配置设计计算等 5 个内容,部分条款如下。

3　灭火器配置场所的火灾种类和危险等级

3.1　火灾种类

3.1.1　灭火器配置场所的火灾种类应根据该场所内的物质及其燃烧特性进行分类。

3.1.2　灭火器配置场所的火灾种类可划分为以下五类:

1. A 类火灾:固体物质火灾。

2. B 类火灾:液体火灾或可熔化固体物质火灾。

3. C 类火灾:气体火灾。

4. D 类火灾:金属火灾。

5. E 类火灾(带电火灾):物体带电燃烧的火灾。

3.2　危险等级

3.2.1　工业建筑灭火器配置场所的危险等级,应根据其生产、使用、储存物品的火灾危险性,可燃物数量,火灾蔓延速度,扑救难易程度等因素,划分为以下三级:

1. 严重危险级:火灾危险性大,可燃物多,起火后蔓延迅速,扑救困难,容易造成重大财产损失的场所:

2. 中危险级:火灾危险性较大,可燃物较多,起火后蔓延较迅速,扑救较难的场所;

3. 轻危险级:火灾危险性较小,可燃物较少,起火后蔓延较缓慢,扑救较易的场所。

3.2.2　民用建筑灭火器配置场所的危险等级,应根据其使用性质,人员密集程度,用电用火情况,可燃物数量,火灾蔓延速度,扑救难易程度等因素,划分为以下三级:

1. 严重危险级:使用性质重要,人员密集,用电用火多,可燃物多,起火后蔓延迅速,扑救困难,容易造成重大财产损失或人员群死群伤的场所;

2. 中危险级:使用性质较重要,人员较密集,用电用火较多,可燃物较多,起火后蔓延较迅速,扑救较难的场所;

3. 轻危险级:使用性质一般,人员不密集,用电用火较少,可燃物较少,起火后蔓延较缓慢,扑救较易的场所。

4　灭火器的选择

4.1　一般规定

4.1.1　灭火器的选择应考虑以下因素:

1. 灭火器配置场所的火灾种类；

2. 灭火器配置场所的危险等级；

3. 灭火器的灭火效能和通用性；

4. 灭火剂对保护物品的污损程度；

5. 灭火器设置点的环境温度；

6. 使用灭火器人员的体能。

4.1.2　在同一灭火器配置场所,宜选用相同类型和操作方法的灭火器。当同一灭火器配置场所存在不同火灾种类时,应选用通用型灭火器。

4.1.3　在同一灭火器配置场所,当选用两种或两种以上类型灭火器时,应采用灭火剂相容的灭火器。

4.2　灭火器的类型选择

4.2.1　A类火灾场所应选择水型灭火器、磷酸铵盐干粉灭火器、泡沫灭火器或卤代烷灭火器。

4.2.2　B类火灾场所应选择泡沫灭火器、碳酸氢钠干粉灭火器、磷酸铵盐干粉灭火器、二氧化碳灭火器、灭B类火灾的水型灭火器或卤代烷灭火器。极性溶剂的B类火灾场所应选择灭B类火灾的抗溶性灭火器。

4.2.3　C类火灾场所应选择磷酸铵盐干粉灭火器、碳酸氢钠干粉灭火器、二氧化碳灭火器或卤代烷灭火器。

4.2.4　D类火灾场所应选择扑灭金属火灾的专用灭火器。

4.2.5　E类火灾场所应选择磷酸铵盐干粉灭火器、碳酸氢钠干粉灭火器、卤代烷灭火器或二氧化碳灭火器,但不得选用装有金属喇叭喷筒的二氧化碳灭火器。

4.2.6　非必要场所不应配置卤代烷灭火器。必要场所可配置卤代烷灭火器。

5　灭火器的设置

5.1　一般规定

5.1.1　灭火器应设置在位置明显和便于取用的地点,且不得影响安全疏散。

5.1.2　对有视线障碍的灭火器设置点,应设置指示其位置的发光标志。

5.1.3　灭火器的摆放应稳固,其铭牌应朝外。手提式灭火器宜设置在灭火器箱内或挂钩、托架上,其顶部离地面高度不应大于1.50 m;底部离地面高度不宜小于0.08 m。灭火器箱不得上锁。

5.1.4　灭火器不宜设置在潮湿或强腐蚀性的地点。当必须设置时,应有相应的保护措施。灭火器设置在室外时,应有相应的保护措施。

5.1.5　灭火器不得设置在超出其使用温度范围的地点。

实验室消防设施配备要求如下。

(1)明确实验室的火灾危险等级。

根据实验室内存储的化学品种类和数量、实验设备的温度和压力等参数,评估实验室的火灾危险等级。在评估过程中,应考虑实验室可能面临的各种风险因素,如易燃液体、气体泄漏、电路故障等。

(2)选择合适的消防器材。

根据评估结果,选择适合实验室要求的消防器材。一般来说,实验室应配备灭火器、灭火器箱、消防栓、灭火器挂架等基础消防设备。对于特定类型的实验室,如化学实验室,还要配备防火服、灭火器喷嘴、防火手套等专用设备。

(3)合理布置消防器材。

在布置消防器材时,应确保其位置明显、易于取用,且不影响人员通行。同时,根据实验室的布局和设备分布情况,合理安排消防器材的摆放位置,确保在紧急情况下能够迅速使用。

【事故案例 5-2】

2011 年 10 月 10 日 12 时 40 分左右,湖南某大学实验室起火,对面实验室学生发现火情,迅速采用灭火器进行灭火,但火势没有得到控制,由于该楼房屋顶为纯木质结构(始建于 1960 年),火势迅速蔓延。长沙市公安消防支队指挥中心先后调集五星、麓山门、特勒等 6 个中队、13 台消防车,共 80 余名消防救援人员赶赴现场展开灭火救援,到 14 时 10 分,火势得到控制,15 时火灾才被完全扑灭。四楼基本被烧空,相关教师和学生的实验资料也被付之一炬。

事故原因如下。

1. 直接原因

起火实验室中的一个水龙头存在故障,时好时坏,但一直未及时维修,一个学生便在水槽上盖了一块板子,目的是提醒大家水龙头有问题,不要使用。当学生们离开实验室吃午饭时,故障的水龙头突然出水,水顺着板子流到了旁边的操作台上,又顺着操作台流到了下方的储藏柜中,储藏柜里放着金属钠、三氯氧磷等危险化学品,金属钠遇水发生燃烧,迅速引燃旁边的危险化学品。

2. 间接原因

(1)学院和实验室对危险化学品管理不到位,危险化学品存放条件不符合安全规范。

(2)学校后勤保障工作不到位,没有及时维修出现故障的水龙头。

(3)灭火器材配备不完善,普通灭火器不能用于金属类火灾,金属类火灾需使用干砂或专用干粉灭火器。

3. 安全警示

(1)学院和各实验室应充分重视危险化学品管理,保证危险化学品存储符合安全规范,同时学校应加强对危险化学品的集中统一管理,推进智能化管理。

（2）实验室出现问题应及时报修，后勤应优先解决实验室故障。

（3）实验室应根据实际需要配备相应的灭火器。

（三）配备贵重实验仪器和存放检测报告档案场所的消防要求

5.2.2.3 配有贵重实验仪器设备的实验室及实验室内存放检测报告的档案室宜采用气体灭火系统。设置的气体灭火系统，应符合 GB 25972 的规定。

【解读】 此条款规定了烟草行业实验室中配备贵重实验仪器和存放检测报告的场所灭火系统的要求。

1. 常见灭火器

目前常用的灭火器，按所充装的灭火剂种类可分为喷水灭火器、干粉灭火器、泡沫灭火器、气体灭火器等。常见灭火器的适用性如表 5-8 所示。

表 5-8　常见灭火器的适用性

火灾种类	喷水灭火器	干粉灭火器		泡沫灭火器		气体灭火器	
		磷酸铵盐	碳酸氢钠	机械泡沫	抗溶泡沫	1211/1301 等	二氧化碳
A类火灾（固体）	适用	适用	不适用 碳酸氢钠对固体可燃物无黏附作用，只能控火，不能灭火	适用	适用	适用	不适用 二氧化碳无液滴，对 A 类火灾基本无效
B类火灾（液体）	不适用 水射流冲击油面，会激溅油火，致使火势蔓延，灭火困难	适用	适用	适用部分 适用于扑救非极性溶剂和油品火灾	适用部分 适用于扑救极性溶剂火灾	适用	适用
C类火灾（气体）	不适用 灭火器喷出的细小水流对气体火灾作用很小，基本无效	适用	适用	不适用 泡沫对可燃液体火有效，但扑救可燃气体火灾基本无效		适用	适用

续表

火灾种类	喷水灭火器	干粉灭火器		泡沫灭火器		气体灭火器	
		磷酸铵盐	碳酸氢钠	机械泡沫	抗溶泡沫	1211/1301 等	二氧化碳
D 类火灾（金属）	上述灭火器不适用,可选择粉状石墨灭火器和金属火灾的专用干粉灭火器,也可采用干砂来替代						
E 类火灾（带电）	不适用	适用	适用部分　适用于带电的 B 类火灾	不适用	不适用	适用	适用部分　适用于带电的 B 类火灾
F 类火灾（烹饪）	灭火时忌用水、泡沫及含水性物质,应使用窒息灭火方式隔绝氧气进行灭火或者用干粉灭火器进行灭火						

在化学实验室中,应配备多种灭火器,包括泡沫灭火器、干粉灭火器、二氧化碳灭火器和四氯化碳灭火器,以应对不同类型的火灾。对于精密或贵重仪器着火,宜使用二氧化碳灭火器,因其灭火后不会留下痕迹。四氯化碳灭火器在高温下会产生剧毒光气,不宜用于高温火灾灭火。用电设备的着火(化学实验室中的用电设备种类繁多,如真空泵、离心机、电炉、酸度计),只能用二氧化碳或四氯化碳灭火器,不能用泡沫灭火器。泡沫灭火器易触电,而二氧化碳和四氯化碳灭火器能产生气体,隔绝空气,可以扑灭电器着火。

物理实验室中,配备二氧化碳灭火器和四氯化碳灭火器较为适宜,因为火灾多由电器短路引起,这两种灭火器能有效扑灭电器火灾,且不会对贵重设备造成损害。二氧化碳灭火器是首选,但也可以考虑四氯化碳灭火器。

2. 气体灭火系统

气体灭火系统使用后能迅速灭火,从而起到降温和隔绝空气的作用,如二氧化碳灭火器使用后不会留下任何痕迹,增加了使用的便利性,不会伤害物体,是贵重物品、档案资料、仪器仪表、书籍灭火和办公用品灭火最好的办法。

GB 25972—2010《气体灭火系统及部件》规定了气体灭火系统及相关部件术语和定义、型号编制方法、要求、试验方法、使用说明书编写要求、灭火剂充装要求等。

气体灭火系统包括:七氟丙烷灭火系统、三氟甲烷灭火系统和惰性气体灭火系统。从广义角度,气体灭火系统可以扑灭电气火灾、气体火灾、液体火灾和固体表面火灾;从狭义角度,气体灭火系统能扑灭计算机房、UPS机房、发电机房、变配电房、档案室、文物馆、美术馆、银行金库、政府金融机构、贵重设备房等场所的火灾。其中七氟丙烷灭火系统运用最广泛,效果最好。

1)系统构成

内储压式七氟丙烷灭火系统、三氟甲烷灭火系统至少应由灭火剂瓶组、驱动气体瓶组、单向阀、选择阀(适用于组合分配系统)、驱动装置、集流管、连接管、喷嘴、信号反馈装置、安全泄放装置、控制盘、检漏装置、低泄高封阀(适用于具有驱动气体瓶组的系统)、管路管件等部件构成。

惰性气体灭火系统至少应由灭火剂瓶组、驱动气体瓶组(不适用于直接驱动灭火剂瓶组的系统)、单向阀、选择阀(适用于组合分配系统)、减压装置、驱动装置、集流管、连接管、喷嘴、信号反馈装置、安全泄放装置、控制盘、检漏装置、低泄高封阀(适用于具有驱动气体瓶组的系统)、管路管件等部件构成。

同一系统各部件应固定牢固、连接可靠,部件安装位置正确,整体布局合理,便于操作、检查和维修。系统中相同功能部件的规格应一致(选择阀、喷嘴除外),各灭火剂储存容器的容积、充装密度或充装压力应一致。

系统各构成部件应无明显加工缺陷或机械损伤,部件外表面应进行防腐处理,防腐涂层、镀层应完整、均匀。

在灭火剂储存容器上应标注灭火剂的名称,字迹应明显、清晰。在驱动气体储存容器上应标注充装气体的名称。系统每个手动操作部位均应以文字、图形符号标明操作方法。系统铭牌应牢固地设置在系统明显部位,包括系统名称、型号规格、执行标准代号、灭火剂充装总质量、工作温度范围、生产单位、产品编号、出厂日期等内容。

系统警示标志应牢固地设置在系统明显部位,对于惰性气体灭火系统,警示标志的内容为"本系统动作时喷嘴会喷放出高压气体";对于七氟丙烷灭火系统、三氟甲烷灭火系统,警示标志的内容为"本系统灭火时会分解产生一定量的氟化氢气体",警示标志的内容应在一般光线条件下距标志3 m处清晰可读。

2)基本要求

(1)工作温度范围。

系统的工作温度范围应符合下列要求。

①七氟丙烷灭火系统:0~+50 ℃;

②三氟甲烷灭火系统:-20~+50 ℃;

③惰性气体灭火系统:0~+50 ℃。

（2）充装密度、充装压力。

系统最大充装密度、充装压力应符合下列要求。

①内储压式七氟丙烷灭火系统最大充装密度如下。

a. 2.5 MPa 储存压力时为 1120 kg/m³；

b. 4.2 MPa 储存压力时（焊接结构储存容器）为 950 kg/m³；

c. 4.2 MPa 储存压力时（无缝结构储存容器）为 1120 kg/m³；

d. 5.6 MPa 储存压力时为 1080 kg/m³。

②三氟甲烷灭火系统最大充装密度为 760 kg/m³。

③惰性气体灭火系统最大充装压力为规定的储存压力。

（3）系统喷射时间。

灭火系统的最大喷射时间如下。

①七氟丙烷灭火系统：10 s；

②三氟甲烷灭火系统：10 s；

③惰性气体灭火系统：60 s。

（四）防烟和排烟设施要求

> 5.2.2.4　实验室消防的防烟和排烟应符合 GB 50016—2018 中第 9 章的规定；消防防烟和排烟应独立于其他用途的防排烟设施。

【解读】　此条款规定了烟草行业实验室消防系统防烟和排烟设施要求。

1. 防烟和排烟的目的和要求

实验室中用于消防的防烟和排烟设施应能及时排除火灾产生的大量烟气，阻止烟气向防烟区外扩散，确保建筑物内人员的顺利疏散和安全避难，并为消防救援创造有利条件。实验室中用于消防的防烟和排烟设施应符合 GB 50016—2014《建筑设计防火规范》第 9 章的要求。

1）一般规定

（1）建筑中的防烟可采用机械加压送风防烟方式或可开启外窗的自然排烟方式。

（2）防烟楼梯间及其前室、消防电梯间前室或合用前室应设置防烟设施。

（3）机械排烟系统与通风、空气调节系统宜分开设置。

（4）防烟与排烟系统中的管道、风口及阀门等必须采用不燃材料制作。排烟管道应采取隔热防火措施或与可燃物保持不小于 150 mm 的距离。

（5）机械加压送风管道、排烟管道和补风管道内的风速应符合下列规定：采用金属管道时，不宜大于 20.0 m/s；采用非金属管道时，不宜大于 15.0 m/s。

2）自然排烟

（1）设置自然排烟设施的场所，其自然排烟口的净面积应符合下列要求：防烟

楼梯间前室、消防电梯间前室不应小于 2.0 m²;合用前室不应小于 3.0 m²;靠外墙的防烟楼梯间,每 5 层内可开启排烟窗的总面积不应小于 2.0 m²;中庭不应小于该中庭楼地面面积的 5%,其他场所宜取该场所建筑面积的 2%～5%。

(2)作为自然排烟的窗口宜设置在房间的外墙上方或屋顶上,并应有方便开启的装置。自然排烟口距该防烟分区最远点的水平距离不应超过 30 m。

3)机械排烟

(1)设置排烟设施的场所不具备自然排烟条件时,应设置机械排烟设施。

(2)需设置机械排烟设施且室内净高小于或等于 6 m 的场所应划分防烟分区,每个防烟分区的建筑面积不宜超过 500 m²,防烟分区不应跨越防火分区。

(3)防烟分区宜采用隔墙、顶棚下凸出不小于 500 mm 的结构梁以及顶棚或吊顶下凸出小于 500 mm 的不燃烧体等进行分隔。

(4)在地下建筑和地上密闭场所中设置机械排烟系统时,应同时设置补风系统。当设置机械补风系统时,其补风量不宜小于排烟量的 50%。

(5)机械加压送风防烟系统和排烟补风系统的室外进风口宜布置在室外排烟口的下方,且高差不宜小于 3.0 m;当水平布置时,水平距离不宜小于 10.0 m。

(6)排烟风机的全压应满足排烟系统最不利环路的要求。其排烟量应考虑 10%～20% 的漏风量,排烟风机可采用离心风机或排烟专用的轴流风机;排烟风机应能在 280 ℃ 的环境条件下连续工作不少于 30 min;在排烟风机入口处的总管上应设置当烟气温度超过 280 ℃ 时能自行关闭的排烟防火阀,该阀应与排烟风机联锁,当该阀关闭时,排烟风机应能停止运转。

(7)当排烟风机及系统中设置有软接头时,该软接头应能在 280 ℃ 的环境条件下连续工作不少于 30 min。排烟风机和用于排烟补风的送风风机宜设置在通风机房内。

4)机械防烟

(1)应设置机械加压送风防烟设施的场所:不具备自然排烟条件的防烟楼梯间、不具备自然排烟条件的消防电梯间前室或合用前室、设置自然排烟设施的防烟楼梯间,以及不具备自然排烟条件的前室。

(2)防烟楼梯间内机械加压送风防烟系统的余压值应为 40～50 Pa;前室、合用前室应为 25～30 Pa。

(3)防烟楼梯间和合用前室的机械加压送风防烟系统宜分别独立设置。

(4)防烟楼梯间的前室或合用前室的加压送风口应每层设置 1 个。防烟楼梯间的加压送风口宜每隔 2～3 层设置 1 个。

(5)机械加压送风防烟系统中送风口的风速不宜大于 7.0 m/s。

2. 消防的防烟和排烟设施的隔离

为了防止其他用途的防烟和排烟设施对消防的防烟和排烟设施产生影响,宜将消防的防烟和排烟设施独立于其他用途的防烟和排烟设施,可使用独立的管井进行隔离。为避免不同类型烟尘混合带来的不可接受的危害,如火灾和爆炸的烟尘,不同通风柜的排烟设备不可连接在一起。每一个烟柜对应的单独排烟扇都必须有独立的管道。工作台、化学品储藏柜和任何实验室设备下方的空间不允许通过通风柜排风系统进行通风。为避免排放的烟尘反流,可以同时接通一个房间里的所有通风柜或在实验室内配备变动空气供应系统,可在排放口装配防逆流设备。

(五) 检查、维护和保养

> **5.2.2.5** 消防设施和灭火器应定期检查、维护和保养。

【解读】 此条款规定了烟草行业实验室消防设施和灭火器应定期检查、维护和保养。

消防设施包括:消防栓系统、火灾自动报警系统、自动灭火系统、防排烟系统、疏散设施、防火门等。消防设施应当定期进行检测,如发现问题应及时报厂家维修并做好检测、维修记录。

1. 消防设施、火灾监测和报警设施定期维护的必要性

建筑消防设施一般存在着自然老化、使用性和耗用性老化的情况,产品的可靠性、稳定性等会变差,进而会造成消防设施瘫痪或关闭。完善的设计、良好的施工质量和科学的技术检测,仅可以保证建筑消防设施进入良好的初始运行状态,并不能确保系统始终完好如初。特别是一些新建、扩建、改建单位,为了过验收关而配备消防设施,一旦通过验收,就出现了无人管理的情况。因此,为了加强建筑消防设施的使用维护管理,保证其正常运行,提高建筑物的防御火灾能力,加强建筑消防器材设施的维护管理就显得非常有必要。

2. 消防设施应保持连续正常运行

定期检查其功能并按要求填写相应的记录。

(1)一般消防设施投入运行后,应定期全部清洗一遍。

(2)每年应定期检查消防设备和系统的功能,并填写记录。

(3)不同类型的消防设备应有备件,以确保更新修护使用。

3. 灭火器的维护、检查和报废

灭火器应放置在通风、干燥、阴凉、无潮湿、无腐蚀、明显的位置。如日光直晒则会使气瓶中的气体受热膨胀,发生漏气现象。灭火器只有在扑灭火灾时才可使用,严禁另作他用。

灭火器在有效备用期间应由专人对灭火器进行检查,检查的主要内容是灭火

器的驱动气体是否泄漏,压力表的指针是否在有效区间,外观和配件是否有破损等,同时还应按照国家及行业有关规定定期送到专业厂家进行水压试验等方面的检查。

灭火器在每次使用后,无论灭火剂是否用完都不应放回原处,应送到维修单位重新填装灭火剂,再次填装灭火剂时不能改变原灭火剂的类型。

有下列情况之一的灭火器应报废:筒体严重锈蚀,锈蚀面积大于等于筒体总表面积的 1/3;表面有凹坑,筒体严重变形,机械损伤严重;器头存在裂纹,无泄压机构;筒体结构不合理;没有间歇喷射机构的手提式灭火器;灭火器没有生产厂名和出厂年月,包括铭牌脱落或虽有铭牌,但已看不清生产厂家名称,或出厂年月钢印无法辨识;筒体有铜焊或补缀等修补痕迹;被火烧过;达到报废年限。

灭火器从出厂日期算起,达到如下年限的应报废:水基型灭火器的报废年限为 6 年;干粉灭火器的报废年限为 10 年;二氧化碳灭火器的报废年限为 12 年;清洁气体灭火器的报废年限为 10 年。

五、电气设备及供电线路

5.2.3 电气设备及供电线路

5.2.3.1 实验室电气线路安全要求

实验室电器安装应符合 GB/T 27476.2 要求。实验室的用电设备可由固定在实验台或靠近实验台的固定电源插座(插座箱)供电。电源插座回路应设有漏电保护电器及过载保护装置。各实验室电源侧应设置独立的保护开关。

电器插头和连接用插头应符合以下要求:

a)电器插头和连接用插头应符合 GB 2099。

b)所有新的软线应符合 GB/T 5013 或 GB/T 5023 系列标准的规定。

5.2.3.2 临时安装和电气系统的保护

应符合 GB/T 27476.1—2014 中 5.3.6.2 的规定。

5.2.3.3 实验室电气设备防爆安全要求

对于使用可能导致爆炸危险的物质的实验室,应根据 GB 3836.14 来划分危险区域,根据 GB 50058 选择和配置电气设备。

5.2.3.4 照明系统安全要求

应符合 YC/T 554—2017 中 8.3.13~8.3.16 的规定。

此部分条款规定了电气设备及供电线路的要求,从实验室电气线路安全要求、临时安装和电气系统的保护、实验室电气设备防爆安全要求和照明系统安全要求等方面进行阐述。

（一）实验室电气线路安全要求

> **5.2.3.1　实验室电气线路安全要求**
>
> 　实验室电器安装应符合 GB/T 27476.2 要求。实验室的用电设备可由固定在实验台或靠近实验台的固定电源插座（插座箱）供电。电源插座回路应设有漏电保护电器及过载保护装置。各实验室电源侧应设置独立的保护开关。
>
> 　电器插头和连接用插头应符合以下要求：
>
> a) 电器插头和连接用插头应符合 GB 2099。
>
> b) 所有新的软线应符合 GB/T 5013 或 GB/T 5023 系列标准的规定。

【解读】　此条款规定了烟草行业实验室电气线路安全要求，包括电器安装、用电设备供电、用电保护、电器插头和连接用插头的相关要求。

GB/T 27476.2—2014《检测实验室安全 第 2 部分：电气因素》规定了实验室与电气因素有关的安全要求，以提高实验室的电气安全，将人员伤害降到最低并防止财产损失。

按照 CNAS-CL01-A003：2019《检测和校准实验室能力认可准则在电气检测领域的应用说明》中对实验室供电电源的要求，实验室应配备足够的电源容量，并确保试验电源特性，如电压额定值、频率额定值、电压稳定度、频率稳定度、谐波畸变等，要求符合检测规范或保证检测结果的不确定度在预计的范围内。化学实验室用电主要包括照明用电和动力用电两大部分。动力电主要用于部分大型仪器设备、电梯和空调等的电力供应。化学实验室内供电电源功率应根据用电总负荷来设计。在实验室同时使用多种电气设备时，其总用电量和分线用电量均应小于设计容量，因此在设计时要留有余地。连接在接线板上的用电总负荷不能超过接线板的最大容量。照明用电、空调用电和工作用电的线路要分开，并设专用配电系统，配电房供电要求为实验室全负荷用电的 30%～70%（可根据实验室设备同时使用的负荷，再加上今后预期增加的用电负荷来确定）。但电路布置的导电线路必须按每路全负荷来计算。例如，某水利行业省级水环境监测中心化学实验室全负荷电量为 500 kW，根据工作中用电且使用率为 30%～70% 计算，用电负荷为 150～350 kW，再加上今后发展的需要预留 30% 的用电，那么实际负荷可按 200～450 kW 计算。

化学实验室供电线路进户线应使用三相电源。其电量设计应给出较宽余量，输电线路应采用较小的载流量，并预留不低于 30% 的备用容量。根据化学学科的特点，化学实验室及其一些辅助房间（如准备室和仪器室等）对电的要求不尽相同。为了满足不同用电设备的要求，每个实验室均需配备三相和单相供电线路。在仪器分析室中，为了预防线路电压不稳，确保仪器稳定工作，在仪器前可增加交流稳压电源。大功率实验设备用电必须使用专线，严禁与照明线共用，谨防因超

负荷用电而着火。当380 V与220 V电压的电线须同时布设时,应设置总电源控制开关。烘箱、恒温箱、空调等耗电设备可直接连在总电源上。电冰箱或其他设备在实验停止后需要继续工作的,应接专用供电电源,避免因切断实验室的总电源而影响其工作。室内实验台、排风柜及烘箱等用电设备的电缆应进行预埋敷设。敷设时最好以穿管暗敷设的方式进行,因为暗敷设不仅可以保护导线,而且可使室内整洁,不易积尘。大型精密仪器对电压的稳定性、安全性要求较高,故应设置专用地线。在化学实验室的四周墙壁、实验台适当位置都应配备足够的电源插座,以保证实验仪器设备的用电需要。但是电器插座请勿转接太多插头,以免引起电器火灾。化学实验室内供电线路应采用护套(管)暗敷或明敷。在使用易燃、易爆物品较多的实验室,还要注意供电线路和用电仪器运行中可能引发的危险,并根据实际需要配置必要的附加安全设施(如防爆开关、防爆灯具及其他防爆电器等)。实验室内的用电线路和配电盘、板、箱、柜等装置及线路系统中的各种开关、插座、插头等均应经常保持完好可用状态,熔断装置所用的熔丝必须与线路允许的容量相匹配,严禁用其他导线替代。室内照明器具要经常保持稳固可用状态。

化学实验室应该按照要求设置检测工作电源,该电源为独立于空调、照明电源的单独回路供电。实验室的面积应满足检测工作的需要,应为工作设备和所有必要的辅助设备与仪器保留存储空间,并留给测试人员和管理人员足够的空间。高压检测设备,应按电压等级提供有充分的安全保护的房间或封闭区域和安全距离,在进行升压操作时应有 2 人操作。

化学实验室精密仪器供电系统应与前处理室、照明、空调及排风供电系统分开。其电气设备和大型仪器须接地良好,对电线老化等隐患要定期检查并及时排除。化学实验室除马弗炉、干燥箱、电热板、电热蒸馏水器及原子吸收仪的石墨炉、等离子发射光谱设备容量较大外,其他则设备容量较小,但数量较多,因此须合理配置。实验室应采用双路供电,不具备双路供电条件的,应设置自备电源。有特殊要求的,应配备不间断电源。实验室内所用的高压、高频设备要定期检修,要有可靠的防护措施。凡设备本身要求安全接地的,必须接地。定期检查线路,测量接地电阻。为了使这些大功率仪器工作时互不干扰,一般给大功率仪器单独设一条线路,微电子仪器与大功率用电器不能共接同一条线路。对于需要不间断供电的精密仪器,应配稳压的 UPS 电源。每个实验室,内设三相交流电及单相交流电,在靠近门口处设置总电源控制开关,方便从走廊引线、控制检修及开启或切断室内电源。对于实验停止后仍须运行的设备,应连在专用供电电源的线路上,避免因切断实验室的总电源而影响工作。实验台设置一定数量的三相及单相电源插座,电源插座回路设有漏电保护电器,插座设置应远离水盆和煤气。潮湿、有腐蚀性气体、蒸气、火灾危险和爆炸危险等场所,应选用具有相应的防护性能的配电设备。化学实验室因有腐蚀性气体,配电导线应使用铜芯线。实验室的接地系统一定要保证人身安全以及仪器的正常运转。一般接地种类有安全保护接地、防静电接地、直流接地、防雷接地等。当在实验建筑(室)内设有两种及两种以上不同电压或频率的电源供电时,宜分别设置配电保护装置并有明显区分或标志。当由同一配电保护装置供电时,应有良好的隔离。不同电压或频率的线路应分别单独敷设,不得在同一管内敷设。高层或线路较多的多层科学实验建筑,垂直线路宜采用管道井敷设,强、弱电管线宜分别设置管道井。当在同一管道井内敷设时,应敷设在管道井内两侧。

化学实验室电路的设计需要采用国家电压标准,为交流三相五线制电源 380 V、50 Hz(红色 A、绿色 B、黄色 C、蓝色零、双色为保护接地),交流单相三线制电源 220 V、50 Hz(红色火、蓝色零、双色为保护接地)。化学实验室电气及布置线路电线应按照 GB/T 5023.1—2008《额定电压 450/750 V 及以下聚氯乙烯绝缘电缆 第 1 部分:一般要求》的相关规定,采用铜芯线 BVR、BV,电线直径、开关大小按照用电容量计算。较大负荷用电器单独设回路,并设计相应的自动保护开关。贵重仪器、精密仪器用电源,应设计交流稳压装置或设隔离电源,以确保仪器安全可靠运行。全部插座、用电器外壳都要良好接地,以确保人身安全。合理设计空调、照明和电加热装置,达到安全可靠地使用的目的。

GB/T 27476.2—2014《检测实验室安全 第 2 部分:电气因素》规定了检测实验室(以下简称实验室)与电气因素有关的安全要求,以提高实验室的电气安全,将人员伤害降到最低并防止财产损失。该标准适用于检测实验室,校准和科研实验室可参照使用。该标准适用于固定场所内的实验室,其他场所的实验室可参照使用,但可能需要附加要求。

电器插头和连接用插头应符合 GB 1002—2024《家用和类似用途单相插头插座 型式、基本参数和尺寸》和 GB 2099.7—2024《家用和类似用途延长线插座安全技术规范》。不同电压系统插座、插头应不能互换。家用和类似用途的三级插座从正面看,地线(E)、相线(L)、中线(N)以顺时针方向排列。工业插头的接地触头或小键槽的符号应与配套使用的器具输入插座的符号一致。插座和连接器的插套位置从正面看,应按顺时针排列。

注:应由持证的电工安装或维修实验室的插座,以确保插座正确接线;开关控制相线;插座要有效接地(如适用)。

所有新的软线应符合 GB/T 5013《额定电压 450/750 V 及以下橡皮绝缘电缆》或 GB/T 5023《额定电压 450/750 V 及以下聚氯乙烯绝缘电缆》要求。软线的规格应符合表 5-9 的要求。

表 5-9　软线的规格

项目	电线标称截面积/mm²	额定电流/A	最大长度(插头至器具)/m
规格	0.75	7.5	5
	1.5	15	35

当使用新的电器时,应考虑软线的适用性。手持式和便携式器具应使用带护套的适合的软线。在可能遇到油性污染物的地方,应使用耐油的橡胶护套软线。损坏的软线应立即拆除。

注:已有器具上的软线与已有延长线装置不必更换来符合以上的要求,除非它们是不安全的。

连接到器具软线的标准长度大约是 2 m。在长期需要更长软线的地方,应该优先使用延长线。然而,软线的最大长度不应超过表 5-9 的规定值,因为软线过长可能带来安全危害。软线不应接合或用胶带黏合,也不应在电线与电器上进行软线临时性的修理。

（二）临时安装和电气系统的保护

> 5.2.3.2　临时安装和电气系统的保护
> 应符合 GB/T 27476.1—2014 中 5.3.6.2 的规定。

【解读】　此条款规定了烟草行业实验室电气线路临时安装和电气系统的保护的相关要求。

GB/T 27476.2—2014《检测实验室安全 第 2 部分:电气因素》中 5.3.6.7 对临时安装和电气系统的保护的规定如下。

> 5.3.6.7　临时安装和电气系统的保护
> 临时线路应按照固定布线的要求来安装。
> 实验室的电气系统应提供充分的保护包括:防触电保护、漏电保护、接地保护、防短路保护、防电弧保护等。所有的没有永久连接到固定布线的电气设备都应被保护,可通过工作在特低电压下的降压变压器、剩余电流保护断路器、接地监视器或工作在低压下的隔离变压器来实现。
> 应考虑实验室内对所有最后的次级线路的保护。

(1)实验室临时电气线路不应因为是临时的、短时间的使用而降低安全要求。

(2)实验室的工作内容多种多样,各种的电气危险情况也随时可能发生,因此,实验室电气系统应在安全保护方面考虑周全,充分满足应对各种危险状况的保护要求。

(3)电气系统的保护除包括防触电保护、漏电保护、接地保护、防短路保护、防电弧保护外,还要对过载保护、实验室人员违规操作的现象进行防护。

(4)触电的原因如下。

①实验室内相关人员缺乏电气安全知识而进行电气操作;

②实验室相关人员接触带电体或过分接近带电体;

③绝缘材料老化或遭受损坏。

(5)漏电的原因如下。

①一次电路(强电)与二次电路(弱电)隔离不充分;

②电路板受潮或粉尘堆积导致一次电路(强电)与二次电路(弱电)击穿带电;

③绝缘材料的抗电强度不够;

④一次电路(强电)与二次电路(弱电)合电容过大。

(6)接地的原因主要是一旦电器设备出现故障,设备可触及部件上的带电体能通过接地保护的措施得到保护。

(7)短路的原因如下。

①电线使用年久后会老化,绝缘层会受损脱落;

②配线规格不正确,采用普通电线代替特殊要求的电线(如防酸性腐蚀电线、防高温电线等);

③导体绝缘能力与使用电路的电压、电流强度不相适应;

④导线的机械防护设计不够充分。

(8)产生电弧的原因如下。

①开关或闸刀在接通或切断电路时,会产生电火花;

②导体连接不良或电路发生短路时,会产生电火花。

(9)实验室的电气系统在设计时,也应将便携式等未永久连接到固定线路的设备的电气保护考虑在内,可通过剩余电流保护装置、隔离变压器等来实现保护功能。

(10)安全特低电压是为防止触电事故而采用的由特定电源供电的电压,GB/T 3805—2008《特低电压(ELV)限值》规定,不同环境场合根据其自身的要求选取相应等级的电压,如工作地点在狭窄、行动不便,以及周围有大面积可接触导体的矿山环境,使用的手提照明灯,应采用12 V的电压。

(三)实验室电气设备防爆安全要求

5.2.3.3　实验室电气设备防爆安全要求

对于使用可能导致爆炸危险的物质的实验室,应根据GB 3836.14来划分危险区域,根据GB 50058选择和配置电气设备。

【解读】 此条款规定了烟草行业实验室电气设备防爆安全要求,包括危险区域划分和电气设备选配的相关要求。

GB 3836.14—2014《爆炸性环境 第14部分:场所分类 爆炸性气体环境》指出在可能出现可燃性气体或蒸气数量和浓度达到危险程度的场所,应采取防爆措施避免出现爆炸危险。本规定提出了能够评定防止点燃危险的基本准则,并且给出了可用于降低这类危险的设计和控制参数指南。

1. 危险区域的划分

对于使用可能导致火灾或爆炸危险的物质的实验室,依据 GB 3836.14—2014《爆炸性环境 第14部分:场所分类 爆炸性气体环境》,根据爆炸性气体环境出现的频率和持续时间把危险场所分为以下区域。

(1)0 区:爆炸性气体环境连续出现或频繁出现或长时间存在的场所。

(2)1 区:在正常运行时,可能偶尔出现爆炸性气体环境的场所。

(3)2 区:在正常运行时,不可能出现爆炸性气体环境,如果出现,仅是短时间存在的场所。

注:以上出现的频次和持续时间的指标可从特定工业或应用的有关规范中得到。

GB 50058—2014《爆炸危险环境电力装置设计规范》对爆炸性环境的电力装置设计、选择配置进行了规定。

2. 爆炸性环境的电力装置设计

爆炸性环境的电力装置设计宜将设备和线路,特别是正常运行时能发生火花的设备布置在爆炸性环境以外。当需要布置在爆炸性环境内时,应布置在爆炸危险性较小的地点。

在满足工艺生产及安全的前提下,应减少防爆电气设备的数量。

爆炸性环境内的电气设备和线路应符合周围环境内化学机械、热、霉菌以及风沙等不同环境条件对电气设备的要求。

在爆炸性粉尘环境内,不宜采用携带式电气设备。爆炸性粉尘环境内的事故排风用电动机,应在发生事故的情况下,在便于操作的地方设置事故启动按钮等控制设备。在爆炸性粉尘环境内,应尽量减少插座和局部照明灯具的数量。如需采用时,插座宜布置在爆炸性粉尘不易积聚的地点,局部照明灯宜布置在事故发生时气流不易冲击的位置。

粉尘环境中安装的插座开口的一面应朝下,且与垂直面的角度不应大于60°。爆炸性环境内设置的防爆电气设备应符合现行国家标准 GB/T 3836.1—2021《爆炸性环境 第1部分:设备 通用要求》的有关规定。

3. 爆炸性环境内电气设备的选择

在爆炸性环境内,电气设备应根据下列因素进行选择。

(1)爆炸危险区域的分区。

(2)可燃性物质和可燃性粉尘的分级。

(3)可燃性物质的引燃温度。

(4)可燃性粉尘云、可燃性粉尘层的最低引燃温度。

4. 危险区域划分与电气设备保护级别

危险区域划分与电气设备保护级别的关系应符合下列规定。

爆炸性环境内电气设备保护级别的选择应符合表 5-10 的规定。

表 5-10　爆炸性环境内电气设备保护级别的选择

危险区域	设备保护级别(EPL)
0 区	Ga
1 区	Ga 或 Gb
2 区	Ga、Gb 或 Gc
20 区	Da
21 区	Da 或 Db
22 区	Da、Db 或 Dc

电气设备保护级别(EPL)与电气设备防爆结构的关系应符合表 5-11 的规定。

表 5-11　电气设备保护级别(EPL)与电气设备防爆结构的关系

设备保护级别(EPL)	电气设备防爆结构	防爆形式
Ga	本质安全型	"ia"
	浇封型	"ma"
	由两种独立的防爆类型组成的设备,每一种类型达到保护级别"Gb"的要求	
	光辐射式设备和传输系统的保护	"op is"
Gb	隔爆型	"d"
	增安型	"e"①
	本质安全型	"ib"
	浇封型	"mb"

续表

设备保护级别（EPL）	电气设备防爆结构	防爆形式
Gb	油浸型	"o"
	正压型	"px""py"
	充砂型	"q"
	本质安全现场总线概念（FISCO）	—
	光辐射式设备和传输系统的保护	"op pr"
Gc	本质安全型	"ic"
	浇封型	"mc"
	无火花	"n""nA"
	限制呼吸	"nR"
	限能	"nL"
	火花保护	"nC"
	正压型	"pz"
	非可燃现场总线概念（FNICO）	—
	光辐射式设备和传输系统的保护	"op sh"
Da	本质安全型	"iD"
	浇封型	"mD"
	外壳保护型	"tD"
Db	本质安全型	"iD"
	浇封型	"mD"
	外壳保护型	"tD"
	正压型	"pD"
Dc	本质安全型	"iD"
	浇封型	"mD"
	外壳保护型	"tD"
	正压型	"pD"

注：在1区中使用的增安型"e"电气设备仅限于下列电气设备：在正常运行中不产生火花、电弧或危险温度的接线盒和接线箱，包括主体为"d"或"m"型、接线部分为"e"型的电气产品；按现行国家标准 GB/T 3836.3—2021《爆炸性环境 第3部分：由增安型"e"保护的设备》附录 D 配置的合适热保护装置的"e"型低压异步电动机，启动频繁和环境条件恶劣者除外；"e"型荧光灯；"e"型测量仪表和仪表用电流互感器。

5. 防爆电气设备的级别和组别

防爆电气设备的级别和组别不应低于该爆炸性气体环境内爆炸性气体混合物的级别和组别,并应符合下列规定。

(1)气体、蒸气或粉尘分级与电气设备类别的关系应符合表 5-12 的规定。当存在由两种以上可燃性物质形成的爆炸性混合物时,应按照混合后的爆炸性混合物的级别和组别选用防爆设备,无据可查亦不可能进行试验时,可按危险程度较高的级别和组别选用防爆电气设备。

对于标有适用于特定的气体、蒸气的环境的防爆设备,没有经过鉴定,不得用于其他的气体环境内。

表 5-12 气体、蒸气或粉尘分级与电气设备类别的关系

气体、蒸气或粉尘分级	设备类别
ⅡA	ⅡA、ⅡB 或 ⅡC
ⅡB	ⅡB 或 ⅡC
ⅡC	ⅡC
ⅢA	ⅢA、ⅢB 或 ⅢC
ⅢB	ⅢB 或 ⅢC
ⅢC	ⅢC

(2)Ⅱ类电气设备的温度组别、最高表面温度和气体、蒸气引燃温度之间的关系应符合表 5-13 的规定。

表 5-13 Ⅱ类电气设备的温度组别、最高表面温度和气体、蒸气引燃温度之间的关系

电气设备温度组别	电气设备允许最高表面温度/℃	气体/蒸气的引燃温度/℃	适用的设备温度级别
T1	450	>450	T1~T6
T2	300	>300	T2~T6
T3	200	>200	T3~T6
T4	135	>135	T4~T6
T5	100	>100	T5~T6
T6	85	>85	T6

(3)安装在爆炸性粉尘环境中的电气设备应采取措施防止热表面点可燃性粉尘层引起的火灾危险。Ⅲ类电气设备的最高表面温度应按国家现行有关标准的规定进行选择。电气设备结构应满足电气设备在规定的运行条件下不降低防爆性能的要求。

6. 正压型电气设备及通风系统

当选用正压型电气设备及通风系统时,应符合下列规定。

(1)通风系统应采用非燃性材料制成,其结构应坚固,连接应严密,并不得有产生气体滞留的死角。

(2)电气设备应与通风系统联锁。运行前应先通风,并应在通风量大于电气设备及其通风系统管道容积的 5 倍时,接通设备的主电源。

(3)在运行中,进入电气设备及其通风系统内的气体不应含有可燃物质或其他有害物质。

(4)在电气设备及其通风系统运行中,对于 px、py 或 pD 型设备,其风压不应低于 50 Pa;对于 pz 型设备,其风压不应低于 25 Pa。当风压低于上述值时,应自动断开设备的主电源或发出信号。

(5)通风过程排出的气体不宜排入爆炸危险环境;当采取有效地防止火花和炽热颗粒从设备及其通风系统吹出的措施时,可排入 2 区空间。

(6)对闭路通风的正压型设备及其通风系统应供给清洁气体。

(7)电气设备外壳及通风系统的门或盖子应采取联锁装置或加警告标志等安全措施。

(四)照明系统安全要求

5.2.3.4 照明系统安全要求

应符合 YC/T 554—2017 中 8.3.13～8.3.16 的规定。

【解读】 此条款规定了烟草行业实验室照明系统安全要求。

YC/T 554—2017《烟草行业实验室设计规范》8.3.13～8.3.16 对照明系统安全要求的规定如下:

8.3.13 实验室宜采用细管直管型三基色荧光灯,层高较高的实验室宜采用高强度气体放电灯。电磁干扰要求严格的实验室,不宜采用气体放电灯。

8.3.14 实验室照明光源的显色指数(Ra)不宜小于 80。对识别颜色有要求的实验室,应采用高显色性光源。

8.3.15 大型仪器实验室等的照度标准值为 500 lx。常规实验室的照度标准值为 300 lx。

8.3.16 对于有电磁干扰、噪音、潮湿、有腐蚀性气体和蒸汽、火灾危险和爆炸危险等要求的实验室,应选用具有相应防护性能的灯具。

实验室工作面上的平均照度标准应符合表 5-14 的规定。

表 5-14　实验室工作面上的平均照度标准

房间名称	平均照度/lx	工作面及高度/m	备注
通用实验室	300	实验台面 0.75	一般照明
生物培养室	500	工作台面 0.75	宜设局部照明
天平室	500	工作台面 0.75	宜设局部照明
电子显微镜室	500	工作台面 0.75	宜设局部照明
谱仪分析室	500	工作台面 0.75	一般照明
放射性同位素实验室	300	工作台面 0.75	一般照明
研究工作室	300	桌面 0.75	宜设局部照明
学术报告厅	300	桌面 0.75	一般照明
设计室、绘图室、打字室	500	实际工作平面	宜设局部照明
管道技术层	75	地面	一般照明

科学实验建筑用房一般照明的照度均匀度,按最低照度与平均照度之比确定,其数值不宜小于 0.6。

采用分区一般照明时,非实验区和走道的照度不宜低于实验区照度的 1/5～1/3。

采用一般照明加局部照明时,一般照明不宜低于工作面总照度的 1/3,且不宜低于 100 lx。

需要限制光幕反射和反射眩光的实验室,宜采用下列措施:使视觉作业不处在室内光源与眼睛形成的镜面反射角上;采用光扩散性能好、亮度低、发光表面积大的灯具;增设局部照明;实验室内表面及室内设备表面为无光泽表面。

实验室(除暗室外)不宜用裸灯。通用实验室宜采用开启或带格栅直配光型灯具。开启型灯具效率不宜低于 0.75,带格栅型灯具效率不宜低于 0.65,实验室灯具格栅、反射器不宜采用全镜面反射材料。

通用实验室宜采用荧光灯,层高大于 6 m 的实验室宜采用高强气体放电灯。对识别颜色有要求的实验室,宜采用高显色性光源。

电磁干扰要求严格的实验室,不宜采用气体放电灯。因为气体放电灯会产生高磁谐波,易造成电磁干扰。

潮湿、有腐蚀性气体和蒸气、火灾危险和爆炸危险等场所,应选用具有相应防护性能的灯具。重要实验场所应设置应急照明,应急照明的设置应符合现行的 GB/T 50034—2024《建筑照明设计标准》和 GB 50016—2014《建筑设计防火规范》的规定。

暗室、电镜室等应设单色(红色或黄色)照明。入口处宜设工作状态标志灯。

生物培养室宜设紫外线灭菌灯,其控制开关应设在门外,并与一般照明灯具的控制开关分开设置。

照明负荷宜由单独变压器、单独配电装置或单独回路供电,应设单独开关和保护电器。照明配电箱宜分层或分区设置。

大面积照明场所宜分段、分区设置灯控开关。管道技术层内应设照明,并由单独支路或专用配电箱(盘)供电。

化学实验室照明要单独设闸。化学实验室的照明灯一般以日光灯为宜。在分析化学实验室,用目视法判断指示剂变色终点时,可在操作处安设荧光灯。放射性实验室、传染性微生物实验室以及从事致癌物或毒物操作的实验室,应采用嵌装式洁净灯具,电线管路要暗装,电灯开关应装在室外走廊上。无菌室需要安装紫外灭菌灯,其控制开关应设在门外,并与一般照明灯具的控制开关分开设置。在安全出口、疏散通道等处,应设置安装疏散指示灯,使在发生紧急事故的情况下人员能够得以迅速疏散。

实验楼内有各种用途的房间,对照明度的要求也不一样。凡进行精细工作的房间,其照明度要求就比进行粗糙工作的房间要高。要求照明度高,就需多装灯具或增大光源的容量,也要增加建设投资和经常性费用(主要是电费)。所以,照明度必须适应国家的经济条件和生活水平。每个国家都应结合其具体条件制定最低照明标准供照明设计用。化学实验室的检测操作区域应提供充足照明。它的照明要求不是灯的数量,而是照明度。我国一般的化学实验室要求的照明度不小于 250 lx。国外要求的照明度高,一般可到 500 lx 甚至更高。储存室的照明度可低些。

实验室应配备工作灯。应急照明灯是在正常照明电源发生故障时,能有效地照明和显示疏散通道,或能维持照明而不间断工作的一类灯具,广泛用于公共场所和不能间断照明的地方。应急照明按照用途可分为三类:疏散应急照明、安全应急照明、备用应急照明。应急照明是现代公共建筑及工业建筑的重要安全设施,是现代建筑物中安全保障体系的一个重要组成部分,同人身安全和建筑物安全紧密相关。当建筑物发生火灾或其他灾害时,伴随着电源中断,应急照明对人员疏散、消防救援工作,对重要的生产、设备的继续运行或必要的操作处置,都有重要的作用。

六、通风

5.2.4 通风

5.2.4.1 实验室通风系统要求

5.2.4.1.1 实验室的通风能力应与当前实验室运行情况相适应,应符合

YC/T 554 和 GB 50736 对通风的要求。应具备自动防故障装置或报警装置，确保与通风系统联锁。当发生空气污染物聚集达到不安全浓度时或实验室内有缺氧风险时，以确保有效地排除或处理。

5.2.4.1.2　试验场所、试剂存储柜、化学品存储间等应具有足够的通风能力；存储易挥发、有毒、易腐蚀物质的场所应设置专门的通风系统，不应与其他储藏区域共用一个通风系统。

5.2.4.1.3　空气污染物的职业接触限值应符合 GBZ 2.1、GBZ 2.2 和 GB/T 18883 的要求。

5.2.4.2　通风柜

5.2.4.2.1　凡进行对人体有害气体、蒸气、气味、烟雾、挥发物质等实验工作的实验室场所，应设置通风柜。

5.2.4.2.2　当通风柜内产生的有害气体密度比空气小，或当通风柜内有发热体时，为有效地防止有害气体从操作口上缘逸出，应选择上部排风的通风柜。

5.2.4.2.3　当通风柜内没有发热体，且产生的有害气体密度比空气大，柜内气流下降，为有效地防止有害气体从操作口下缘逸出，应选择下部排风的通风柜。当通风柜内既有发热体，同时又产生密度大小不等的有害气体时，为有效地适应各种不同操作条件的变化，宜选择上下联合排风的通风柜。

5.2.4.2.4　通风柜排风系统可以设置为独立排风系统或者集中排风系统，型式的选择应综合考虑功能的需要、维护的便利及安全可靠性。当采用集中排风系统时，一般每个系统所带的通风柜不宜多于 4 个。

5.2.4.2.5　通风柜的排风出口，不论其系统为单独排风或集中排风，均应装设有一个可关闭的阀门。

5.2.4.2.6　通风柜内不允许存放危险废弃物，在通风柜内放置的仪器应尽量减少使用时间，同时将其放置在四角架上。

5.2.4.2.7　通风柜内衬板及工作台面，按使用性质不同应具有相应的耐腐、耐火、耐高温及防水等性能。应采用盘式工作台面并应设杯式排水斗。通风柜外壳应具有耐腐、耐火及防水等性能。

5.2.4.2.8　通风柜内的公用设施管线应暗敷，向柜内伸出的龙头配件应具有耐腐及耐火性能。各种公用设施的开闭阀、电源插座及开关等应设于通风柜外壳上或柜体以外易操作处。

5.2.4.2.9　通风柜柜口窗扇以及其他玻璃配件，应采用透明安全玻璃。

5.2.4.2.10　通风柜应贴邻或靠近管道井或管道走廊布置，并应避开主要人流及主要出入口。不设置空气调节的实验室，通风柜应远离外窗布置；设

置空气调节的实验室,通风柜应远离室内送风口布置。当两者矛盾时,应调整室内送风口的位置。

　　5.2.4.2.11　在提供通风柜的地方,从通风柜到排风口的整个系统都应定期进行检查和维护。

　　此部分条款规定了烟草行业实验室对通风的要求,包括通风系统和通风柜两个方面。

　　5.2.4.1　实验室通风系统要求

　　5.2.4.1.1　实验室的通风能力应与当前实验室运行情况相适应,应符合YC/T 554 和 GB 50736 对通风的要求。应具备自动防故障装置或报警装置,确保与通风系统联锁。当发生空气污染物聚集达到不安全浓度时或实验室内有缺氧风险时,以确保有效地排除或处理。

　　5.2.4.1.2　试验场所、试剂存储柜、化学品存储间等应具有足够的通风能力;存储易挥发、有毒、易腐蚀物质的场所应设置专门的通风系统,不应与其他储藏区域共用一个通风系统。

　　5.2.4.1.3　空气污染物的职业接触限值应符合 GBZ 2.1、GBZ 2.2 和GB/T 18883 的要求。

　　实验室通风系统应符合 GB 50736—2012《民用建筑供暖通风与空气调节设计规范》中第 6 章和 YC/T 554—2017《烟草行业实验室设计规范》中 8.2.3～8.2.9 的要求。

　　应具备自动防故障装置或报警装置,确保与通风系统联锁,当空气污染物聚集达到不安全浓度时或实验室内有缺氧风险时,确保其能有效地排除或处理。试验场所、试剂存储柜、化学品存储间等应具有足够的通风能力;存储易挥发、有毒、易腐蚀物质的场所应设置专门的通风系统,不应与其他储藏区域共用一个通风系统。

　　散发有害气体的实验设备宜配备局部排风系统。当不能采用局部排风或局部排风达不到职业卫生要求时,应辅以全面通风或采用全面通风。每个排风装置宜设置对应的排风系统。同一个实验室内的所有排风装置宜合用一个排风系统;不同实验室合用排风系统时,应采取风量平衡及联动启停等自动控制措施。实验室排风系统宜设置专用管井,排风管道应简洁、顺畅,并尽量减少弯头和连接头。

　　工作时间连续使用排风系统的实验室应设置送风系统,送风量宜为排风量的70%～90%,并能跟随排风量变化动态调整;对于严寒和寒冷地区,应对冬季送风进行加热处理,夏季送风宜进行冷却处理。送风气流不应破坏实验室排风装置的正常工作。可能突然放散大量有害气体或有爆炸危险气体的场所应设置事故通风系统。事故通风量宜根据放散物的种类、安全及职业卫生浓度要求按全面排风计算确定,且换气次数不应小于 12 次/h,并应根据放散物的种类,设置相应的检测报警及控制系统。

(一)实验室通风能力的要求

实验室的通风能力应与当前实验室运行情况相适应,应考虑 GB 50736—2012《民用建筑供暖通风与空气调节设计规范》中对通风的要求。对不可避免发散的有害或污染环境的物质,在排放前必须采取通风净化措施,如挥发性有机物、烟雾等,并应达到国家有关大气环境质量标准的各种污染物排放标准的要求。

(二)实验室应有足够的通风或烟雾抽排设施

当实验室空气污染物聚集达到不安全浓度时或实验室内有缺氧风险时,应有充足的通风或烟雾抽排设施以确保有效地排除或处理。实验室每小时换气次数一般为 6~12 次。实验室的通风系统设计应保障试验中产生的化学气体不被循环使用。试验中所释放出的化学气体都应被很好地控制或捕集起来,以防止室内化学气体对人体伤害和易燃、易爆气体浓度增大而引起燃烧。

(三)自动防故障装置或报警装置

除实验要求洁净空间(万级或以上),或作为隔离或无菌实验室以及其他一些特殊类型实验室外,实验室的气流方向应为从低危险区域流向高危险区域。当控制的气流可能产生危害必须加以控制时,通常要求安装监测报警装置,在气流可能泄漏时进行报警。除非在以下情况下才允许气流从实验室向周边区域流动:一是实验室内没有使用危险的实验材料;二是实验室内产生的毒害气体可能的最大浓度小于规定的暴露限值。空气污染物的职业接触限值见 GBZ 2.1—2019《工作场所有害因素职业接触限值 第 1 部分:化学有害因素》、GBZ2.2—2019《工作场所有害因素职业接触限值 第 2 部分:物理因素》和 GB/T 18883—2022《室内空气估量标准》等标准。

GBZ 2.1—2019《工作场所有害因素职业接触限值 第 1 部位:化学有害因素》中给出了工作场所空气中化学有害因素的职业接触限值的 358 种相关物质。GB/T 18883—2022《室内空气估量标准》共涉及 22 项指标,其中物理性指标 4 项、化学性指标 16 项、生物性和放射性指标各 1 项,也包含与 GB 50325—2020《民用建筑工程室内环境污染控制标准》相同的 7 项指标,但限量值不同,室内空气质量标准如表 5-15 所示。

表 5-15 室内空气质量标准

序号	指标分类	指标	计量单位	要求	备注
1	物理性	温度	℃	22~28	夏季
				16~24	冬季
2		相对湿度	%	40~80	夏季
				30~60	冬季

续表

序号	指标分类	指标	计量单位	要求	备注
3	物理性	风速	m/s	≤0.3	夏季
				≤0.2	冬季
4		新风量	m³/(h·人)	≥30	—
5	化学性	臭氧(O_3)	mg/m³	≤0.16	1 小时平均
6		二氧化氮(NO_2)	mg/m³	≤0.20	1 小时平均
7		二氧化硫(SO_2)	mg/m³	≤0.50	1 小时平均
8		二氧化碳(CO_2)	%[1]	≤0.10	1 小时平均
9		一氧化碳(CO)	mg/m³	≤10	1 小时平均
10		氨(NH_3)	mg/m³	≤0.20	1 小时平均
11		甲醛(HCHO)	mg/m³	≤0.08	1 小时平均
12		苯(C_6H_6)	mg/m³	≤0.03	1 小时平均
13		甲苯(C_7H_8)	mg/m³	≤0.20	1 小时平均
14		二甲苯(C_8H_{10})	mg/m³	≤0.20	1 小时平均
15		总挥发性有机化合物(TVOC)	mg/m³	≤0.60	8 小时平均
16		三氯乙烯(C_2HCl_3)	mg/m³	≤0.006	8 小时平均
17		四氯乙烯(C_2Cl_4)	mg/m³	≤0.12	8 小时平均
18		苯并[a]芘(BaP)[2]	ng/m³	≤1.0	24 小时平均
19		可吸入颗粒物(PM_{10})	mg/m³	≤0.10	24 小时平均
20		细颗粒物($PM_{2.5}$)	mg/m³	≤0.05	24 小时平均
21	生物性	细菌总数	CFU/m³	≤1500	—
22	放射线	氡(^{222}Rn)	Bq/m³	≤300	年平均[3](参考水平[4])

注:①体积分数。

②指可吸入颗粒物中的苯并[a]芘。

③至少采样 3 个月(包括冬季)。

④表示室内可接受的最大年平均氡浓度,并非安全与危险的严格界限。当室内氡浓度超过该参考水平时,宜采取行动降低室内氡浓度。当室内氡浓度低于该参考水平时,也可以采取防护措施降低室内氡浓度,体现辐射防护最优化原则。

(四)独立的储藏室宜有一个专门的通风系统

每一个独立的储藏室必要时应有一个专门的通风系统,不宜与其他储藏区域共用一个通风系统。可以为每一台通风柜配备独立的排风机,也可以将多台通风柜进行并联控制,作为一个整体连接到一个或多个普通的排风机。通风系统可分为压力独立和压力不独立两种类型。压力不独立系统通常采用定风量控制,并可以对每台排风蝶阀的平衡叶片进行手动调节。如果压力不独立系统内增加另外的通风柜,那么整个系统必须重新调整平衡,排风机的转速可能也要进行调整。压力独立型系统可以采用定风量、双稳态以及变风量控制。

5.2.4.2　通风柜

5.2.4.2.1　凡进行对人体有害气体、蒸气、气味、烟雾、挥发物质等实验工作的实验室场所,应设置通风柜。

5.2.4.2.2　当通风柜内产生的有害气体密度比空气小,或当通风柜内有发热体时,为有效地防止有害气体从操作口上缘逸出,应选择上部排风的通风柜。

5.2.4.2.3　当通风柜内没有发热体,且产生的有害气体密度比空气大,柜内气流下降,为有效地防止有害气体从操作口下缘逸出,应选择下部排风的通风柜。当通风柜内既有发热体,同时又产生密度大小不等的有害气体时,为有效地适应各种不同操作条件的变化,宜选择上下联合排风的通风柜。

5.2.4.2.4　通风柜排风系统可以设置为独立排风系统或者集中排风系统,型式的选择应综合考虑功能的需要、维护的便利及安全可靠性。当采用集中排风系统时,一般每个系统所带的通风柜不宜多于4个。

5.2.4.2.5　通风柜的排风出口,不论其系统为单独排风或集中排风,均应装设有一个可关闭的阀门。

5.2.4.2.6　通风柜内不允许存放危险废弃物,在通风柜内放置的仪器应尽量减少使用时间,同时将其放置在四角架上。

5.2.4.2.7　通风柜内衬板及工作台面,按使用性质不同应具有相应的耐腐、耐火、耐高温及防水等性能。应采用盘式工作台面并应设杯式排水斗。通风柜外壳应具有耐腐、耐火及防水等性能。

5.2.4.2.8　通风柜内的公用设施管线应暗敷,向柜内伸出的龙头配件应具有耐腐及耐火性能。各种公用设施的开闭阀、电源插座及开关等应设于通风柜外壳上或柜体以外易操作处。

5.2.4.2.9　通风柜柜口窗扇以及其他玻璃配件,应采用透明安全玻璃。

5.2.4.2.10　通风柜应贴邻或靠近管道井或管道走廊布置,并应避开主要人流及主要出入口。不设置空气调节的实验室,通风柜应远离外窗布置;设置空气调节的实验室,通风柜应远离室内送风口布置。当两者矛盾时,应调整室内送风口的位置。

5.2.4.2.11　在提供通风柜的地方,从通风柜到排风口的整个系统都应定期进行检查和维护。

1. 通风柜简介

通风柜是在一个至少有一面开放的立方体空间内,利用定向气流,带走实验中产生的有害物质的设备。实验室通风柜应具有五项功能,即有效排放有毒、有害、有味气体;有效分隔通风柜内外环境,防止通风柜内产生的气体向柜外扩散;在排出有害气体的同时,从外部吸入新鲜空气;一定的气体吸入速度;耐热及耐酸碱腐蚀。

2. 通风柜分类

1)按排风方式分类

可分为上部排风式、下部排风式和上下同时排风式三类。

2)按风循环方式分类

(1)全排风式通风柜,从室内获取补给进风,在柜内循环后排出室外。

(2)补风式通风柜,从室外获取补给进风,在柜内循环后排出空外。

3)按风量控制方式分类

(1)标准式通风柜,通过人工调节固定叶片的风阀,控制通风柜的排风量达到给定的罩面风速。

(2)变风量通风柜,通过调节阀门的传感器改变风量达到给定的罩面风速。

4)按使用功能分类

(1)不带风机通风柜,通过通风管道将实验中产生的有害气体经由设在室外的通风机排出室外。

(2)带风机通风柜,在通风柜的顶部安装柜顶风机,并通过管道连接。

(3)净化型通风柜,即带净化空气功能的通风柜。

(4)带废气处理装置的通风柜,即在通风柜的侧边或顶部设置废气处理装置的通风柜。

3. 通风柜设置的必要性

实验人员在进行化学实验时,可能会产生有害气体、蒸气、气味、烟雾、挥发物质等,如果不及时将这些有害气体物质排出,可能会损坏实验室内的设备,污染实验室环境,危及实验人员的安全与健康。许多化学实验需要在通风柜内进行。在实验过程中,若产生有害气体,通过排风扇将有害气体从通风管道中排出,目的是减少实验者与有害气体的接触,避免有害气体的残留或通过视窗泄漏到实验室中,有效保证实验人员的安全。因此,凡进行对人体有害气体、蒸气、气味、烟雾、挥发物质等实验工作的实验室场所,应设置通风柜。

4. 通风柜的功能

1)释放功能

应具备将通风柜内部产生的有害气体用吸收柜外气体的方式,使其稀释后排出室外的功能。

2）不导流功能

应具有在通风柜内部由排风机产生的气流使有害气体从通风柜内部不反向流进室内的功能。为确保这一功能的实现，一台通风柜应与一台通风机用单一管道连接，不能用单一管道连接的，也只限于同层同一房间的通风柜能并联，通风机尽可能安装在管道的末端（或屋顶处）。

3）隔离功能

在通风柜前面应用不滑动的玻璃视窗将通风柜内外进行分隔。

4）补充功能

应具有在排出有害气体时，从通风柜外吸入空气的通道或替代装置。

5）控制风速功能

为防止通风柜内有害气体逸出，需要有一定的吸入速度。决定通风柜进风的吸入速度的要素，包括实验内容、产生的热量及与换气次数的关系，主要影响因素是实验内容和有害物的性质。同时，也要注重噪声的控制。通常实验室的（室内背景噪声级）噪声限制值为 70 dBA，增加管道截面积会降低风速，即降低噪声，考虑到管道的经费和施工问题，必须慎重选择管道及排风机的功率。

6）耐热及耐酸碱腐蚀功能

通风柜内有的要安置电炉，有的实验会产生大量酸碱等有毒、有害、具有极强腐蚀性的物质。通风柜的台面、衬板、侧板及选用的水嘴、气嘴等都应具有防腐功能。在半导体行业或腐蚀性实验中使用硫酸、硝酸、氢氟酸等强酸的场合还要求通风柜的整体材料必须防酸碱，须采用不锈钢或 PVC 材料制造。

5. 通风柜类型选择

为保证工作区风速均匀，工作只涉及冷过程或有重金属废气产生时，应采用下部排风式；当通风柜内没有发热体，且产生的有害气体密度比空气大，柜内气流下降，为有效地防止有害气体从操作口下缘逸出，应选择下部排风的通风柜。当通风柜内产生的有害气体密度比空气小，或当通风柜内有发热体（涉及热过程）时，为有效地防止有害气体从操作口上缘逸出，应选择上部排风的通风柜。当通风柜内既有发热体，同时又产生密度大小不等的有害气体时，或涉及发热量不稳定的过程，为有效地适应各种不同操作条件的变化，可在上下均设排风口，随柜内发热量的变化调节上下排风量的比例，宜选择上下联合排风的通风柜，从而得到均匀的风速。

6. 其他材料及配件要求

通风柜的台面、衬板、侧板等应选用阻燃或不燃材料；选用的水嘴、气嘴等都应具有防腐功能且在柜外设远距离操作手把。应有视窗防落销，防止玻璃视窗意外落下。玻璃视窗采用钢化玻璃；应在通风柜上部设置通风孔，确保玻璃视窗全

关闭时也能进入空气,避免产生更大负压;玻璃视窗有效高度不低于 800 m,内腔不小于 1200 m,台面高度应符合人体工程学要求,宜为 750~800 mm。

7. 通风柜安全使用要求

(1)通风柜的罩面风速。当玻璃视窗正常开启,即视窗离台面高度 100~150 m 时,不同用途的通风柜,其罩面风速应分别满足下列要求。

①通风柜的罩面风速不应超过 0.75 m/s;

②操作一般无毒的污染物,罩面风速为 0.25~0.38 m/s;

③操作有毒或有危险的有害物,罩面风速为 0.4~0.5 m/s;

④操作剧毒或有少量放射性物质,罩面风速为 0.5~0.6 m/s;

⑤操作气状物,罩面风速为 0.5 m/s。

⑥应在通风柜表面适当位置,张贴必要的安全操作标识。

(2)在实验开始以前,须确认通风柜处于正常运行状态后才能进行实验操作,程序如下。

①检查电源,给排水、气体等各种开关及管路是否正常;

②打开照明设备,检查视光源及柜体内部是否正常;

③打开抽风机,约 3 分钟内,静听运转是否正常;

④依以上顺序检查时,如有问题,应停止使用,通知相关部门或人员进行处理。

(3)禁止下列操作。

①禁止在通风柜未开启时在其内做实验操作;

②禁止在做实验时将头伸进通风柜内操作或查看;

③禁止通风柜内存放或实验易燃易爆物品;

④禁止将移动插线排或电线放在通风柜内;

⑤禁止通风柜内做相互不相容或相互有影响的实验操作;

⑥禁止在未确认安全的情况下,将所实验的物质放置在通风柜内实验;

⑦禁止在通风柜周围使用明火;

⑧禁止在通风柜内长期堆放化学药品和器材。

(4)一般情况下,应穿工作服,戴好手套和护目镜才能在通风柜内进行实验操作;使用电炉或操作高温设备时必须佩戴防护手套。

(5)应提前熟悉各化学药品性质,确保在通风柜内操作的化学品之间不会发生相互反应。

(6)应缓慢、轻移上下视窗,避免过急操作;实验中,视窗离台面高度为 100~150 m。

（7）实验操作中,在距玻璃视窗 150 m 内不要放任何设备和药品试剂;在通风柜内放置体积较大的仪器设备时,应留出充足的空间,周围避免堆放物品,确保不影响空气的流动。

（8）一旦出现化学物质喷溅、着火等险情,应立即切断电源并正确处置。

（9）如果实验室自然通风效果不佳,在不使用通风柜时,实验室内也要时常通风,确保人员身体健康。在使用通风柜期间,每 2 小时进行 10 分钟的补风（如开窗通风）,使用时间超过 5 小时的,要敞开窗户,避免室内出现负压。

（10）实验结束前至少还要继续运行 5 分钟才可关闭风机,确保全部排出管道内的残留气体。必要时,可考虑安装排风时间延时器,确保通风机延迟运行。

（11）使用完毕后,应清理试剂药品、仪器设备等,擦拭清洁柜体内外之后,关闭各项开关及视窗。

（12）通风柜不应该作为替代化学品储存柜而于柜内储放化学物品及危险废弃物,在通风柜内放置的仪器应尽量减少使用时间,同时将其放置在四角架上。通风柜会因为柜内储放过多的物品以及有效工作空间缩减而造成性能降低,同时会干扰空气的正常流动,造成扰（湍）流。

8. 通风柜日常维护与保养要求

（1）实验室应编制通风柜的使用操作、维护保养作业指导书,经批准后发布,并指定人员做好维护,记录每次维护的内容。

（2）应定期检查排风风机、电线电路、插头插孔、配件等,若发现老化、腐蚀等问题应及时处理;还应定期为电机加注润滑油,确保电机正常运转。

（3）及时倾倒冷凝水。

（4）定期检测通风柜罩面风速,根据通风柜的工作内容,判断其罩面风速是否满足规定的要求。如果不能满足要求,应停止使用,报相关部门或有关人员检查维修。

（5）定期检查、更换吸收塔中的吸收剂、吸附剂。

（6）通风柜应进行日常测试以确保其处于正常运行状态。通风柜必须贴有上次检测时的检测数据报告。

七、空调和供暖

5.2.5　空调和供暖

5.2.5.1　实验室的空调与供暖系统设计应符合 YC/T 554 的规定。

5.2.5.2　存在易燃物品或易燃蒸气的地方,应以间接方式加热;当实验室内的高温能导致可识别的潜在危险时,应提供制冷。

YC/T 554—2017《烟草行业实验室设计规范》对空调和供暖的要求如下。

8.2.1　暖通专业设计应符合 GB50736 规定。

8.2.2　集中供暖应设置热量计量装置,并具备室温调控功能。

8.2.3　散发有害气体的实验设备宜采用局部排风系统。当不能采用局部排风或局部排风达不到卫生要求时,应辅以全面通风或采用全面通风。

8.2.4　每个排风装置宜设对应的排风系统。同一个实验室内的所有排风装置宜合用一个排风系统;不同实验室合用排风系统时,应采取风量平衡及联动启停等自动控制措施。

8.2.5　实验室排风系统宜设置专用管井,排风管道应简洁、顺畅并尽量减少弯头和连接头。

8.2.6　工作时间连续使用排风系统的实验室应设置送风系统,送风量宜为排风量的 70%～90%,并能跟随排风量变化动态调整;对于严寒和寒冷地区,应对冬季送风进行加热处理;夏季送风宜进行冷却处理。送风气流不应破坏实验室排风装置的正常工作。

8.2.7　可能突然放散大量有害气体或有爆炸危险气体的场所应设置事故通风。事故通风量宜根据放散物的种类、安全及卫生浓度要求,按全面排风计算确定,且换气次数不应小于 12 次/h,并应根据放散物的种类,设置相应的检测报警及控制系统。

8.2.8　洁净室压差控制应符合 GB 50073 规定。宜采用动态压力检测及控制方式,以消除过滤器堵塞等因素造成的压力波动。

8.2.9　恒温恒湿及洁净实验室空调室内设计参数应满足工艺要求。

8.2.10　洁净室空调气流组织应按空气洁净度等级确定。

8.2.11　有温度精度要求的实验室,围护结构传热系数应根据室温波动范围,按 GB 50736 关于工艺性空调区维护结构传热系数要求确定;当相对湿度精度同时有要求时,应提高一档执行。

8.2.12　加湿应优先采用蒸气,无蒸气热源且湿度控制精度要求严格时,宜采用电加湿器;湿度要求不高时,可采用高压喷雾或湿膜等绝热加湿器。

8.2.13　空气加热器的热媒宜采用热水,当室温允许波动范围小于 ±1.0 ℃ 时,送风末端的加热器宜采用电热器。

8.2.14　空气处理机组宜安装在空调机房内,空调机房应靠近空调服务区,并保证风管的安装空间及设备的操作、检修空间。

8.2.15　空调风管应做保温处理。

（一）采暖

采暖地区通用实验室的冬季采暖室内计算温度应为 18～20 ℃。采暖系统宜按南北朝向分开环路设置。采暖系统的散热器宜按每个自然开间的采暖热负荷进行设置。采暖系统的散热器其散热量宜有调节的可能性，但布置在更衣间、淋浴间以及热媒有冻结危险场所的散热器除外。采暖系统应在每个环路回水干管末端和每根立管上设带短管的阀门。立管的阀门和泄水用的带短管阀门不宜安装在地沟内。

（二）空气调节和制冷

累年最热月平均温度高于或等于 22 ℃ 地区的通用实验室，当利用自然通风不能满足卫生要求时，可设置机械通风系统。累年最热月平均温度高于或等于 28 ℃ 地区的通用实验室，宜设置空气调节系统。

通用实验室的夏季空气调节室内计算参数：温度 26～28 ℃，相对湿度小于65％。专用实验室的空气调节室内计算参数应按工艺要求确定。

需要设置空气调节的实验室应集中布置。室内温湿度基数、使用班次和消声要求等相近的实验室宜相邻布置。

在不影响科学实验工作的条件下，宜采取局部工艺措施或局部区域的空气调节替代全室性的空气调节。

空气调节宜采取集中与分散相结合的方式进行设置。按标准单元组合设计的通用实验室，其空气调节系统也应按标准单元组合设计。

空气调节系统设计应为实验室的改造和发展提供灵活性。当科学实验工作需要空气调节系统长期连续运转时，空气调节系统宜设置备用设备。

空气调节系统应设置消声和减振装置，空气调节系统的隔热结构和消声结构不得采用可燃烧材料制作。

制冷方式的选择和制冷装置的设置场所应根据热源、电源、水源以及空气调节所需制冷量、冷水温度和工艺需求与特点等情况，经技术、经济比较后确定。

制冷机房的平面与空间和制冷系统管路的输送能力应为科学实验建筑的改建和扩建提供一定的余量。

工作时间内的温度一直低于检测工作所需温度的实验室宜提供长期制热系统，确保在工作过程持续保持适宜的温度。存放易燃物品或易燃蒸气的地方，应以间接方式加热，如集中供暖、空调、地热等方式，避免局部温度过高导致起火或爆炸危险，禁止在室内以电炉和发热体直接加热取暖。当实验室内的高温能导致可识别的潜在危险时，即超过检测仪器设备工作温度和 GB 15603—2022《危险化学品仓库储存通则》规定的温度范围，应提供制冷装置。制冷、制热系统宜设计成使整个实验室的温度维持在满足检测工作所需要的温度。

八、防雷

> 5.2.6　防雷
>
> 5.2.6.1　实验室的建筑物防雷应符合 GB 50057 的规定,存放有大型分析仪器的实验室等特殊场所应开展雷击风险评价,确定防雷等级。火灾自动报警及消防设施的防雷与接地应能防止其被雷击误触发。
>
> 5.2.6.2　实验室的仪器设备应实现等电位连接和接地保护。
>
> 5.2.6.3　实验室所在建筑和特殊场所应每年至少一次检查防雷系统,包括系统的腐蚀情况检查,并测量接地电阻。

雷电具有极大的破坏作用,建筑物是一个群体性的设施,如果建筑物没有安装防雷装置,雷电能够直接损坏建筑物及其室内电子电气设备,甚至造成人员伤亡。为防止或减少雷击建(构)筑物所发生的人身伤亡和文物、财产损失,以及雷击电磁脉冲引发的电气和电子系统损坏或错误运行,做到安全可靠、技术先进、经济合理,需要因地制宜对建(构)筑物采取防雷措施,保障建筑物和人员的安全。

(一)防雷设计要求

实验室的建筑物应符合 GB 50057—2010《建筑物防雷设计规范》的要求,实验室电子信息系统应符合 GB 50343—2012《建筑物电子信息系统防雷技术规范》的要求,实验室安防系统应符合 GA/T 670—2006《安全防范系统雷电浪涌防护技术要求》的要求。

1. 防雷建筑物的分类

(1)遇下列情况之一时,应划为第一类防雷建筑物。

①凡制造、使用或储存火炸药及其制品的危险建筑物,因电火花而引起爆炸、爆轰,会造成巨大破坏和人身伤亡者。

②具有 0 区或 20 区爆炸危险场所的建筑物。

③具有 1 区或 21 区爆炸危险场所的建筑物,因电火花而引起爆炸,会造成巨大破坏和人身伤亡者。

(2)遇下列情况之一时,应划为第二类防雷建筑物。

①国家级重点文物保护的建筑物。

②国家级的会堂、办公建筑物、大型展览和博览建筑物、大型火车站和飞机场、国宾馆,国家级档案馆、大型城市的重要给水泵房等特别重要的建筑物。

③国家级计算中心、国际通信枢纽等对国民经济有重要意义的建筑物。

④国家特级和甲级大型体育馆。

⑤制造、使用或储存火炸药及其制品的危险建筑物,且电火花不易引起爆炸或不致造成巨大破坏和人身伤亡者。

⑥具有 1 区或 21 区爆炸危险场所的建筑物,且电火花不易引起爆炸或不致造成巨大破坏和人身伤亡者。

⑦具有 2 区或 22 区爆炸危险场所的建筑物。

⑧有爆炸危险的露天钢质封闭气罐。

⑨预计雷击次数大于 0.05 次/年的部、省级办公建筑物和其他重要或人员密集的公共建筑物以及火灾危险场所。

⑩预计雷击次数大于 0.25 次/年的住宅、办公楼等一般性民用建筑物或一般性工业建筑物。

(3)遇下列情况之一时,应划为第三类防雷建筑物。

①省级重点文物保护的建筑物及省级档案馆。

②预计雷击次数大于或等于 0.01 次/年,且小于或等于 0.05 次/年的部、省级办公建筑物和其他重要或人员密集的公共建筑物,以及火灾危险场所。

③预计雷击次数大于或等于 0.05 次/年,且小于或等于 0.25 次/年的住宅、办公楼等一般性民用建筑物或一般性工业建筑物。

④在平均雷暴日大于 15 d/年的地区,高度在 15 m 及以上的烟囱、水塔等孤立的高耸建筑物;在平均雷暴日小于或等于 15 d/年的地区,高度在 20 m 及以上的烟囱、水塔等孤立的高耸建筑物。

2. 建筑物防雷设计的基本原则

1)全面性

雷电进入建筑物途径有多种,如沿各种线路、在金属管路中引入瞬间过电压、雷电电磁脉冲、直击雷等,建筑物防雷设计时须综合考虑,针对不同雷电形式进行相应防雷设计。

2)合理性

现代建筑物主要以钢筋混凝土结构或钢结构为主,建筑物体积较大,也有较大抗雷击能力。应综合考虑建筑物结构和防雷要素,提升防雷结构科学性,确保达到最佳效果。

3)层次性

针对需要保护的空间进行不同防雷保护区划分,通过对防雷区层层设防,降低雷电信号对信息系统防雷保护区的干扰。

4)目的性

实际建筑物防雷设计,应以建筑物功能和结构为参考依据,利用科学合理方法进行设计,区别对待建筑物间、建筑物内房间和设备间防雷设计,增强整体防雷性能。

3. 建筑物防雷设计的注意事项

1)接闪器

避雷带支撑高度应参照建筑物女儿墙宽度来确定,若女儿墙宽度较大,可适

当增加避雷带支撑高度;在建筑物几何转弯处增设避雷小针,建筑物顶部突出金属设备和构件均应在避雷针保护范围内,特殊情况不能确保处于避雷针保护范围内时,与避雷带进行等电位连接;避雷装置与各种被保护装置之间处于安全距离内;若为二、三类防雷建筑物,可以将建筑物金属屋面作为接闪器,屋面厚度不大于 0.5 mm 时,需增设其他防雷设施,增强防雷性能。

2)引下线

设计建筑物引下线时,重点考虑影响分流效果因素。引下线直径大小和数量直接影响最终分流效果,当引下线数量增加时,每根引下线分摊的雷电流量会随之减少,引下线之间感应范围也会缩小。

3)均衡电位

钢筋混凝土结构的建筑物内部主要以自然绑扎或焊接钢筋结构为主,具备等电位防雷设计要求。在防雷设计时,为保障建筑物内均为相等电位,应将建筑物内梁、柱、板、基础分别与接闪器装置进行焊接、搭接及绑扎,后将各种金属管线与金属设备卡接或焊接,整个建筑物就形成了稳定等电位体。

4)屏蔽设计

建筑物的屏蔽设计可有效降低雷电电磁脉冲对建筑物内自动控制系统、精密仪器、通信设备及计算机系统的影响和危害,可利用笼式避雷网有效屏蔽电磁脉冲。如果发现建筑物结构构造、楼板和楼内钢筋稀少、钢筋密度不达标,防雷人员应根据实际情况合理增加网格密度。

5)接地设计

在满足设计规范的前提下,可以选择基础钢筋作为建筑物接地装置;如果不满足设计规范,可以选择周圈式接地装置,然后在基础槽最外边进行预埋,应确保接地装置与建筑物间距大于 3 m。木结构和砖混结构建筑物可选择"独立引下线-独立接地",若建筑物周围土壤电阻较大,需要使用尺寸更大的接地极,应选取周围式接地装置。在选取"独立引下线-独立接地"时,可将接地极深埋在 4~12 m 地层中,使得接地极高度与地下水位高度较为接近,减少接地极材料浪费。

6)布线设计

现代化建筑物的电视、计算机、动力、照明灯等对设备管线应用十分普遍,应根据实际情况做好布线设计。为了有效避免防雷装置接闪器对设备管线的影响,应重点做好以下几个方面工作:①将电线使用金属管套住,增强屏蔽可靠性水平;②将主干线垂直部分设置在高层建筑物中心位置处,确保其与引下线柱筋间距适中,如果管线线路较长,应做好线路两端接地处理;③为防止雷击电波侵入,应分别做好电源线路、天线线路引入;④除重点考虑布线屏蔽措施和部位之外,还要在重要线路上安装压敏电阻、避雷器等保护装置。

(二)实验室防雷等级的评价

应对实验室的建筑物中电子设备系统所处环境进行雷击风险评价,确定防雷等级。实验室的建筑物应符合 GB 50057－2010《建筑物防雷设计规范》的有关规定,建筑物根据其重要性、使用性质、发生雷电事故的可能性和后果,按防雷要求分为三类,分别为第一类防雷建筑物、第二类防雷建筑物、第三类防雷建筑物。

(三)实验室设备的等电位连接和接地保护

等电位连接将分开的金属物体直接用连接导体或经电涌保护器连接到防雷装置上,用以减小雷电流引发的电位差。电气和电子设备的金属外壳、机柜、机架、金属管、槽、屏蔽线缆外层、信息设备防静电接地、安全保护接地、浪涌保护器(SPD)接地端等均应以最短的距离与等电位连接网络的接地端子连接。

1. 等电位连接和接地保护的作用原理

等电位连接是指将两个或多个电气设备或电气系统的金属部分用导体连接在一起,使之成为等电位体。通过等电位连接,可以保证所有被连接在一起的设备的电势相同,从而减小电场强度和电位差,达到保护设备和人员的目的。

接地保护则是将电气设备或电气系统的金属部分通过导体接地,使之与大地形成电位接近于零的等电位体。当设备发生漏电等电气故障时,电流通过接地导线进入大地,从而避免电流对人体和设备的损害。

2. 等电位连接和接地保护的适用范围

等电位连接主要应用于电气设备及线路的金属壳体、容器和管道等金属部分,尤其是在火灾自动报警系统、通风设备、排污系统、船舶的金属结构等领域得到广泛应用。

接地保护适用于电气设备、线路和构筑物的金属结构、基础和其他带电部分。这些设备主要包括变电站、电力线路、敏感电子设备等。此外,建筑物的接地设施也是基本的安全保障措施之一。

3. 等电位连接和接地保护的实现方式

等电位连接可以通过铜排、钢筋或铜线连接来实现。连接的部位必须要使用专用接头,且接头质量要求高,以确保导通性和稳定性。

接地保护则是通过接地装置、接地极、接地体等来实现。接地装置包括接地线、接地极、接地体等,接地极和接地体又可分为自然接地和人工接地两种形式。

4. 等电位连接和接地保护的效果

等电位连接可以减小电场强度和电位差,从而达到延长设备寿命的目的。另外,在短路时可以扩大短路电流,加速电流保护器动作,从而保护电气设备。

接地保护可以防止电气设备的金属部分和人体形成较大的电位差,使其电位接近于零,从而保证人身安全。此外,接地保护还可以减小放电干扰,提高设备的抗干扰能力。

总的来说,等电位连接和接地保护是电气系统中的重要保护措施,在实现方式和作用原理上有所不同。等电位连接主要应用于设备和线路的金属部分,通过

连接来降低电场强度和电位差,保护设备和人员。而接地保护主要应用于设备和线路的金属部分及构筑物的基础等带电部分,通过接地来防止电气设备的金属部分和人体形成电位差,并保证了设备的安全运行。

(四)防雷设施的装置与管理

1. 维护

(1)防雷装置的维护分为周期性维护和日常性维护两类。周期性维护的周期为每年雷雨季节到来之前进行一次全面检测,包括系统的腐蚀情况检查,并测量接地电阻,系统的接地电阻应不大于 4 Ω。日常性维护,应在每次雷击之后进行。在雷电活动强烈的地区,对防雷装置应随时进行目测检查。

(2)检测外部防雷装置的电气连续性,若发现有脱焊、松动和锈蚀等,应进行相应的处理,特别是在断接卡或接地测试点处,应进行电气连续性测量。

检查避雷针、避雷带(网、线)、杆塔和引下线的腐蚀情况及机械损伤,包括由雷击放电所造成的损伤情况。若有损伤,应及时修复;当锈蚀部位超过截面的三分之一时,应更换。

(3)测试接地装置的接地电阻值,若测试值大于规定值,应检查接地装置和土壤条件,找出变化原因,采取有效的整改措施。

(4)检测内部防雷装置和设备(金属外壳、机架)等电位连接的电气连续性,若发现连接处松动或短路,应及时修复。

(5)检查各类浪涌保护器的运行情况:有无接触不良、漏电流是否过大、发热是否严重、绝缘是否良好、积尘是否过多等,若出现故障,应及时排除。

2. 管理

(1)防雷装置应由熟悉雷电防护技术的专职或兼职人员负责管理。

(2)防雷装置投入使用后,应建立管理制度。对防雷装置的设计、安装、隐蔽工程图纸资料、年检测试记录等,均应及时归档,妥善保管。

九、安防

> 5.2.7 安防
>
> 5.2.7.1 实验室应设置安防措施,避免无授权人员进入,如:门禁系统。
>
> 5.2.7.2 安防系统设计应优先考虑消防和应急要求。涉及剧毒品、放射源、易制爆危化品储存场所的治安防范要求应符合 GA 1002 和 GA 1511 的规定。

(一)实验室设置安防措施的必要性

实验室设置安防措施出于满足法规要求和保障自身经营秩序的需要。《企业事业单位内部治安保卫条例》第二条规定"单位内部治安保卫工作贯彻预防为主、单位负责、突出重点、保障安全的方针。"检测实验室的检测工具有其特殊性,实验室应设置必要的安防措施,如门禁系统,保护实验室人员人身、财和样品安全,避免无授权人员进入。

(二)实验室设置安防措施的原则

(1)"人防、物防、技防相结合"的原则。

(2)安防措施的防护级别与风险等级相适应的原则。

实验室内各类建筑物由于使用目的的不同,面临的安全风险各异,同一建筑物内不同的区域,由于使用目的、所处位置不同,其安全风险也不同,而防护级别与风险等级的确定,应依据国家或部门的相关法规、规章进行界定。

(3)保护实验室人员的人身安全原则,应优先考虑消防、应急等人员紧急逃生的设施。

(4)安防系统的配置应采用先进而成熟的技术、可靠而适用的设备。

(5)安防系统中使用的设备必须符合国家法规和现行相关标准的要求,并经检验或认证合格。

(三)实验室安防设施的构成和通用要求

1. 安防设施构成

安防设施一般由安全管理系统和若干个相关子系统构成,具体如下。

1)入侵报警系统

应能根据被防护对象的使用功能及安全防范管理的要求,对设防区域的非法入侵、盗窃、破坏和抢劫等,进行实时有效的探测与报警。高风险防护对象的入侵报警系统应有报警复核(声音)功能。系统不得有漏报警,误报警率应符合工程合同书的要求。

2)视频安防监控系统

应符合 GA/T 367—2021《视频安防监控系统技术要求》等相关标准的要求。系统应能根据建筑物的使用功能及安全防范管理的要求,对必须进行视频安防监控的场所、部位、通道等进行实时、有效地视频探测、视频监视,图像显示、记录与回放宜具有视频入侵报警功能。与入侵报警系统联合设置的视频安防监控系统,应有图像复核功能,宜有图像复核加声音复核功能。

3)出口控制系统

系统应能根据建筑物的使用功能和安全防范管理的要求,对需要控制的各类出入口,按各种不同的通行对象及其准入级别,对进、出实施实时控制与管理,并应具有报警功能。出入口控制系统的设计应符合 GA/T 394—2002《出入口控制系统技术要求》等相关标准的要求。人员安全疏散口应符合国家现行标准 GB 50016—2014《建筑设计防火规范》的要求。防盗安全门、访客对讲系统、可视对讲

系统应分别符合国家现行标准 GB 17565—2022《防盗安全门通用技术条件》、GA/T 72—2013《楼寓对讲电控安全门通用技术条件》和 GA/T 678—2007《联网型可视对讲系统技术要求》的技术要求。

4)电子巡查系统

系统应能根据建筑物的使用功能和安全防范管理的要求,按照预先编制的保安人员巡查程序,通过信息识读器或其他方式对保安人员巡逻的工作状态(是否准时、是否遵守顺序等)进行监督、记录,并能根据意外情况及时报警。

5)其他子系统

应根据安全防范管理工作对各类建筑物、构筑物的防护要求或对建筑物、构筑物内特殊部位的防护要求,设置其他特殊的安全防范子系统,如防爆安全检查系统、专用的高安全实体防护系统、各类周界防护系统等。

2. 安防设施设备、器材的安全性指标要求

安防设施所用设备、器材的安全性指标应符合现行国家标准 GB 16796—2022《安全防范报警设备 安全要求和试验方法》和相关产品标准规定的安全性能要求。

3. 安防设施人员安全要求

安防设施的设计应防止造成对人员的伤害,应符合下列规定。

(1)所用设备及其安装部件的机械结构应有足够的强度,应能防止由于机械重心不稳、安装固定不牢、突出物和锐利边缘以及显示设备爆裂等造成对人员的伤害。系统的任何操作都不应对现场人员的安全造成危害。

(2)所用设备产生的气体、X 射线、激光辐射和电磁辐射等应符合国家相关标准的要求,不能损害人体健康。

(3)系统和设备应有防人身触电、防火、防过热的保护措施。

(4)监控中心(控制室)的面积、温度、湿度、采光及环保要求、自身防护能力、设备配置、安装、控制操作设计、人机界面设计等均应符合人机工程学原理。

4. 安防设施环境要求

安防设施的设计应符合其使用环境(如室内外温度、湿度、大气压等)的要求。

(1)系统所使用设备、部件、材料的环境适应性应符合 GB/T 15211—2013《安全防范报警设备 环境适应性要求和试验方法》中相应严酷等级的要求。

(2)在有腐蚀性气体和易燃易爆环境下工作的系统设备、部件、材料,应采取符合国家现行相关标准规定的保护措施。

(3)在有声、光、热、振动等干扰源环境中工作的系统设备、部件、材料,应采取相应的抗干扰或隔离措施。

(四)涉及剧毒品、放射源、易制爆危险化学品储存场所的治安防范要求

GA 1002—2012《剧毒化学品、放射源存放场所治安防范要求》规定了剧毒化学品、放射源存放场所(部位)的风险等级划分与治安防范级别、治安防范要求和管理要求。适用于剧毒化学品、放射源存放场所(部位)治安防范系统的设计、建设、验收和管理。

GA 1511—2018《易制爆危险化学品储存场所治安防范要求》规定了易制爆危险化学品储存场所的分类、防护区域和部位、人力防范要求、实体防范要求、技术防范要求,以及安全防范系统的检验、验收、运行与维护。适用于易制爆危险化学品储存场所以治安防范为目的的安全防范系统的建设、运行和管理。

第四节　物　　料

一、概述

《要求》涉及的实验室物料包括危险化学品、气体钢瓶和实验室仪器设备。

其中危险化学品包括危险化学品安全技术说明书、危险化学品安全标签、存储、使用、领用和溢出物管理六部分;气体钢瓶包括气体钢瓶储存安全要求和气体钢瓶使用安全要求两部分;实验室仪器设备包括仪器设备通用管理要求,仪器设备的安装、调试,仪器设备的安全操作和仪器设备的维护四方面内容。物料框架如图 5-6 所示。

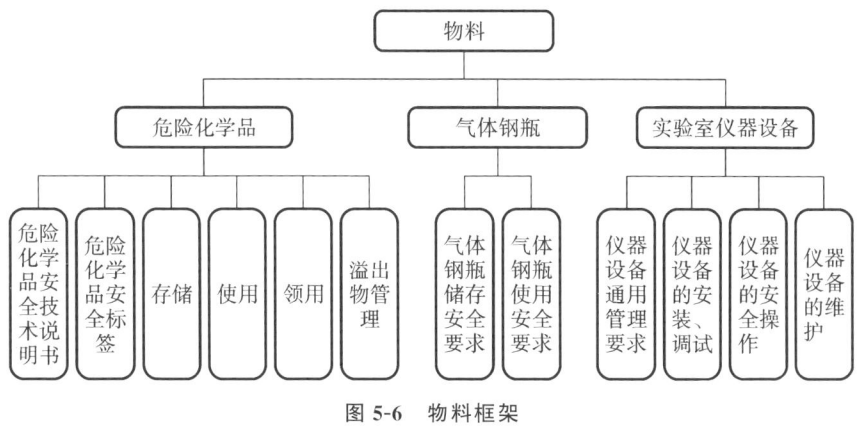

图 5-6　物料框架

物料是实验室检测试验顺利开展的基础和保障。实验室物料是重要的物资,

需要妥善管理、使用,并进行必要的检查和考核。实验室应明确实验室的安全负责人、检验物料的管理部门。管理部门应制定相应的采购、保管、使用的程序和相应的考核制度。物料使用部门应明确本部门的安全责任人和耗材管理人员。实验室应对物料的管理工作进行必要的检查和考核。对物料保存使用过程中容易产生的问题的关键点加以明确和控制,定期进行监督检查和考核。培养良好规范的物料使用习惯,引导检验物料管理工作有序合理地开展,保证实验安全和检验数据准确。

二、标准条款

5.3.1 危险化学品

5.3.1.1 危险化学品安全技术说明书

危险化学品应有符合 GB/T 16483 规定的危险化学品安全技术说明书(SDS)。危险化学品安全技术说明书应妥善保管。实验室应保证实验室人员能方便获得危险化学品安全技术说明书。

5.3.1.2 危险化学品安全标签

5.3.1.2.1 危险化学品包装物上应有符合 GB 15258 规定的化学品安全标签。

5.3.1.2.2 当危险化学品由原包装物转移或分装到其他包装物内时,转移或分装后的包装物应及时重新粘贴安全标签。

5.3.1.2.3 安全标签若脱落或损坏,经检查确认后应补贴。

5.3.1.3 存储

5.3.1.3.1 危险化学品存储应按危险化学品类别,进行分类存储。危险化学品分类可参考《危险化学品目录》。危险化学品的储存方法应符合 GB 15603、GB 17914、GB 17915 和 GB 17916 的要求。对于剧毒化学品、易制毒化学品、易制爆化学品等化学品的存储应严格按照国家相关法律法规要求。

5.3.1.3.2 危险化学品存储过程中隔离工作可采用下列化学品分类方法:

a)爆炸品(第 1 类);

b)压缩气体和液化气体(第 2 类);

c)易燃液体(第 3 类);

d)易燃固体、自燃物品和遇湿易燃物品(第 4 类);

e)氧化剂和过氧化物(第 5 类);

f)毒害品和感染性物品(第 6 类);

g)放射性物品(第 7 类);

h)腐蚀品(第 8 类)。

5.3.1.3.3　危险化学品应存放在危险化学品仓库、中间仓库、气瓶间等专门场所或实验室现场专用储存柜内,不应露天存放。危险化学品存储场所的消防平面布置图、耐火等级、防火间距应符合 GB 50016 的要求。

5.3.1.3.4　危险化学品存放应符合以下要求:

a)危险化学品应存放在专用储存柜内,易燃易爆危险化学品储存柜应具有防火或防爆功能,并采取强制通风、防静电接地等安全技术措施;

b)需低温存放的易燃易爆化学品应存放在具有防火或防爆功能的冰箱内;

c)腐蚀性化学品应单独存放在具有防腐蚀功能的储存柜内,并有防泄漏托盘;

d)剧毒化学品应单独存放在双锁的专用储存柜中,实行"双人收发、双人记账、双人双锁、双人运输、双人领用"制度管理;

e)爆炸品、易制爆危险化学品和易制毒化学品应 GA 1002 和 GA 1511 相应的管理要求;

f)危险化学品应标签完整,包装不应泄漏、生锈和损坏,封口应严密,不应使用试验用器皿盛放化学试剂和样品;

g)危险化学品存储量不应超过储存场所设计的最大允许量,对纳入法规管控的化学品,剧毒化学品、易制毒化学品、易制爆化学品的存储量应按国家及地方政府的要求执行;

h)实验室储存危险化学品应当建立危险化学品出入库核查、登记制度。凡包装、标志不符合国家标准,或破损、残缺、渗漏、变形及物品变质、分解的,严禁出入库。

5.3.1.4　使用

5.3.1.4.1　实验操作人员应熟悉化学品安全技术说明书(SDS),掌握化学品的危险特性,使用时做好个体防护。

5.3.1.4.2　应在危险化学品使用场所的显著位置张贴或悬挂岗位安全操作规程和现场应急处置方案。

5.3.1.5　领用

5.3.1.5.1　危险化学品的领用应严格执行审批制度。

5.3.1.5.2　危险化学品的发放应有专人负责,并根据实际需要的最低数量发放,认真填写领用记录。

5.3.1.5.3　剧毒化学品、爆炸性化学品、强腐蚀性化学品、易制毒化学品和易制爆危险化学品等的领取,应由两人以当日实验的用量领取,如有剩余应

在当日由双人退回。

5.3.1.5.4　领用时应填写危险化学品领用记录,按品种、规格记录购入、发放、退回的日期、经手人、数量以及结存数量和存放地点。领用剧毒化学品、爆炸性化学品、强腐蚀性化学品、易制毒化学品和易制爆危险化学品时还应详细记载用途。

5.3.1.6　溢出物管理

5.3.1.6.1　基本要求

应防止化学品泄漏或溢出,应针对溢出物的危害(毒性、腐蚀性、可燃性及环境危害性等)和溢出物的量编制专项应急预案或应急处置方案,包括:培训实验室人员正确地处理事故、编制操作规程、提供有关信息的来源,以帮助实验室人员能够正确地了解特殊的环境情况等,应对溢出评价结果进行审查,综合考虑 SDS、法律法规以及其他材料的相关信息。一旦发生泄漏或溢出事故,应立即执行专项应急预案或应急处置方案。

应急处置材料和设备应存放于合适易取的地方。

5.3.1.6.2　通风柜内溢出物的控制

500 mL 以下的泄漏可采用合适的吸附剂吸收或擦净。如果出现更大的溢出、泄漏或破裂,则应采取更进一步的措施。

通风柜内的溢出物建议采用下列程序进行处置:

——确保通风柜正常工作;

——在溢出物上覆盖专用的吸收材料或中和剂;

——对靠近溢出物的污染材料和设备以及通风柜的表面进行清洁;

——在通风柜内脱下防护手套。衣服如被污染应立即脱下,清洗干净手和手臂;

——对任何废弃物和已用过的吸收剂按规定程序进行处置。

5.3.1.6.3　通风柜外溢出物的控制

应有充分的防护措施,并尽可能减少发生泄漏的概率,实验室内外、公共区域的化学品的移动均应考虑在内。泄漏的处置应考虑泄漏物质的数量、物理、化学性质、泄漏方式等因素。

5.3.2　气体钢瓶

5.3.2.1　气体钢瓶储存安全要求

气体钢瓶应按 YC/T 554—2017 中 5.5.4 的要求储存在气瓶间。

5.3.2.2　气体钢瓶使用安全要求

5.3.2.2.1　使用前对气瓶及其附件、盛装气体进行确认,不符合安全技术要求的气瓶严禁使用。

5.3.2.2.2　气瓶应配有安全帽、防震圈和防倾倒装置。空、实瓶应分开放置。气瓶不应靠近热源,可燃、助燃气体气瓶与明火间距应大于 10 m,可燃、助燃气体气瓶之间距离不小于 5 m。

5.3.2.2.3　气瓶内气体不能用尽,必须留有剩余压力或重量,永久气体气瓶的剩余压力应不小于 0.05 MPa;液化气体气瓶应留有不少于 0.5% 规定充装量的剩余气体。

5.3.2.2.4　乙炔等易燃气体的气瓶严禁在通风不良或有放射性射线场所使用,严禁敲击、碰撞;严禁在气瓶体上引弧或放置在绝缘体上使用。

5.3.2.2.5　乙炔等易燃气体气瓶的瓶阀出口处应配置专用的减压器和回火防止器,正常使用的减压器指示的放气压力不应超过 0.15 MPa,放气流量不应超过 0.05 m³/h·L。

5.3.2.2.6　乙炔等易燃气体的气瓶在使用过程中,开闭瓶阀要轻缓,操作人员应站在阀口的侧面;暂时中断使用时,应关闭气瓶阀。

5.3.3　实验室仪器设备

5.3.3.1　仪器设备通用管理要求

5.3.3.1.1　应对仪器设备在采购、安装、调试、使用、操作和维护过程进行安全管控,以保证仪器设备满足实验要求。

5.3.3.1.2　凡有可能对人体产生伤害的仪器设备、实验区域应设置相应的安全警示标志。

5.3.3.1.3　实验室根据需要应配备灭火毯、防毒面具、防护镜和防护口罩等相应的防护用品。

5.3.3.1.4　凡经常使用强酸、强碱、有化学品烧伤危险的实验室,在出口就近处应设置紧急喷淋器及应急眼睛冲洗器,紧急喷淋器及应急眼睛冲洗器的给水管应配置过滤系统。

5.3.3.1.5　在精密仪器室、高压仪器设备间和高温仪器设备间等重要部位宜安装监控系统。

5.3.3.2　仪器设备的安装、调试

5.3.3.2.1　仪器设备应根据制造商的安装指南由制造商或经销商的技术人员或专业技术人员进行安装调试。

5.3.3.2.2　全新、改装过的或修理过的仪器设备应经安全测试符合要求后方可使用。

5.3.3.2.3　仪器设备制造商应提供详细的安装及操作说明书。相关人员

在操作仪器设备前应详细阅读操作说明书。操作说明书的存放应便于操作和维护人员取阅。

5.3.3.3　仪器设备的安全操作

5.3.3.3.1　操作人员应经过培训,熟悉仪器的性能、用途、使用方法,应按照各种仪器设备的操作规程安全使用实验室仪器设备。

5.3.3.3.2　应在操作前对易产生危险的操作进行风险评估,以减少危险或确认替代的操作。若替代操作不可行时,则该操作应被隔离或修改,以减少操作者的危险。

5.3.3.3.3　使用过程中如发现仪器设备有异常现象应立即停止使用,查明原因,排除故障,对检测结果有影响的,应重新检定合格后,方可继续使用。

5.3.3.3.4　应对无人照看的仪器设备在人员减少或工作时间外的安全运行作出安排。

5.3.3.3.5　宜考虑使用自动设备来移动部件、材料以及加工设备中物料的进出,以减少操作人员的可能危险。

5.3.3.4　仪器设备的维护

5.3.3.4.1　所有的维护工作应由具备资质人员按照设备制造商的说明书的操作规程执行。

5.3.3.4.2　开始工作前,维护人员应被告知场所的危险源,以及维护工作可能对实验室现场人员造成的危险。

5.3.3.4.3　维护时应断开仪器设备的动力源。若为了维护工作的进行,使仪器设备在安全联锁装置失效的状态下运行,应在维护工作开始前进行风险辨识并制定有效的管控措施,防止事故发生。安全联锁装置或其他安全装置不能保护维护人员时,应有措施确保仪器设备在关闭状态下不再次启动。维护的仪器设备可能存有余能,开始维护工作前,仪器设备的运动部件应处于限制动作状态,或确认仪器设备已处于卸能状态。

5.3.3.4.4　可能存有危险物质残留物的仪器设备,在维护工作开始前,应清洁仪器设备,去除危险物质残留物,并告知维护人员。

5.3.3.4.5　维护人员移动实验室内固定安装仪器设备,应事先得到实验室负责人批准。

5.3.3.4.6　维护完成后,应按照本标准5.3.3.2.2要求,核查仪器设备以确保其正常使用。

5.3.3.4.7　仪器设备的维护和保养应按照说明书定期进行。

三、危险化学品

5.3.1　危险化学品

5.3.1.1　危险化学品安全技术说明书

危险化学品应有符合 GB/T 16483 规定的危险化学品安全技术说明书（SDS）。危险化学品安全技术说明书应妥善保管。实验室应保证实验室人员能方便获得危险化学品安全技术说明书。

5.3.1.2　危险化学品安全标签

5.3.1.2.1　危险化学品包装物上应有符合 GB 15258 规定的化学品安全标签。

5.3.1.2.2　当危险化学品由原包装物转移或分装到其他包装物内时，转移或分装后的包装物应及时重新粘贴安全标签。

5.3.1.2.3　安全标签若脱落或损坏，经检查确认后应补贴。

5.3.1.3　存储

5.3.1.3.1　危险化学品存储应按危险化学品类别，进行分类存储。危险化学品分类可参考《危险化学品目录》。危险化学品的储存方法应符合 GB 15603、GB 17914、GB 17915 和 GB17916 的要求。对于剧毒化学品、易制毒化学品、易制爆化学品等化学品的存储应严格按照国家相关法律法规要求。

5.3.1.3.2　危险化学品存储过程中隔离工作可采用下列化学品分类方法：

a）爆炸品（第 1 类）；

b）压缩气体和液化气体（第 2 类）；

c）易燃液体（第 3 类）；

d）易燃固体、自燃物品和遇湿易燃物品（第 4 类）；

e）氧化剂和过氧化物（第 5 类）；

f）毒害品和感染性物品（第 6 类）；

g）放射性物品（第 7 类）；

h）腐蚀品（第 8 类）。

5.3.1.3.3　危险化学品应存放在危险化学品仓库、中间仓库、气瓶间等专门场所或实验室现场专用储存柜内，不应露天存放。危险化学品存储场所的消防平面布置图、耐火等级、防火间距应符合 GB 50016 的要求。

5.3.1.3.4　危险化学品存放应符合以下要求：

a）危险化学品应存放在专用储存柜内，易燃易爆危险化学品储存柜应具有防火或防爆功能，并采取强制通风、防静电接地等安全技术措施；

b)需低温存放的易燃易爆化学品应存放在具有防火或防爆功能的冰箱内;

c)腐蚀性化学品应单独存放在具有防腐蚀功能的储存柜内,并有防泄漏托盘;

d)剧毒化学品应单独存放在双锁的专用储存柜中,实行"双人收发、双人记账、双人双锁、双人运输、双人领用"制度管理;

e)爆炸品、易制爆危险化学品和易制毒化学品应 GA 1002 和 GA 1511 相应的管理要求;

f)危险化学品应标签完整,包装不应泄漏、生锈和损坏,封口应严密,不应使用试验用器皿盛放化学试剂和样品;

g)危险化学品存储量不应超过储存场所设计的最大允许量,对纳入法规管控的化学品,剧毒化学品、易制毒化学品、易制爆化学品的存储量应按国家及地方政府的要求执行;

h)实验室储存危险化学品应当建立危险化学品出入库核查、登记制度。凡包装、标志不符合国家标准,或破损、残缺、渗漏、变形及物品变质、分解的,严禁出入库。

5.3.1.4　使用

5.3.1.4.1　实验操作人员应熟悉化学品安全技术说明书(SDS),掌握化学品的危险特性,使用时做好个体防护。

5.3.1.4.2　应在危险化学品使用场所的显著位置张贴或悬挂岗位安全操作规程和现场应急处置方案。

5.3.1.5　领用

5.3.1.5.1　危险化学品的领用应严格执行审批制度。

5.3.1.5.2　危险化学品的发放应有专人负责,并根据实际需要的最低数量发放,认真填写领用记录。

5.3.1.5.3　剧毒化学品、爆炸性化学品、强腐蚀性化学品、易制毒化学品和易制爆危险化学品等的领取,应由两人以当日实验的用量领取,如有剩余应在当日由双人退回。

5.3.1.5.4　领用时应填写危险化学品领用记录,按品种、规格记录购入、发放、退回的日期、经手人、数量以及结存数量和存放地点。领用剧毒化学品、爆炸性化学品、强腐蚀性化学品、易制毒化学品和易制爆危险化学品时还应详细记载用途。

5.3.1.6　溢出物管理

5.3.1.6.1　基本要求

应防止化学品泄漏或溢出,应针对溢出物的危害(毒性、腐蚀性、可燃性及环境危害性等)和溢出物的量编制专项应急预案或应急处置方案,包括:培训实验室人员正确地处理事故、编制操作规程、提供有关信息的来源,以帮助实验室人员能够正确地了解特殊的环境情况等,应对溢出评价结果进行审查,综合考虑 SDS、法律法规以及其他材料的相关信息。一旦发生泄漏或溢出事故,应立即执行专项应急预案或应急处置方案。

应急处置材料和设备应存放于合适易取的地方。

5.3.1.6.2　通风柜内溢出物的控制

500 mL 以下的泄漏可采用合适的吸附剂吸收或擦净。如果出现更大的溢出、泄漏或破裂,则应采取更进一步的措施。

通风柜内的溢出物建议采用下列程序进行处置:

——确保通风柜正常工作;

——在溢出物上覆盖专用的吸收材料或中和剂;

——对靠近溢出物的污染材料和设备以及通风柜的表面进行清洁;

——在通风柜内脱下防护手套。衣服如被污染应立即脱下,清洗干净手和手臂;

——对任何废弃物和已用过的吸收剂按规定程序进行处置。

5.3.1.6.3　通风柜外溢出物的控制

应有充分的防护措施,并尽可能减少发生泄漏的概率,实验室内外、公共区域的化学品的移动均应考虑在内。泄漏的处置应考虑泄漏物质的数量、物理、化学性质、泄漏方式等因素。

【解读】　此部分条款规定了实验室危险化学品的相关安全要求,包括危险化学品安全技术说明书、危险化学品安全标签、存储、使用、领用和溢出物管理六部分内容。

（一）危险化学品安全技术说明书

5.3.1.1　危险化学品安全技术说明书

危险化学品应有符合 GB/T 16483 规定的危险化学品安全技术说明书(SDS)。危险化学品安全技术说明书应妥善保管。实验室应保证实验室人员能方便获得危险化学品安全技术说明书。

危险化学品安全技术说明书提供了化学品(物质或混合物)在安全、健康和环境保护等方面的信息,推荐了防护措施和紧急情况下的应对措施。在一些国家,

化学品安全技术说明书又被称为物质安全技术说明书（MSDS），但在 GB/T 16483—2018《化学品安全技术说明书 内容和项目顺序》标准中同意使用化学品安全技术说明书这一称谓。危险化学品安全技术说明书应放置在实验室现场，能方便实验室人员第一时间获得。

烟草实验室应根据自身检测业务领域工作的特点，寻找使用的危险货物和有害物质，特别是对会影响实验室安全的化学品危险源，物料管理人员应对使用的危险化学品物料和有害物质的种类、使用数量及其安全信息等进行详细登记，制定相应物料清单，并形成记录。物料清单的记录表应是动态的，应随着物料（如检测样品和消耗性材料等）的出入变化而进行相应的动态更新，同时物料清单还应配备相应物料的化学品安全技术说明书，以便在出现异常时能够进行正确处理。

化学品安全技术说明书是用来描述化学品的物理和化学特性，并提供化学品安全处理和使用建议的文件，其内容包括安全、健康和环境保护等方面的信息，暴露控制，安全处理与储存，应急操作步骤及清理等，是实验室化学品安全管理的基础信息来源。

《危险化学品安全管理条例》第三十七条：危险化学品经营企业不得向未经许可从事危险化学品生产、经营活动的企业采购危险化学品，不得经营没有化学品安全技术说明书或者化学品安全标签的危险化学品。

《危险化学品安全管理条例》第七十八条：有下列情形之一的，由安全生产监督管理部门责令改正，可以处 5 万元以下的罚款；拒不改正的，处 5 万元以上 10 万元以下的罚款；情节严重的，责令停产停业整顿。

（1）生产、储存危险化学品的单位未对其铺设的危险化学品管道设置明显的标志，或者未对危险化学品管道定期检查、检测的。

（2）进行可能危及危险化学品管道安全的施工作业，施工单位未按照规定书面通知管道所属单位，或者未与管道所属单位共同制定应急预案、采取相应的安全防护措施，或者管道所属单位未指派专门人员到现场进行管道安全保护指导的。

（3）危险化学品生产企业未提供化学品安全技术说明书，或者未在包装（包括外包装件）上粘贴、拴挂化学品安全标签的。

（4）危险化学品生产企业提供的化学品安全技术说明书与其生产的危险化学品不相符，或者在包装（包括外包装件）粘贴、拴挂的化学品安全标签与包装内危险化学品不相符，或者化学品安全技术说明书、化学品安全标签所载明的内容不符合国家标准要求的。

（5）危险化学品生产企业发现其生产的危险化学品有新的危险特性不立即公告，或者不及时修订其化学品安全技术说明书和化学品安全标签的。

（6）危险化学品经营企业经营没有化学品安全技术说明书和化学品安全标签的危险化学品的。

（7）危险化学品包装物、容器的材质以及包装的形式、规格、方法和单件质量（重量）与所包装的危险化学品的性质和用途不相适应的。

（8）生产、储存危险化学品的单位未在作业场所和安全设施、设备上设置明显的安全警示标志，或者未在作业场所设置通信、报警装置的。

（9）危险化学品专用仓库未设专人负责管理，或者对储存的剧毒化学品以及储存数量构成重大危险源的其他危险化学品未实行双人收发、双人保管制度的。

（10）储存危险化学品的单位未建立危险化学品出入库检查、登记制度的。

（11）危险化学品专用仓库未设置明显标志的。

（12）危险化学品生产企业、进口企业不办理危险化学品登记，或者发现其生产、进口的危险化学品有新的危险特性不办理危险化学品登记内容变更手续的。

GB/T 16483—2008《化学品安全技术说明书 内容和项目顺序》规定化学品安全技术说明书的内容和通用形式。化学品安全技术说明书将按照下面 16 部分提供化学品的信息，每部分的标题、编号和前后顺序不应随意变更。

（1）化学品及企业标识。

（2）危险性概述。

（3）成分/组成信息。

（4）急救措施。

（5）消防措施。

（6）泄漏应急处理。

（7）操作处置与储存。

（8）接触控制和个体防护。

（9）理化特性。

（10）稳定性和反应性。

（11）毒理学信息。

（12）生态学信息。

（13）废弃处置。

（14）运输信息。

（15）法规信息。

（16）其他信息。

化学品安全技术说明书的每一页都要注明该种化学品的名称，名称应与标签上的名称一致，同时注明日期和编号。日期是指最后修订的日期，页码中应包括总的页数，或者显示总页数。

化学品安全技术说明书正文的书写应该简明、扼要、通俗易懂。推荐采用常用词语,使用用户可接受的语言书写。

(二)危险化学品安全标签

> 5.3.1.2 危险化学品安全标签
>
> 5.3.1.2.1 危险化学品包装物上应有符合 GB 15258 规定的化学品安全标签。
>
> 5.3.1.2.2 当危险化学品由原包装物转移或分装到其他包装物内时,转移或分装后的包装物应及时重新粘贴安全标签。
>
> 5.3.1.2.3 安全标签若脱落或损坏,经检查确认后应补贴。

物料的安全标签和标识应标注充分必要的信息,用以清晰界定不同物料,让实验室使用人员一目了然地识别该物料以及相关危险特性。而化学品安全技术说明书规定的 16 个方面的信息,内容较多,不易快速识别,但能告知使用者该物质可能的危害,提供物质储存、处理和清理等更全面的信息。

标签和标识的编写应符合 GB 15258—2009《化学品安全标签编写规定》和 GB 13690—2009《化学品分类和危险性公示 通则》的相关要求。

标识和标签的内容一般应包括:样品名称、化学成分、UN 号、危险标识、危险图标、危险性说明、储存要求、泄漏处理、急救、灭火处理、防火措施,以及其他必要的信息。

GB 15258—2009《化学品安全标签编写规定》的相关条文如下。

> 4 标签
>
> 4.1 标签要素
>
> 包括化学品标识、象形图、信号词、危险性说明、防范说明、应急咨询电话、供应商标识、资料参阅提示语等。
>
> 4.2 内容
>
> 4.2.1 化学品标识
>
> 用中文和英文分别标明化学品的化学名称或通用名称。名称要求醒目清晰,位于标签的上方。名称应与化学品安全技术说明书中的名称一致。
>
> 对混合物应标出对其危险性分类有贡献的主要组分的化学名称或通用名、浓度或浓度范围。当需要标出的组分较多时,组分个数以不超过 5 个为宜。对于属于商业机密的成分可以不标明,但应列出其危险性。
>
> 4.2.2 象形图
>
> 采用 GB 20576~GB 20599、GB 20601~GB 20602 规定的象形图。

4.2.3　信号词

根据化学品的危险程度和类别,用"危险""警告"两个词分别进行危害程度的警示。信号词位于化学品名称的下方,要求醒目、清晰。根据 GB 20576～GB 20599、GB 20601～GB 20602,选择不同类别危险化学品的信号词。

4.2.4　危险性说明

简要概述化学品的危险特性。居信号词下方。根据 GB 20576～GB 20599、GB 20601～GB 20602,选择不同类别危险化学品的危险性说明。

4.2.5　防范说明

表述化学品在处置、搬运、储存和使用作业中所必须注意的事项和发生意外时简单有效的救护措施等,要求内容简明扼要、重点突出。该部分应包括安全预防措施、意外情况(如泄漏、人员接触或火灾等)的处理、安全储存措施及废弃处置等内容。

4.2.6　供应商标识

供应商名称、地址、邮编和电话等。

4.2.7　应急咨询电话

填写化学品生产商或生产商委托的 24 h 化学事故应急咨询电话。

国外进口化学品安全标签上应至少有一家中国境内的 24 h 化学事故应急咨询电话。

4.2.8　资料参阅提示语

提示化学品用户应参阅化学品安全技术说明书。

4.2.9　危险信息先后排序

当某种化学品具有两种及两种以上的危险性时,安全标签的象形图、信号词、危险性说明的先后顺序规定如下:

4.2.9.1　象形图先后顺序

物理危险象形图的先后顺序,根据 GB 12268 中的主次危险性确定,未列入 GB 12268 的化学品,以下危险性类别的危险性总是主危险:爆炸物、易燃气体、易燃气溶胶、氧化性气体、高压气体、自反应物质和混合物、发火物质,有机过氧化物。其他主危险性的确定按照联合国《关于危险货物运输的建议书规章范本》危险性先后顺序确定方法确定。

对于健康危害,按以下先后顺序:如果使用了骷髅和交叉骨图形符号,则不应出现感叹号图形符号;如果使用了腐蚀图形符号,则不应出现感叹号来表示皮肤或眼睛刺激;如果使用了呼吸致敏物的健康危害图形符号,则不应出现感叹号来表示皮肤致敏物或者皮肤/眼睛刺激。

4.2.9.2　信号词先后顺序

存在多种危险性时,如果在安全标签上选用了信号词"危险",则不应出现信号词"警告"。

4.2.9.3　危险性说明先后顺序

所有危险性说明都应当出现在安全标签上,按物理危险、健康危害、环境危害顺序排列。

4.3　简化标签

对于小于或等于100 mL的化学品小包装,为方便标签使用,安全标签要素可以简化,包括化学品标识、象形图、信号词、危险性说明、应急咨询电话、供应商名称及联系电话、资料参阅提示语即可。

5　制作

5.1　编写

标签正文应使用简捷、明了、易于理解、规范的汉字表述,也可以同时使用少数民族文字或外文,但意义必须与汉字相对应,字形应小于汉字。相同的含义应用相同的文字或图形表示。

当某种化学品有新的信息发现时,标签应及时修订。

5.2　颜色

标签内象形图的颜色根据GB 20576～GB 20599、GB 20601～GB 20602的规定执行,一般使用黑色图形符号加白色背景,方块边框为红色。正文应使用与底色反差明显的颜色,一般采用黑白色。若在国内使用,方块边框可以为黑色。

5.3　标签尺寸

对不同容量的容器或包装,标签最低尺寸如表1所示。

表1　标签最低尺寸

容器或包装容积/L	标签尺寸/(mm×mm)
≤0.1	使用简化标签
>0.1～≤3	50×75
>3～≤50	75×100
>50～≤500	100×150
>500～≤1000	150×200
>1000	200×300

5.4　印刷

5.4.1　标签的边缘要加一个黑色边框,边框外应留大于或等于3 mm的空白,边框宽度大于或等于1 mm。

5.4.2 象形图必须从较远的距离,以及在烟雾条件下或容器部分模糊不清的条件下也能看到。

5.4.3 标签的印刷应清晰,所使用的印刷材料和胶粘材料应具有耐用性和防水性。

6 使用

6.1 使用方法

6.1.1 安全标签应粘贴、挂栓或喷印在化学品包装或容器的明显位置。

6.1.2 当与运输标志组合使用时,运输标志可以放在安全标签的另一面版,将之与其他信息分开,也可放在包装上靠近安全标签的位置,后一种情况下,若安全标签中的象形图与运输标志重复,安全标签中的象形图应删掉。

6.1.3 对组合容器,要求内包装加贴(挂)安全标签,外包装上加贴运输象形图,如果不需要运输标志可以加贴安全标签。

6.2 位置

安全标签的粘贴、喷印位置规定如下:

a)桶、瓶形包装:位于桶、瓶侧身;

b)箱状包装:位于包装端面或侧面明显处;

c)袋、捆包装:位于包装明显处。

6.3 使用注意事项

6.3.1 安全标签的粘贴、挂栓或喷印应牢固,保证在运输、储存期间不脱落,不损坏。

6.3.2 安全标签应由生产企业在货物出厂前粘贴、挂栓或喷印。若要改换包装,则由改换包装单位重新粘贴、挂栓或喷印标签。

6.3.3 盛装危险化学品的容器或包装,在经过处理并确认其危险性完全消除之后,方可撕下安全标签,否则不能撕下相应的标签。

危险化学品包装物上应有符合 GB 15258—2009《化学品安全标签编写规定》规定的化学品安全标签。该标准规定了化学品安全标签的术语和定义、标签内容、制作和使用要求,化学品安全标签样例及对应的简化标签样例如图 5-7 与图 5-8 所示。

物料标签在使用过程中发生模糊时,要及时重新贴标签,使实验室使用人员能及时和正确地了解该物料的信息,而不会发生误用或使用不当的情况。

根据物料危害等级及影响,可以在物品上加贴警示,用于警示并将相关的安全信息传递给实验室使用人员。

在物料流转过程中也要做好物料标识的防护,保证物料交接过程中标识始终保持清晰,不发生模糊或者混淆,必要时可追溯。

化学品名称	A组分：40%；B组分：60%

危　险

极易燃液体和蒸气，食入致死，对水生生物毒性非常大

【预防措施】
- 远离热源、火花、明火、热表面。使用不产生火花的工具作业。
- 保持容器密闭。
- 采取防止静电措施，容器和接收设备接地、连接。
- 使用防爆电器、通风、照明及其他设备。
- 戴防护手套、防护眼镜、防护面罩。
- 操作后彻底清洗身体接触部位。
- 作业场所不得进食、饮水或吸烟。
- 禁止排入环境。

【事故响应】
- 如皮肤（或头发）接触：立即脱掉所有被污染的衣服。用水冲洗皮肤、淋浴。
- 食入：催吐，立即就医。
- 收集泄漏物。
- 火灾时，使用干粉、泡沫、二氧化碳灭火。

【安全储存】
- 在阴凉、通风良好处储存。
- 上锁保管。

【废弃处置】
- 本品或其容器采用焚烧法处置。

请参阅化学品安全技术说明书

供应商：×××××××××××××××××　　电话：×××××

地　址：×××××××××××××××　　　邮编：×××××

化学事故应急咨询电话：××××××

图 5-7　化学品安全标签样例

　　当危险化学品由原包装物转移或分装到其他包装物内时，转移或分装后的包装物应及时重新粘贴安全标签。

　　安全标签的粘贴、挂栓或喷印应牢固，保证在运输、储存期间不脱落，不损坏。安全标签若脱落或损坏，经检查确认后应补贴。

　　盛装危险化学品的容器或包装，在经过处理并确认其危险安全消除之后，方可撕下安全标签，否则不能撕下相应的标签。

化学品名称

危险

极易燃液体和蒸气，食入致死，对
水生生物毒性非常大

请参阅化学品安全技术说明书

供应商：×××××××××××××××××××　电话：××××××

化学事故应急咨询电话：××××××

图 5-8　化学品安全简化标签样例

（三）存储

5.3.1.3　存储

5.3.1.3.1　危险化学品存储应按危险化学品类别，进行分类存储。危险化学品分类可参考《危险化学品目录》。危险化学品的储存方法应符合 GB 15603、GB 17914、GB 17915 和 GB 17916 的要求。对于剧毒化学品、易制毒化学品、易制爆化学品等化学品的存储应严格按照国家相关法律法规要求。

5.3.1.3.2　危险化学品存储过程中隔离工作可采用下列化学品分类方法：

a) 爆炸品(第 1 类)；

b) 压缩气体和液化气体(第 2 类)；

c) 易燃液体(第 3 类)；

d) 易燃固体、自燃物品和遇湿易燃物品(第 4 类)；

e) 氧化剂和过氧化物(第 5 类)；

f) 毒害品和感染性物品(第 6 类)；

g) 放射性物品(第 7 类)；

h) 腐蚀品(第 8 类)。

5.3.1.3.3　危险化学品应存放在危险化学品仓库、中间仓库、气瓶间等专门场所或实验室现场专用储存柜内，不应露天存放。危险化学品存储场所的消防平面布置图、耐火等级、防火间距应符合 GB 50016 的要求。

5.3.1.3.4　危险化学品存放应符合以下要求：

a) 危险化学品应存放在专用储存柜内，易燃易爆危险化学品储存柜应具有防火或防爆功能，并采取强制通风、防静电接地等安全技术措施；

b) 需低温存放的易燃易爆化学品应存放在具有防火或防爆功能的冰箱内；

c) 腐蚀性化学品应单独存放在具有防腐蚀功能的储存柜内，并有防泄漏托盘；

d) 剧毒化学品应单独存放在双锁的专用储存柜中，实行"双人收发、双人记账、双人双锁、双人运输、双人领用"制度管理；

e) 爆炸品、易制爆危险化学品和易制毒化学品应 GA 1002 和 GA 1511 相应的管理要求；

f) 危险化学品应标签完整，包装不应泄漏、生锈和损坏，封口应严密，不应使用试验用器皿盛放化学试剂和样品；

g) 危险化学品存储量不应超过储存场所设计的最大允许量，对纳入法规管控的化学品，剧毒化学品、易制毒化学品、易制爆化学品的存储量应按国家及地方政府的要求执行；

h) 实验室储存危险化学品应当建立危险化学品出入库核查、登记制度。凡包装、标志不符合国家标准，或破损、残缺、渗漏、变形及物品变质、分解的，严禁出入库。

物料在储存、使用、处理过程中会对周围人员及环境产生影响，因此必须对物料的储存和使用建立相应的管理程序加以控制，检测实验室的物料储存、处理和使用应符合 GB 15603—2022《危险化学品仓库储存通则》、GB 17914—2013《易燃易爆性商品储存养护技术条件》、GB 17915—2013《腐蚀性商品储存养护技术条件》和 GB 17916—2013《毒害性商品储存养护技术条件》的相关要求。

1. 相关规范要求

GB 15603—2022《危险化学品仓库储存通则》规定了危险化学品仓库储存的基本要求、储存要求、装卸搬运与堆码、入库作业、在库管理、出库作业、个体防护、安全管理、人员与培训等内容。化学品仓库储存的要求如下。

5.1 危险化学品仓库应采用隔离储存、隔开储存、分离储存的方式对危险化学品进行储存。

5.2 应选择符合危险化学品的特性、防火要求及化学品安全技术说明书中储存要求的仓储设施进行储存。

5.3 应根据危险化学品仓库的设计和经营许可要求，严格控制危险化学品的储存品种、数量。

5.4 危险化学品储存应满足危险化学品分类、包装、储存方式及消防要求。

5.5 危险化学品的储存、配存，应符合其化学品安全技术说明书的要求。

> 5.6　储存爆炸物的仓库,其外部安全防护距离以及物品存放应满足 GB 18265 的要求。
>
> 5.7　储存有毒气体或易燃气体,且其构成危险化学品重大危险源的仓库,其外部安全防护距离应满足 GB 18265 的要求。
>
> 5.8　储存具有火灾危险性危险化学品的仓库,耐火等级、层数、面积及防火间距应 GB 50016 的要求。
>
> 5.9　剧毒化学品、易燃气体、氧化性气体、急性毒性气体、遇水放出易燃气体的物质和混合物、氯酸盐、高锰酸盐、亚硝酸盐、过氧化钠、过氧化氢、溴素应分离储存。
>
> 5.10　剧毒化学品、监控化学品、易制毒化学品、易制爆危险化学品,应按规定将储存地点、储存数量、流向及管理人员的情况报相关部门备案,剧毒化学品以及构成重大危险源的危险化学品,应在专用仓库内单独存放,并实行双人收发、双人保管制度。

GB 17914—2013《易燃易爆性商品储存养护技术条件》规定了易燃易爆性商品储存养护技术条件的术语和定义、储存条件、入库验收、堆垛、养护技术、安全操作、出库和应急处理等要求。商品储存要求如下。

> 4.3.1　商品应避免阳光直射、远离火源、热源、电源及产生火花的环境。
>
> 4.3.2　除按附录 A 规定分类储存外,以下品种应专库储存:
>
> a)爆炸品:黑色火药类、爆炸性化合物应专库储存;
>
> b)压缩气体和液化气体:易燃气体、助燃气体和有毒气体应专库储存;
>
> c)易燃液体可同库储存;但灭火方法不同的商品应分库储存;
>
> d)易燃固体可同库储存;但发乳剂 H 与酸或酸性商品应分库储存;
>
> e)硝酸纤维素酯、安全火柴、红磷及硫化磷、铝粉等金属粉类应分库储存;
>
> f)自燃商品:黄磷、烃基金属化合物,浸动、植物油的制品应分库储存;
>
> g)遇湿易燃商品应专库储存;
>
> h)氧化剂和有机过氧化物,一、二级无机氧化剂与一、二级有机氧化剂应分库储存;氯酸盐类、高锰酸盐、亚硝酸盐、过氧化钠、过氧化氢等应分别专库储存。

GB 17915—2013《腐蚀性商品储存养护技术条件》规定了腐蚀性商品储存养护技术条件的术语和定义、储存条件、储存要求、养护技术、安全操作、出库、应急处理等要求。

GB 17916—2013《毒害性商品储存养护技术条件》规定了毒害性商品储存养护技术条件的术语和定义、储存条件、入库验收、堆垛、养护技术、安全操作、出库和应急处理等要求。

实验室应结合 GB/T 27025—2019《检测和校准实验室能力的通用要求》的相关要求建立相对应的质量管理程序来控制物料的储存、使用和处理,管理程序中应明确规定如何有效减少危险物料对实验室人员、财产和环境的危害,同时还要考虑物料储存过程中可能发生的不稳定情况。

实验室应按照安全管理体系的程序要求进行定期的安全检查,核查这些安全制度与措施的落实情况,确认各种物料的安全性在有效的控制范围内。检查时应注意储存环境对物料产生的影响,如环境温度、湿度、光照、通风、雨淋等。例如,移动电话辐射测试用的 SAR 组织液应该在一定的环境温度下储存,并避免阳光直接照射,防止其挥发物对检测人员和设备造成伤害。再如,电池样品的储存应在通风良好的环境中,以避免其挥发出的酸性物质对人员和设备造成伤害。

【应用示例 5-3】

醚、二氧杂环己烷和四氢呋喃以及其他少量含有醚团的物质,极易在空气中被氧化生成过氧化物,包含过氧化物的醚易于爆炸。装有醚的不满的瓶子不能长时间放置。装有醚的不满的瓶子很少使用时,应用安全的方法处理掉剩余物质。含有过氧化物的醚不能蒸馏,因为在蒸馏的最后阶段,残留的过氧化物聚集会产生爆炸。即使醚中的过氧化物已经被处理过,蒸馏瓶中仅剩 15% 的溶液时,也应停止蒸馏。应避免回收醚。如果可行,在储存前,加入合适的稳定剂。

2. 实验室储存物料容器的材质及特性

实验室储存物料的容器还应注意其材质,应确定容器能与所盛物料共存。在使用任何不明聚合材料储存物料前,应向生产商或者供应商咨询最合适的储存容器材料。储物容器除考虑材料的化学特性外,还应考虑以下特点:机械强度能经受储运过程中正常的碰撞、摩擦和挤压;容器的封口应符合要求,特别是危险物品的封口包装必须严密,而有些化学品却要留排气孔,以防容器胀裂。

实验室储存物料的容器长时间使用时,应注意容器可能会变脆,阳光能对某些塑料容器或化学物产生影响(如老化、分解或化学反应),如果阳光能产生某些潜在的安全隐患,则要对这些储物的容器进行适当防护或更换。为物品更换新容器时,应确保其与新容器材料是可以共存的。可燃性溶剂宜使用特殊的安全罐。

实验室中常见的容器材料及特性有以下几种。

(1)不加增塑剂的 PVC(聚氯乙烯),它与大多数化学品不发生化学反应,但当温度高于 60 ℃ 时会开始软化。

(2)有机玻璃可与大多数化学品反应,且可燃。

(3)玻璃,是一种惰性物质,能用来盛装大多数物质,但会受到氢氟酸等腐蚀,应用铅筒或耐腐的塑料、橡胶容器装运;玻璃破损会对使用者造成伤害,可在玻璃外表面附上塑料薄膜来防护。

（4）金属材质的容器是较稳定储存容器，能防止破裂以及在非正常条件下提供防火功能，但某些酸可能对其会造成侵蚀。

3. 危险化学品的储存方式

危险化学品的储存方式分隔离储存、隔开储存和分离储存三种。隔离储存（segregated storage）指在同一房间或同一区域内，不同的物料之间分开一定的距离，非禁忌物料间用通道保持空间的储存方式。隔开储存（cut-off storage）指在同一建筑或同一区域内，用隔板或墙，将其与禁忌物料分离开的储存方式。分离储存（detached storage）指在不同的建筑物或远离所有建筑的外部区域内的储存方式。

4. 危险化学品储存的分类要求

（1）遇火、遇热、遇潮能引起燃烧、爆炸或发生化学反应，产生有毒气体的化学危险品不得储存在露天或在潮湿、积水的建筑物中。

（2）受日光照射能发生化学反应引起燃烧、爆炸、分解、化合或能产生有毒气体的化学危险品应储存在一级建筑物中，其包装应采取避光措施。

（3）爆炸物品必须单独隔离限量储存，不准和其他类物品同时存放。储存爆炸物品的仓库不准建在城镇，还应与周围建筑、交通干道、输电线路保持一定安全距离。

（4）压缩气体和液化气体必须与爆炸物品、氧化剂、易燃物品、自燃物品、腐蚀性物品隔离储存。易燃气体不得与助燃气体、剧毒气体同储；氧气不得与油脂混合储存，盛装液化气体的容器属压力容器的，必须有压力表、安全阀、紧急切断装置，并定期检查，不得超装。

（5）易燃液体、遇湿易燃物品、易燃固体不得与氧化剂混合储存，具有还原性氧化剂应单独存放。

（6）有毒物品应储存在阴凉、通风、干燥的场所，不要露天存放，不要接近酸类物质。

（7）腐蚀性物品，包装必须严密，不允许泄漏，严禁与液化气体和其他物品共存。

【事故案例 5-3】

某实验室刚竣工，由于室内地砖上存在建筑污垢，用普通方法难以清除干净，于是有人提议用浓硝酸清理，有员工就用拖布蘸浓硝酸擦污垢，很快将污垢处理干净，但是室内弥漫大量刺激性气味使在场的人员马上离开。大约一小时后，有人发现室内冒出浓烟，蘸有浓硝酸的拖布化为灰烬。幸亏室内没有家具和其他可燃物，否则将会出现一次重大的火灾事故。

事故原因：该实验室未按 GB/T 27025—2019《检测和校准实验室能力的通用要求》的相关要求对消耗性材料（浓硝酸）的使用进行安全控制。浓硝酸具有强氧化性，与易燃物和有机物（如糖、纤维素、木屑、棉花、稻草或废纱头等）接触会发生

剧烈反应,甚至会引起燃烧。

【应用示例 5-4】

大部分实验室都有进行燃烧相关的测试,以下以燃烧测试所使用的高纯度甲烷气体为例说明该物料的储存和使用要求。

甲烷一般以液态的物理形式储存在钢瓶中,根据甲烷的特性,该气体为无色、无毒、微溶于水、易燃(燃点 537 ℃)、能与空气形成爆炸性混合物、爆炸极限为 5%～15%。物料的储存、处理和使用应符合 GB 15603—2022《危险化学品仓库储存通则》和 GB/T 27476.5—2014《检测实验室安全 第 5 部分:化学因素》的要求。检测实验室的储存条件规定:甲烷应储存在遮光通风的房库内,远离火源、热源,与其他化学危险品,特别是易燃品、爆炸品、氧化剂等应隔离存放。甲烷的日常养护应做到以下几点:①入库验收,如检测钢瓶有效期限、安全帽、防震圈是否齐全,是否漏气,并在日常养护中做到包装是否完整、牢固,瓶身无破碎等;②堆码苫垫,用专用木架直立放置,平放时阀门在同一方向,垛底高 10～15 cm,堆码 1～4 层,木箱堆垛高度不超过 2 m,垛距 50 cm,墙距、柱距 40 cm;③在库检查,每日交接班时各检查一次,每季度检查一次并称量;④库房温湿度管理,温度不超过 30 ℃,相对湿度低于 80%;⑤安全作业,钢瓶不得摔、震、撞动或在地面滚动;⑥气体的保管期限为 1 年,超出年限可能会发生过期或不稳定,需要进行适当的处置;⑦其他需要应急处理的注意事项,如火灾时的处置方法,人体吸入过多后的处理方法。

【事故案例 5-4】

某实验人员在不清楚重铬酸钾洗液的存储条件的情况下,误用塑料桶配重铬酸钾洗液并放置过夜,结果第二天早晨发现桶底掉了,洗液渗到了楼下。

事故原因:重铬酸钾是强氧化剂,具有较强腐蚀性,不可与有机物、易燃物、还原剂、强酸等共储混运。

(四)使用

> 5.3.1.4 使用
>
> 5.3.1.4.1 实验操作人员应熟悉化学品安全技术说明书(SDS),掌握化学品的危险特性,使用时做好个体防护。
>
> 5.3.1.4.2 应在危险化学品使用场所的显著位置张贴或悬挂岗位安全操作规程和现场应急处置方案。

化学品安全技术说明书作为传递产品安全信息的最基础的技术文件,其主要作用:提供有关化学品的危害信息,保护化学产品使用者;确保安全操作,为制定危险化学品安全操作规程提供技术信息;提供有助于紧急救助和事故应急处理的技术信息;指导化学品的安全生产、安全流通和安全使用;是化学品登记管理的重要基础和信息来源。在危险化学品使用前,仔细了解该化学品的各项资料,掌握该化学物质潜藏的安全隐患,在使用中,做好相应防护,在面对突发状况时,按周知卡注明方式进行急救操作。

危险化学品使用前,首先,必须了解其成分和性质,包括毒性级别、腐蚀性、燃烧性等。只有充分了解了危险化学品的性质,才能采取正确的防护措施。

其次,正确存储和处理。危险化学品在存储和处理过程中应严格按照规定的方法进行。选择适当的存储位置,远离火源、避免阳光直射等;在处理过程中要严格按照操作规程进行,禁止单独操作、禁止随意混合使用。当使用完危险化学品后,应及时清理和处理垃圾,避免造成二次污染。

再次,注意使用个人防护装备。在使用危险化学品时,必须佩戴适当的个人防护装备,包括安全眼镜、防护口罩、防护服等,防护装备能够有效减少危险物质对人体的伤害,确保人员的安全。

从次,要严格遵守实验规程和操作规程。在进行化学实验时,操作人员必须严格按照实验规程和操作规程进行。不得随意调整实验条件,不得使用不符合规定的试剂和设备。遵守实验规程和操作规程,可以最大限度地减少实验中的风险。

最后,定期进行安全培训和演练。对使用危险化学品的人员定期进行安全培训,增强其安全意识和防范能力。同时,还要组织安全演练,提高人员应对突发情况和紧急事件的能力。

总之,危险化学品的使用需要高度重视和慎重对待。只有充分了解危险化学品的性质,严格遵守操作规程,使用适当的个人防护装备,并定期进行安全培训和演练,才能确保工作场所的安全和人员的健康。

(五)领用

5.3.1.5 领用

5.3.1.5.1 危险化学品的领用应严格执行审批制度。

5.3.1.5.2 危险化学品的发放应有专人负责,并根据实际需要的最低数量发放,认真填写领用记录。

5.3.1.5.3 剧毒化学品、爆炸性化学品、强腐蚀性化学品、易制毒化学品和易制爆危险化学品等的领取,应由两人以当日实验的用量领取,如有剩余应在当日由双人退回。

5.3.1.5.4 领用时应填写危险化学品领用记录,按品种、规格记录购入、发放、退回的日期、经手人、数量以及结存数量和存放地点。领用剧毒化学品、爆炸性化学品、强腐蚀性化学品、易制毒化学品和易制爆危险化学品时还应详细记载用途。

危险化学品的领用应严格执行审批制度,危险化学品具有较高的危险性和潜在的伤害性,需要特别的管理措施来降低潜在的风险,保护员工和环境的安全。

危险化学品的发放应由专人负责,并根据实际需要的数量发放,发放要有记录。危险化学品发放记录应包括品种、规格、发放日期、退回日期、领取单位、经手人、数量以及结存数量等。发放剧毒化学品、爆炸性化学品、强腐蚀性化学品、易制爆危险化学品和易制毒化学品时还应记载用途,应由两人以当日实验的用量领取,如有剩余应在当日由双人退回。

(六)溢出物管理

5.3.1.6　溢出物管理

5.3.1.6.1　基本要求

应防止化学品泄漏或溢出,应针对溢出物的危害(毒性、腐蚀性、可燃性及环境危害性等)和溢出物的量编制专项应急预案或应急处置方案,包括:培训实验室人员正确地处理事故、编制操作规程、提供有关信息的来源,以帮助实验室人员能够正确地了解特殊的环境情况等,应对溢出评价结果进行审查,综合考虑 SDS、法律法规以及其他材料的相关信息。一旦发生泄漏或溢出事故,应立即执行专项应急预案或应急处置方案。

应急处置材料和设备应存放于合适易取的地方。

5.3.1.6.2　通风柜内溢出物的控制

500 mL 以下的泄漏可采用合适的吸附剂吸收或擦净。如果出现更大的溢出、泄漏或破裂,则应采取更进一步的措施。

通风柜内的溢出物建议采用下列程序进行处置:

——确保通风柜正常工作;

——在溢出物上覆盖专用的吸收材料或中和剂;

——对靠近溢出物的污染材料和设备以及通风柜的表面进行清洁;

——在通风柜内脱下防护手套。衣服如被污染应立即脱下,清洗干净手和手臂;

——对任何废弃物和已用过的吸收剂按规定程序进行处置。

5.3.1.6.3　通风柜外溢出物的控制

应有充分的防护措施,并尽可能减少发生泄漏的概率,实验室内外、公共区域的化学品的移动均应考虑在内。泄漏的处置应考虑泄漏物质的数量、物理、化学性质、泄漏方式等因素。

1. 基本要求

应防止化学品泄漏或溢出,如有泄漏或溢出应及时进行控制,并按相关化学品信息进行处理。

实验室对溢出物的处理取决于溢出物的危害(毒性、腐蚀性、可燃性及环境危害性等)和溢出物的量。溢出物可能造成环境污染和交叉污染,溢出物的风险评价应考虑上述后果。低风险的、低挥发性的溢出物可以通过擦拭除去;高风险的或高挥发性的溢出物,清洁人员要穿戴防护服和呼吸保护装置后方可进行清洁工作。

如果有危险化学品从容器中溢出或从储罐、管道中泄漏,必须按程序进行处理。同处理其他紧急事件一样,处理危险化学品溢出和泄漏的程序也应事先制定,并编入应急计划中。

控制化学品溢出和泄漏的关键是掌握该种化学物质的化学性质和反应特性。最好的信息源是每种化学品所附带的 SDS,或者是能处理多种化学品溢出的专家。

溢出或泄漏的处理步骤如下。

(1)将所有无关人员撤离到安全区域,必要时,提供急救。

(2)如果化学品是易燃或可燃的,那么应该扑灭任何明火及其他任何形式的点火源,以降低发生爆炸或火灾的危险性。

(3)评估化学品溢出和泄漏的严重程度和实验室的处理能力,如有必要,请求外界帮助。

(4)尽管某些化学品在日常处理和使用中不需要佩戴个人防护用品,但是化学品的溢出或泄漏会超出通常的运行控制能力的范围,因此,要根据 SDS 的要求,事先确定好用于安全处理异常情况的个人防护用品。

(5)尽可能通过控制化学品的溢出或泄漏源来消除化学品的进一步扩散,通常的手段是关闭阀门、密封储罐或改变输送路线,这些操作需由能胜任的实验人员来完成,以避免任何附加危险情况出现。

(6)采用围堵或吸收等方法将溢出或泄漏的化学品控制住,如果有可能应将溢出的化学品密封在容器中或对其进行中和处理。

(7)一旦溢出的化学品被安全地储存和中和后,必须对溢出和泄漏区域进行消毒,并由具有相应资格的人员监督检查。

(8)直到该区域被确认安全,方可恢复正常的实验室活动。

2. 通风柜内溢出物的控制

通风柜内的溢出物危害一般低于通风柜外的溢出物,因为通风柜内的溢出物产生的烟、尘、雾可被通风柜内的气流带走。500 mL 以下的泄漏可采用合适的吸附剂吸收或擦净。如果出现更大的溢出、泄漏或破裂,则应采取更进一步的措施。

3. 通风柜外溢出物的控制

通风柜外的溢出可能发生在人员有限的工作区域内,也有可能发生在较多人使用的公共区域。应有充分的防护措施,并尽可能减少发生泄漏的概率,实验室

内外、公共区域的化学品的移动均应考虑在内。泄漏的处置应考虑泄漏物质的数量、物理化学性质、泄漏方式等因素。

当液体发生泄漏时,通常会分散成如下三个部分。

(1)大量液体残留在不规则的小坑中。

(2)一部分液体形成液滴或小液流。

(3)一部分液体则可能在空气中传播(挥发或与空气中尘埃结合)。

液体挥发与空气中尘埃相结合后,大颗粒的悬浮尘埃会迅速沉淀下来,但是小颗粒的尘埃会悬浮在空中很长时间,并有可能随通风系统飘至其他地方。在实验室内一旦发生液体泄漏,应考虑潜在的空气尘埃问题。

封闭区域尤其是仓库和地下实验室的泄漏问题,应予以特殊考虑。

对实验室内化学品泄漏的处理方法应根据物质的危害情况来确定,包括物理化学性质、泄漏量,应在 SDS 上查阅化学品的泄漏处置方法。特大的泄漏应联系消防人员进行处置。

四、气体钢瓶

5.3.2　气体钢瓶

5.3.2.1　气体钢瓶储存安全要求

气体钢瓶应按 YC/T 554—2017 中 5.5.4 的要求储存在气瓶间。

5.3.2.2　气体钢瓶使用安全要求

5.3.2.2.1　使用前对气瓶及其附件、盛装气体进行确认,不符合安全技术要求的气瓶严禁使用。

5.3.2.2.2　气瓶应配有安全帽、防震圈和防倾倒装置。空、实瓶应分开放置。气瓶不应靠近热源,可燃、助燃气体气瓶与明火间距应大于 10 m,可燃、助燃气体气瓶之间距离不小于 5 m。

5.3.2.2.3　气瓶内气体不能用尽,必须留有剩余压力或重量,永久气体气瓶的剩余压力应不小于 0.05 MPa;液化气体气瓶应留有不少于 0.5% 规定充装量的剩余气体。

5.3.2.2.4　乙炔等易燃气体的气瓶严禁在通风不良或有放射性射线场所使用,严禁敲击、碰撞;严禁在气瓶体上引弧或放置在绝缘体上使用。

5.3.2.2.5　乙炔等易燃气体气瓶的瓶阀出口处应配置专用的减压器和回火防止器,正常使用的减压器指示的放气压力不应超过 0.15 MPa,放气流量不应超过 0.05 m³/h·L。

5.3.2.2.6　乙炔等易燃气体的气瓶在使用过程中,开闭瓶阀要轻缓,操作人员应站在阀口的侧面;暂时中断使用时,应关闭气瓶阀。

此部分条款规定了实验室气体钢瓶(简称"气瓶")的相关安全要求,包括储存安全要求和使用安全要求。

(一) 概述

实验室气瓶是指在实验室正常环境温度(−40～60 ℃)下使用的,公称工作压力大于或等于 0.2 MPa(表压)且压力与容积的乘积大于或等于 1.0 MPa·L 的盛装气体、液化气体和标准沸点等于或低于 60 ℃ 的液体的气瓶(不含仅在灭火时承受压力、储存时不承受压力的灭火用气瓶)。

1. 气瓶的结构

常见的气瓶由瓶体、胶圈、瓶箍、瓶阀和瓶帽五部分组成,瓶体外部装有防震圈。根据所充装气体的性质,标涂瓶体颜色和字样,用以区别其他气瓶,气瓶的结构如图 5-9 所示。

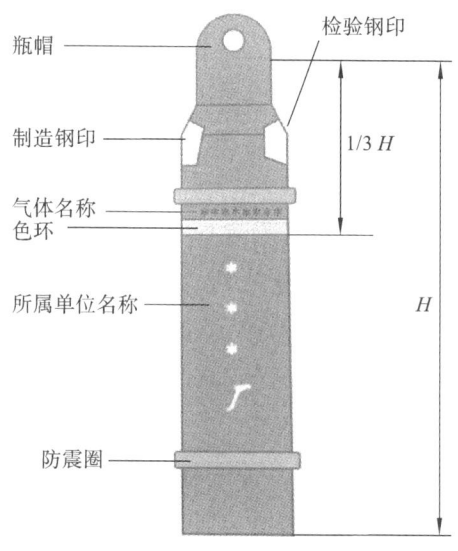

图 5-9　气瓶的结构

2. 气瓶的颜色标志

气瓶的颜色标志包括气瓶的外表面颜色和文字、色环的颜色。气瓶颜色是一种安全标志,在我国,无论是哪个厂家生产的气瓶,只要是同一种气体,气瓶的外表颜色都是一样的。气瓶本身涂抹颜色一是可以通过特征颜色识别瓶内气体的种类,二是防止锈蚀。根据 GB/T 7144—2016《气瓶颜色标志》,常用气瓶的颜色标志如表 5-16 所示。

表 5-16　常用气瓶的颜色标志

充装气体	瓶体颜色	字样	字体颜色	色环
空气	黑	空气	白	$p=20$,白色单环
氩	银灰	氩	深绿	$p\geqslant30$,白色双环
氢	浅绿	氢	大红	$p=20$,大红单环 $p\geqslant30$,大红双环
氧	淡蓝	氧	黑	$p=20$,白色单环 $p\geqslant30$,白色双环
氮	黑	氮	白	
甲烷	棕	甲烷	白	
氦	银灰	氦	深绿	
二氧化碳	铝白	二氧化碳	黑	$p=20$,黑色单环
氯	深绿	氯	白	
乙炔	白	乙炔不可近火	大红	
天然气(液体)	棕	液化天然气	白	

注:色环栏内的 p 是气瓶的公称压力(MPa)。

3．气瓶的标记

1)警示标签

气瓶上应贴有警示标签,向使用者提供基本的危险警示,GB 16804—2011 《气瓶警示标签》规定了用于充装单一气体或混合气体的单个气瓶上的警示标签的设计。标签应牢固地粘贴在气瓶上,并保持标记清晰可见,不得覆盖任何充装所需的永久性标签。

2)钢印标记

气瓶的钢印标记是识别气瓶的重要依据,钢印标记必须准确、清晰。气瓶的钢印标记有制造钢印标记和检验钢印标记两种。

(1)制造钢印标记。

制造钢印标记是由气瓶生产厂家用机械或人工方法打铳在气瓶肩部、简体或瓶阀护罩上的。主要内容包括气瓶制造单位代号或商标、气瓶编号、水压试验压力、公称工作压力、气瓶制造单位检验标记和制造年月、安全监察部门的检验标记等。

(2)检验钢印标记。

检验钢印标记是气瓶检验单位对气瓶进行定期检验后,打铳在瓶肩部、简体或瓶阀护罩上的。主要内容包括检验单位代码、检验日期、下次检验日期、降压标记、改装后的公称工作压力等。

（二）气体钢瓶储存安全要求

> **5.3.2.1　气体钢瓶储存安全要求**
> 气体钢瓶应按 YC/T 554—2017 中 5.5.4 的要求储存在气瓶间。

气体钢瓶应按 YC/T 554—2017 中 5.5.4 的要求储存在气瓶间。具体要求如下。

(1)实验室需求的气体种类大于 3 种或需储存 3 瓶以上气体时,宜设置气瓶间。

(2)气瓶间应阴凉、干燥,严禁明火,远离热源。

(3)气瓶间应有换气次数不应小于 3 次/h 的通风措施,应隔离易发生反应的气体。

(4)气瓶间应配备防爆灯、防爆开关、防气体渗漏报警装置和事故自动通风装置,墙壁应专门设计、施工,具有一定防爆级别。

（三）气体钢瓶使用安全要求

> **5.3.2.2　气体钢瓶使用安全要求**
> 5.3.2.2.1　使用前对气瓶及其附件、盛装气体进行确认,不符合安全技术要求的气瓶严禁使用。
> 5.3.2.2.2　气瓶应配有安全帽、防震圈和防倾倒装置。空、实瓶应分开放置。气瓶不应靠近热源,可燃、助燃气体气瓶与明火间距应大于 10 m,可燃、助燃气体气瓶之间距离不小于 5 m。
> 5.3.2.2.3　气瓶内气体不能用尽,必须留有剩余压力或重量,永久气体气瓶的剩余压力应不小于 0.05 MPa;液化气体气瓶应留有不少于 0.5% 规定充装量的剩余气体。
> 5.3.2.2.4　乙炔等易燃气体的气瓶严禁在通风不良或有放射性射线场所使用,严禁敲击、碰撞;严禁在气瓶体上引弧或放置在绝缘体上使用。
> 5.3.2.2.5　乙炔等易燃气体气瓶的瓶阀出口处应配置专用的减压器和回火防止器,正常使用的减压器指示的放气压力不应超过 0.15 MPa,放气流量不应超过 0.05 $m^3/h \cdot L$。
> 5.3.2.2.6　乙炔等易燃气体的气瓶在使用过程中,开闭瓶阀要轻缓,操作人员应站在阀口的侧面;暂时中断使用时,应关闭气瓶阀。

1. 气瓶使用安全检查

气瓶使用前应进行安全状况检查,对气瓶瓶体及其附件、盛装气体进行安全检查与确认,不符合安全技术要求的气瓶严禁使用。检查内容包括气瓶的外观是否有破损、腐蚀等异常情况;气瓶内的气体是否充足;减压阀等连接部位是否牢固

等。确保气瓶安全后方可进行实验。

2. 气瓶安全装置及安全放置

安全帽、防震圈和防倾倒装置都属于气瓶的安全装置。

1）安全帽

充装各种气体的钢瓶，在瓶嘴上都有一个控制气体进出的瓶阀，在这个瓶阀上佩戴上安全帽，以保证瓶阀不受机械损伤，保证安全。安全帽是气瓶的一个重要附件。

因为钢瓶的瓶阀大都是用铜合金制成的，比较脆弱，尽管有的采用钢材来制造，但由于它的结构比瓶体细小，旋在瓶体上面使瓶颈与瓶阀接头间形成一个直角，它既是瓶体的脆弱点，又是瓶体的突出点，最易受到机械损伤或外来的冲击。如果在搬运、储存、使用过程中，气瓶易跌倒、坠落、滚动或受到其他硬物的撞击，会出现瓶阀接头与瓶颈连接处齐根断裂的情况。

瓶阀断裂，瓶内气体失去了控制，往往会酿成严重事故。满瓶的氢气、氧气，瓶内压力高达 15 MPa，一旦瓶阀折断，气体高速喷出，气瓶就会向反方向猛冲，能损坏机器设备，甚至会破坏建筑；如果瓶内为液氯等有毒气体，还会造成严重的中毒事故；如果瓶内是液化气体，泄出后迅速气化，体积扩大几百倍，会扩散到很大范围；瓶内如果装的是易燃、易爆气体（液化气体），泄出后与空气混合，一遇明火，就会发生燃烧、爆炸。所以，瓶阀断裂比一般的泄漏、跑料和冲料事故更为危险。

为了消除上述的危险性、防止事故发生，给气瓶配上帽子，因为它是一个重要的安全附件，气瓶戴上了安全帽，不仅能保护瓶阀免受撞击，还能防止油脂、灰尘等侵入。所以制瓶单位在钢瓶出厂时都要配有安全帽。用气时把安全帽旋下放到固定地点，用毕后及时把瓶帽戴上旋紧，切勿乱扔。在搬运装卸时切忌忘戴安全帽。充气单位对于钢瓶无安全帽者不得给予充气。

2）防震圈

防震圈是一种橡胶材质圆环，其作用是减少震动对瓶体的影响，提高使用的安全性和稳定性。

3）防倾倒装置

防倾倒装置是安装在瓶体底部的一种装置，可以在瓶体倾斜时起到稳定的作用，避免瓶体滚动、滑动或倾斜造成的危险。防倾倒装置一般由金属材料制成，形状为圆锥或球形，其底座与瓶体底部连接，底部还有几个球形支撑点，使气瓶在工作过程中稳固地放置。防倾倒装置可以避免瓶体在工作时因错误操作或其他原因导致瓶体倾斜而引起的安全事故，它能够提高气瓶的稳定性，防止瓶体滑动或滚动，确保瓶体安全地放置在工作场所。

3. 气瓶余压或余量要求

气瓶内气体不得用尽,必须留有剩余压力,使气压保持正压以便充气时检查,还可以防止其他气体倒流入瓶内,发生事故。如果气瓶内的气体用尽,可能会导致气瓶内部形成负压,从而吸入空气或其他杂质,影响气瓶的使用安全和气体质量,使用时可能会发生事故。因此,为了保证气瓶的安全和正常使用,一般建议在气瓶内保留一定的剩余压力。

4. 乙炔气瓶的安全使用

1)严禁在通风不良或有放射性射线源的场所使用

通风不良可能造成泄漏乙炔或者正常使用时积聚,造成危险。乙炔高压时需要的点火能特别少,而射线是产生点火能的一个因素,盛装易于自行聚合反应或分解的气体的气瓶,应避开放射性射线源,目的是防止气瓶受热。乙炔能在一定条件下聚合生成链状或环状结构的有机化合物,如在 $400 \sim 500$ ℃下,可通过特殊性聚合反应生成苯。乙炔聚合时会放热,温度越高,聚合速度越快,热量的积聚会进一步加速聚合,同时发生聚合物分解,最终引起爆炸。

2)严禁敲击、碰撞

乙炔气瓶不应遭受剧烈振动和撞击,以免瓶内多孔性填料下沉而形成空洞,影响乙炔的储存,引起乙炔气瓶的爆炸。乙炔是易燃气体,乙炔的分解反应是放热反应,在一定温度和压力条件下,即使没有氧气等助燃剂的参与,也会导致爆炸产生。当乙炔温度低于 540 ℃,压力小于 0.3 MPa 时,主要进行聚合反应;当压力为 0.15 MPa,温度超过 580 ℃时,乙炔就开始分解爆炸。乙炔气瓶受到剧烈敲击、碰撞或冲击,气瓶内温度和压力会急剧上升,乙炔气发生聚合或分解反应而引发爆炸事故,后果将非常严重。

3)不可以放在绝缘体上使用

乙炔的点火能只有 0.019 mJ,微小静电放电(几个毫焦耳)就可以点燃(引爆)乙炔。乙炔在输气管内流动、泄漏,都会产生静电,任何形式的静电放电,都有可能点燃乙炔。因乙炔燃烧、爆炸不需要氧气,所以点燃后爆炸的可能性很大。如果将乙炔气瓶直接接地,使其无法带静电,就不会引起放电爆炸。

4)要配置专用的减压阀和回火防止器

由于乙炔气瓶的压力非常高,如果不经过减压处理,则在使用过程中可能会产生危险。因此,在使用乙炔气前,需将其经过减压阀减压至安全范围内,同时还要配备回火防止器,以确保使用过程中不会发生意外。

(1)乙炔气瓶减压阀的工作原理。

乙炔气瓶减压阀是将高压气体减压至所需压力的装置,它的作用是保证瓶内气体的稳定出压。其工作原理是利用活塞的移动来调节气体压力,具体过程如下。

①瓶内气体进入减压阀,通过活塞插座进入活塞室。

②活塞室内气体使活塞产生向下的压力,在活塞上设有调节螺栓,通过调节螺栓可改变活塞初始压力,从而改变减压阀出口压力。

③减压阀的气缸室上方连接一压缩弹簧,弹簧产生向上的压力,直接作用于活塞上,与活塞下方气体所产生的压力对抗,最终形成所需的稳定压力。

(2)回火防止器的工作原理。

回火防止器是防止乙炔气体回流的装置,一旦乙炔气瓶压力降低至环境压力以下,就需要回火防止器避免气体回流进入高压缩氧气瓶内,引发火灾或爆炸。回火防止器的工作原理如下。

①回火防止器由止回阀和火花塞组成,止回阀设置在乙炔气瓶和减压器之间,防止气体回流;火花塞则设置在止回阀上方,是检测火花、电弧及其他高温源的一种安全装置。

②当乙炔气体压力高于压缩氧气瓶内压力时,止回阀就会关闭,防止气体倒流。

③当乙炔气体压力降低至一定程度时,止回阀就会打开,回火防止器有效避免气体倒流和火花引发的危险。

减压阀和回火防止器是乙炔气使用过程中必不可少的安全装置。减压阀的作用是将高压气体减压至所需压力,以保证瓶内气体的稳定出压;回火防止器则是防止气体倒流和火花引发的危险。当安装并正确使用这两种装置时,乙炔气瓶的使用才能更加安全可靠。

5. 其他常用气瓶的安全使用

1)氧气

(1)氧气气瓶储存注意事项:储存于阴凉、通风的库房;远离火种、热源;库温不宜超过 30 ℃;应与易(可)燃物、活性金属粉末等分开存放,切忌混储;储区应配有泄漏应急处理设备;氧气气瓶不得与可燃气气瓶同室储存;采用氧乙炔火焰进行作业时,氧气气瓶、乙炔气瓶及焊(割)炬必须相互错开,氧气气瓶与焊(割)炬明火的距离应在 10 m 以上。

(2)开启瓶阀和减压阀时,动作应缓慢,以减轻气流的冲击和摩擦,防止管路过热着火。

(3)禁止用压缩纯氧进行通风换气或吹扫清理,禁止用压缩氧气代替压缩空气作为风动工具的动力源,以防引发燃爆事故。

(4)现场急救措施:常压下,当氧浓度超过 40% 时,有可能发生氧气中毒。吸入 40%~60% 的氧时,会出现胸骨后不适感、轻咳,进而胸闷、胸骨后灼烧感和呼吸困难,咳嗽加剧;严重时可发生肺水肿,甚至出现呼吸窘迫综合征。吸入氧浓度在 80% 以上时,出现面部肌肉抽动、面色苍白、眩晕、心动过速、虚脱,继而全身强直性抽搐、昏迷、呼吸衰竭而死亡。

长期处于氧分压为 60～100 kPa(相当于吸入氧浓度 40% 左右)的条件下可能会发生眼损害,严重者会失明。应迅速脱离现场至空气新鲜处,保持呼吸道通畅。如呼吸停止,立即进行人工呼吸,就医。

(5)氧气气瓶的灭火方法:用水保持容器冷却,以防受热爆炸,加剧火势。迅速切断气源,用水喷淋保护切断气源的人员,然后根据着火原因选择适当灭火剂灭火。

(6)氧气泄漏应急处理:应迅速撤离泄漏污染区人员至上风处,并进行隔离。严格限制出入,切断火源。建议应急处理人员戴自给正压式呼吸器,穿棉制工作服。避免与可燃物或易燃物接触。尽可能切断泄漏源,合理通风,加速扩散,漏气容器要妥善处理,修复、检验后再用。

(7)特别提醒。

①操作高压氧气阀门时必须缓慢进行,待阀门前后管道内压力均衡后方可开大(带均压阀的截止阀必须先开均压阀,待压力均衡后方可开截止阀)。

②氧气严禁与油脂接触(与油脂接触会自燃)。

③严禁使用氧气作试压介质;严禁使用氧气作仪表气源。

④氧气的比重大于空气,易积聚在低洼处。因此在坑、洞、容器内,室内或周边通风不良的情况下,必须检测氧含量。氧含量大于 18%、小于或等于 22% 方可作业。

⑤氧气放散时,周边 30 m 范围内严禁明火。

⑥氧气设施、容器、管道等检修时必须可靠切断气源,并插好全封闸板。

⑦凡与氧气接触的备品、备件等必须严格脱脂。

⑧作业人员穿戴的工作服、手套严禁被油脂污染。

⑨氧气管道要远离热源。

2)氢气

(1)氢气气瓶储存注意事项:室内必须通风良好,保证空气中氢气含量不超过 1%(体积比)。室内换气次数每小时不得少于 3 次,局部通风每小时换气次数不得少于 7 次。

(2)氢气气瓶与盛有易燃、易爆物质及氧化性气体的容器和气瓶的间距不应小于 8 m。

(3)氢气气瓶与明火或普通电气设备的间距不应小于 10 m。

(4)氢气气瓶与空调装置、空气压缩机和通风设备等吸风口的间距不应小于 10 m。

(5)禁止敲击、碰撞,气瓶不得靠近热源;夏季应防止暴晒。

（6）必须使用专门的氢气减压阀。开启气瓶时,操作者应站在阀口的侧后方,动作要轻缓。

（7）阀门或减压阀泄漏时,不得继续使用;阀门损坏时,严禁在瓶内有压力的情况下更换阀门。

（8）氢气气瓶内气体严禁用尽,应保留 0.2～0.3 MPa 的余压。

（9）使用前要检查连接部位是否漏气,可涂上肥皂液进行检查,确认不漏气后再使用。

（10）使用结束后,先顺时针关闭气瓶总阀,再逆时针旋松减压阀。

3）氯气

（1）氯气气瓶储存注意事项:氯气气瓶应远离热源,严禁用热源烘烤和加热气瓶。防止高温,当气温在 30 ℃以上时,严禁瓶体在太阳下暴晒,应将气瓶放入库房,或者在气瓶上加盖草包并用水喷洒冷却。

（2）操作人员必须配备专用的个人防毒面具,各使用地应配备有预防氯气中毒的解毒药物。

（3）氯气不得与氧气、氢气、液氨、乙炔同车(船)运送,不得与易燃品、爆炸品、油脂及沾有油脂的物品同车(船)运送。

（4）应设有专用仓库储存氯气气瓶,不应与氧气、氢气、液氨、乙炔、油料等化工原材料同仓存放。储存氯气的仓库地面应干燥,防止潮湿,仓库要阴凉、通风良好,避免阳光暴晒和接近火源。

（5）氯气气瓶不能直接与反应器连接,中间必须有缓冲器。

（6）金属钛和聚乙烯等材料不得应用于液氯和干燥氯气系统。

（7）通氯气用的铜管应尽量少弯折,以防铜管折破;铜管破损后应及时更换。如果空气中有大量泄漏的氯气,则可以使用氯气捕消器,使用时一定要佩戴好自动供氧形式的呼吸面具,以防止使用过程中缺氧而产生意外。

（8）如果气瓶破裂或者瓶阀泄漏而导致氯气泄漏,则应尽快将事故气瓶滚入氯气破坏池,并向池中加入碱液破坏氯气,用氨气中和空气中的氯气,并打开破坏池引风机,以防止氯气外泄。

（9）对于氯气极易溶解的物料,要防止氯气溶解后形成真空倒吸物料。

（10）当氯气气瓶用完后要换瓶时,首先关反应釜面通氯阀门,然后迅速(防止缓冲包压力过高)关闭氯气气瓶瓶阀并拧紧,最后关掉铜管另一头的阀门,用扳手将瓶阀一边的铜管与瓶阀脱开。

（11）拧紧铜管之后要用手转动或摇动铜管,目测是否拧紧,拧紧之后打开铜管与气包一头阀门,用气包余压以及氨水先试验气瓶接头处是否泄漏,如果发现氨气与氯气产生白雾,则需要重新拧紧瓶阀至无泄漏为止。

(12)特别提醒。

①进入高浓度氯气区,必须佩戴完好的氧气呼吸器,否则不能进入此区域。

②一旦出现氯气逸散现象,在场人员应立即逆风向和向高处疏散,迅速离开现场。如污染区氯气浓度大,应忍着呼吸离开,避免接触吸入氯气造成中毒。

③应立即把氯气中毒者抢救出毒区,急性中毒患者必须立即转移到阴凉、新鲜空气处静卧,注意保暖并松解衣带。

④当有液氯溅到工作人员身上时,应在脱离污染区后,除去被污染的衣服,然后用温热水冲洗受伤部位,用干净毛巾小心擦干水。

4)氮气

(1)氮气气瓶储存注意事项:储存于阴凉、通风的库房;远离火种、热源;库温不宜超过 30 ℃,储区应备有泄漏应急处理设备。

(2)氮气泄漏现场急救措施:吸入氮气浓度不太高时,患者最初感胸闷、气短、疲软无力;继而有烦躁不安、极度兴奋、乱跑、叫喊、神情恍惚、步态不稳,称之为"氮酩酊",可进入昏睡或昏迷状态。吸入高浓度氮气,患者可迅速昏迷,甚至因呼吸和心跳停止而死亡。应迅速将中毒者脱离现场运至空气新鲜处,保持呼吸道通畅,如呼吸困难,应输氧。当呼吸心跳停止时,立即进行人工呼吸和胸外心脏按压术,就医。

(3)氮气泄漏应急处理:应迅速撤离泄漏污染区工作人员至上风处,并进行隔离,严格限制出入。建议应急处理人员戴自给正压式呼吸器,穿一般作业工作服。尽可能切断泄漏源,合理通风,加速扩散。漏气容器要妥善处理,修复、检验后再用。

(4)氮气气瓶灭火方法:本品不燃,尽可能将容器从火场移至空旷处。喷水保持火场容器冷却,直至灭火结束。

(5)特别提醒。

①进入坑、洞、容器内、室内或周边通风不良的地方作业时,必须检测氧含量。氧含量大于 18%、小于或等于 22% 方可作业。

②在氮气大量放散时应通知周边人员。

③在使用氮气吹、引煤气等可燃气管道、容器时,氮气中氧含量小于 2% 方可使用。

④氮气设施、容器、管道等检修时必须可靠切断气源,并插好盲板防止窒息事故发生。

5)二氧化碳

(1)使用方法。

使用前检查连接部位是否漏气,可涂上肥皂液进行检查,调整至不漏气后才

进行实验。

使用时先逆时针打开气瓶总开关,观察高压表读数,记录高压瓶内二氧化碳压力,然后顺时针转动低压表压力调节螺杆,使其压缩主弹簧将活门打开。这样进口高压气体由高压室经节流减压后进入低压室,并经出口通往工作系统。使用完毕后,先顺时针关闭气瓶总开关,再逆时针旋松减压阀。

(2)注意事项。

①防止气瓶的使用温度过高。气瓶应存放在阴凉、干燥、远离热源(如阳光、暖气、炉火)处,不得超过 31 ℃,以免液体二氧化碳随温度的升高,体积膨胀而形成高压气体,产生爆炸危险。

②气瓶不能卧放。如果气瓶卧放,打开减压阀时,冲出的二氧化碳液体迅速气化,容易发生导气管爆裂及大量二氧化碳泄漏的事故。

③减压阀、接头及压力调节器装置应正确连接且无泄漏、没有损坏、状态良好。

④二氧化碳不得超量填充。液化二氧化碳的填充量,温带气候不要超过气瓶容积的 75%,热带气候不要超过 66.7%。

【事故案例 5-5】

2015 年 4 月 5 日中午,江苏某大学化工学院一实验室发生压力气瓶爆炸事故。发生事故的实验室为化工学院 A315 实验室,该工作室承担了与江苏某公司合作的"纳米催化剂元件的制备方法"项目。当天上午,刘、向、宋三位同学先后完成与该项目和毕业设计相关实验后,汪同学与江苏某公司江某 12 点 30 分后进入实验室进行纳米催化剂元件灵敏度测试试验,试验过程中不幸发生甲烷混合气体储气钢瓶爆炸。事故造成汪姓研究生死亡,江某重伤截肢,向某等三名研究生轻伤。

1. 事故原因分析

(1)直接原因:事发实验室进行纳米催化剂元件的制备试验,试验采用的是私自充装的甲烷混合气体钢瓶,其中气瓶内甲烷含量达到爆炸极限范围。试验中开启气瓶阀门时,气体快速流出引起的摩擦热能或静电,导致瓶内气体反应发生爆炸。

(2)间接原因:违规配置试验用气;对甲烷混合气的危险性认识不足;爆炸气瓶超期服役;实验室不具备必要的安全条件;有关人员的安全教育培训不足;实验室安全管理存在薄弱环节。

2. 事故经验教训

(1)加强对有关实验室的安全管理,特别是对危险性较高的试验项目及试验用设备、仪器或设施的安全管控;对易燃易爆气体要加强统一管理。

（2）加强对所使用的气瓶的安全检查。杜绝私自配置瓶装气体的违规行为，不使用超检验期和报废期的气瓶，不使用瓶内介质与标识不符的气瓶，不使用来路不明的气瓶。做好实验室的设置和气瓶存放管理，加强检查力度，督促整改安全隐患。

（3）加强对实验室人员的安全知识培训和法规教育，提高安全意识。加强操作人员教育培训，提高操作技能。

【事故案例 5-6】

2016 年 12 月 18 日，北京某大学化学系实验室发生一起爆炸事故，事故造成一名正在做实验的孟姓博士后当场死亡。爆炸的是一个氢气钢瓶，爆炸点距离孟姓博士后的操作台两三米处，钢瓶为底部爆炸。钢瓶原长度大概一米，爆炸后只剩上半部大概 40 厘米。

事故原因分析如下。

（1）直接原因：事发实验室储存的危险化学品叔丁基锂燃烧发生火灾，引起存放在实验室的氢气气瓶在火灾中发生爆炸。

（2）间接原因：违规存放危险化学品，违规使用易燃、易爆压力气瓶。《危险化学品安全管理规定》《实验室气瓶安全管理规定》等实验室安全管理制度落实不到位；实验室安全管理不到位；学生安全意识淡薄。

五、实验室仪器设备

5.3.3　实验室仪器设备

5.3.3.1　仪器设备通用管理要求

5.3.3.1.1　应对仪器设备在采购、安装、调试、使用、操作和维护过程进行安全管控，以保证仪器设备满足实验要求。

5.3.3.1.2　凡有可能对人体产生伤害的仪器设备、实验区域应设置相应的安全警示标志。

5.3.3.1.3　实验室根据需要应配备灭火毯、防毒面具、防护镜和防护口罩等相应的防护用品。

5.3.3.1.4　凡经常使用强酸、强碱、有化学品烧伤危险的实验室，在出口就近处应设置紧急喷淋器及应急眼睛冲洗器，紧急喷淋器及应急眼睛冲洗器的给水管应配置过滤系统。

5.3.3.1.5　在精密仪器室、高压仪器设备间和高温仪器设备间等重要部位宜安装监控系统。

5.3.3.2　仪器设备的安装、调试

5.3.3.2.1　仪器设备应根据制造商的安装指南由制造商或经销商的技术人员或专业技术人员进行安装调试。

5.3.3.2.2　全新、改装过的或修理过的仪器设备应经安全测试符合要求后方可使用。

5.3.3.2.3　仪器设备制造商应提供详细的安装及操作说明书。相关人员在操作仪器设备前应详细阅读操作说明书。操作说明书的存放应便于操作和维护人员取阅。

5.3.3.3　仪器设备的安全操作

5.3.3.3.1　操作人员应经过培训,熟悉仪器的性能、用途、使用方法,应按照各种仪器设备的操作规程安全使用实验室仪器设备。

5.3.3.3.2　应在操作前对易产生危险的操作进行风险评估,以减少危险或确认替代的操作。若替代操作不可行时,则该操作应被隔离或修改,以减少操作者的危险。

5.3.3.3.3　使用过程中如发现仪器设备有异常现象应立即停止使用,查明原因,排除故障,对检测结果有影响的,应重新检定合格后,方可继续使用。

5.3.3.3.4　应对无人照看的仪器设备在人员减少或工作时间外的安全运行作出安排。

5.3.3.3.5　宜考虑使用自动设备来移动部件、材料以及加工设备中物料的进出,以减少操作人员的可能危险。

5.3.3.4　仪器设备的维护

5.3.3.4.1　所有的维护工作应由具备资质人员按照设备制造商的说明书的操作规程执行。

5.3.3.4.2　开始工作前,维护人员应被告知场所的危险源,以及维护工作可能对实验室现场人员造成的危险。

5.3.3.4.3　维护时应断开仪器设备的动力源。若为了维护工作的进行,使仪器设备在安全联锁装置失效的状态下运行,应在维护工作开始前进行风险辨识并制定有效的管控措施,防止事故发生。安全联锁装置或其他安全装置不能保护维护人员时,应有措施确保仪器设备在关闭状态下不再次启动。维护的仪器设备可能存有余能,开始维护工作前,仪器设备的运动部件应处于限制动作状态,或确认仪器设备已处于卸能状态。

5.3.3.4.4　可能存有危险物质残留物的仪器设备,在维护工作开始前,应清洁仪器设备,去除危险物质残留物,并告知维护人员。

5.3.3.4.5　维护人员移动实验室内固定安装仪器设备,应事先得到实验室负责人批准。

5.3.3.4.6　维护完成后,应按照本标准5.3.3.2.2要求,核查仪器设备以确保其正常使用。

5.3.3.4.7　仪器设备的维护和保养应按照说明书定期进行。

　　此部分条款对实验室仪器设备作出了规定,包括仪器设备通用管理要求,仪器设备的安装、调试,仪器设备的安全操作以及仪器设备的维护四方面内容。

(一)仪器设备通用管理要求

　　5.3.3.1　仪器设备通用管理要求

　　5.3.3.1.1　应对仪器设备在采购、安装、调试、使用、操作和维护过程进行安全管控,以保证仪器设备满足实验要求。

　　5.3.3.1.2　凡有可能对人体产生伤害的仪器设备、实验区域应设置相应的安全警示标志。

　　5.3.3.1.3　实验室根据需要应配备灭火毯、防毒面具、防护镜和防护口罩等相应的防护用品。

　　5.3.3.1.4　凡经常使用强酸、强碱、有化学品烧伤危险的实验室,在出口就近处应设置紧急喷淋器及应急眼睛冲洗器,紧急喷淋器及应急眼睛冲洗器的给水管应配置过滤系统。

　　5.3.3.1.5　在精密仪器室、高压仪器设备间和高温仪器设备间等重要部位宜安装监控系统。

　　本条款从设备的安全角度,按照设备采购、安装和调试、安全操作和维护保养过程中可能产生的不安全因素,主要危险特征及工作条件等特点,规定了设备的安全规定及要求。

　　实验室在设备采购之前应对拟采购的仪器设备的安装和调试、操作使用或运行、维护保养过程进行危险源辨识和风险评价,识别出潜在的危险源,制定并确保风险控制措施的充分、有效。风险评价应按照《要求》5.1 的要求进行,通过危险源辨识、风险评价、风险控制等步骤,消除有关设备方面的危险源,确保实验室的安全。

　　在采购前选择实验室设施和设备,首先应确认其适用性,同时还应确认制造商对安全操作的设计进行了充分的考虑。特别是用电驱动的设备应适用于中国的电网要求,如三相交流电源额定容量一般为 380 V、50 Hz、16～63 A;单相交流电源额定容量一般为 220 V、50 Hz、10 A,最大不超过 16 A,否则应该选用三相交流电源。采购文件中除应有关于设施和设备的功能要求外,还应有关于安全要求的说明。采购时宜考虑的安全因素见 GB/T 27476.3—2014《检测实验室安全第 3 部分:机械因素》,机械安全因素如下。

　　(1)用于处理可燃物(如防火电机)或病原体的特殊装置。

　　(2)对运动部件失效的防护装置。

　　(3)安全联锁装置;除非机盖和保护装置已正确关闭,否则无法启动设备的联锁装置;防止运动部件在动作时被触及的防护装置。

(4)发生异常情况下自动切断电源的装置。

(5)可能危及人身安全的运动部件的防护装置。

(6)相应的安全设备的辅助装置(如真空泵的油污滤清器)。

（二）仪器设备的安装、调试

> 5.3.3.2　仪器设备的安装、调试
>
> 5.3.3.2.1　仪器设备应根据制造商的安装指南由制造商或经销商的技术人员或专业技术人员进行安装调试。
>
> 5.3.3.2.2　全新、改装过的或修理过的仪器设备应经安全测试符合要求后方可使用。
>
> 5.3.3.2.3　仪器设备制造商应提供详细的安装及操作说明书。相关人员在操作仪器设备前应详细阅读操作说明书。操作说明书的存放应便于操作和维护人员取阅。

实验室应根据制造商的安装、调试指南安装、调试设备，或由制造商的技术人员进行安装、调试。设备安装、调试的质量直接关系到以后的安全操作和使用，同时设备安装、调试本身也关系到实验室的安全。

实验室宜要求设备制造商提供详细的安装及操作说明书，以便相关人员根据制造商的安装及操作说明书或指南正确、顺利、安全地安装、调试设备，也便于保障实验室的安全。操作人员应详细阅读操作或使用说明书后才能操作和使用设备。设备的操作或使用及维护说明书应放置在便于取阅的部位。

正确安装设备是正确和安全操作设备的前提。安全操作相关注意事项见GB/T 27476.3—2014《检测实验室安全 第3部分:机械因素》。其中对于设备的安装与试运行的要求如下。

(1)制造商应提供详细的安全及操作说明书。

(2)说明书必须语言清晰、明确。

(3)有关人员操作前，应正确理解说明书的内容。

(4)实验室应根据制造商的安装指南安装设备，或由制造商的技术人员进行安装。

设备的安全操作基于正确的安装，当对设备进行安装或试运行时，应遵守以下注意事项。

(1)确保设备有足够的安全装置和控制措施以满足风险评估和有关安全的要求。

(2)为设备选择一个合适的安装环境，包括充足的场地、空间、通风、照明条件，与其他设备隔离。

(3)确认设备正常运行所需的全部资源。

（4）确保有效的噪声、振动控制措施。

（5）确保已建立合适的设备操作和维护规程，并明确操作时应佩戴的个体防护装备。

（6）确保设备在其设计范围内使用。

（7）确保设备经过对其设计符合性和防护装置安全性的试运行。确保设备在使用前，经过对其设计符合性和防护装置安全性的验证。

（8）确保安装的符合性，应采取核查、检查措施。

实验室宜有适当的设备清理和报废要求或程序。所制定的仪器设备管理程序中，应包括采购、安装、调试和使用、操作、维护和封存及报废的有关内容。

（三）仪器设备的安全操作

5.3.3.3　仪器设备的安全操作

5.3.3.3.1　操作人员应经过培训，熟悉仪器的性能、用途、使用方法，应按照各种仪器设备的操作规程安全使用实验室仪器设备。

5.3.3.3.2　应在操作前对易产生危险的操作进行风险评估，以减少危险或确认替代的操作。若替代操作不可行时，则该操作应被隔离或修改，以减少操作者的危险。

5.3.3.3.3　使用过程中如发现仪器设备有异常现象应立即停止使用，查明原因，排除故障，对检测结果有影响的，应重新检定合格后，方可继续使用。

5.3.3.3.4　应对无人照看的仪器设备在人员减少或工作时间外的安全运行作出安排。

5.3.3.3.5　宜考虑使用自动设备来移动部件、材料以及加工设备中物料的进出，以减少操作人员的可能危险。

应按照各种仪器设备的操作要求或规程安全操作仪器设备，这关系到实验室仪器设备的操作与实验室的安全。与操作仪器设备有关的危险通常能够用低危险性的操作来替换该操作以减小危险。为达到上述目的，必须在操作前进行风险评估，以确认替代的操作并评估其安全操作的可行性。

对实验室昼夜长时间自动运行的设备以及无须操作人员始终关注的"无人照看的设备"的安全运行应制定安全措施，如委派或委托相关人员定期查看或值班监视。

（四）仪器设备的维护

5.3.3.4　仪器设备的维护

5.3.3.4.1　所有的维护工作应由具备资质人员按照设备制造商的说明书的操作规程执行。

> 5.3.3.4.2　开始工作前,维护人员应被告知场所的危险源,以及维护工作可能对实验室现场人员造成的危险。
>
> 5.3.3.4.3　维护时应断开仪器设备的动力源。若为了维护工作的进行,使仪器设备在安全联锁装置失效的状态下运行,应在维护工作开始前进行风险辨识并制定有效的管控措施,防止事故发生。安全联锁装置或其他安全装置不能保护维护人员时,应有措施确保仪器设备在关闭状态下不再次启动。维护的仪器设备可能存有余能,开始维护工作前,仪器设备的运动部件应处于限制动作状态,或确认仪器设备已处于卸能状态。
>
> 5.3.3.4.4　可能存有危险物质残留物的仪器设备,在维护工作开始前,应清洁仪器设备,去除危险物质残留物,并告知维护人员。
>
> 5.3.3.4.5　维护人员移动实验室内固定安装仪器设备,应事先得到实验室负责人批准。
>
> 5.3.3.4.6　维护完成后,应按照本标准 5.3.3.2.2 要求,核查仪器设备以确保其正常使用。
>
> 5.3.3.4.7　仪器设备的维护和保养应按照说明书定期进行。

设备的维护工作关系到实验室的安全,应由具备资质的人员根据设备制造商的说明书或技术要求,按照操作规程开展维护工作。维护工作开始前应做好所有准备,同时告知维护人员关键的健康与安全要求,使其有所准备,如穿着密闭性鞋子、佩戴护目镜等。若维护工作需签合同或服务协议,应包含健康与安全的期望值、监视与责任条款。

设备维护工作开始前,实验室应告知维护人员相关的实验室的危险源,以及维护工作可能对实验室现场人员造成的危险。同时,应告知实验室的相关人员由于设备维护可能出现的危险并加以防护。

在设备维护保养之前和过程中,应关注维护人员的安全防范措施,包括如下注意事项。

(1)当进行维护工作时,应断开设备的动力源供应。连锁保护装置或其他安全装置不能保护维护人员时,应通过严格的"允许工作"系统来保护维护人员的安全,即进行维修时,确保电源与液压系统不能启动。若为了维护工作的进行,必须使设备在安全联锁装置失效的状态下运行,应在维护任务开始前进行风险评价。维护人员应清楚某些设备存有能量,开始工作前,设备的运动部件应已被限制动作,或确认设备已卸能。

(2)实验室可能存在危险物质,在维护工作开始前,应清洁设备,去除危险物质,并告知维护人员。

（3）除非经实验室负责人批准,维护人员不得移动实验室的任何设备。移动前,应清洁所有设备。

仪器设备维护保养记录单示例如表 5-17 所示。

表 5-17　仪器设备维护保养记录单示例

	设备名称:	型号:	编号:	开机状态确认	维护保养日期:20 年　月　日	工 时:＿＿＿小时
1	工作内容:		开机情况:□正常 □不正常 结论:□正常 □不正常 不正常情况描述:		维护人员:	验收人员:
	设备名称:	型号:	编号:	开机状态确认	维护保养日期:20 年　月　日	工 时:＿＿＿小时
2	工作内容:		开机情况:□正常 □不正常 结论:□正常 □不正常 不正常情况描述:		维护人员:	验收人员:
	设备名称:	型号:	编号:	开机状态确认	维护保养日期:20 年　月　日	工 时:＿＿＿小时
3	工作内容:		开机情况:□正常 □不正常 结论:□正常 □不正常 不正常情况描述:		维护人员:	验收人员:

第五节　科研、检测方法

一、标准条款

5.4　科研、检测方法

5.4.1　实验室选择科研、检测方法时应考虑方法的安全性,优先选用风险较低的方法及风险较小的工作流程。

5.4.2　实验室开展的活动应制定文件化的安全操作规程。

5.4.3　安全操作规程应包括科研、检测流程中的安全检查和安全预警,如工作前进行安全检查,必要时用声、光发出预警,通知周边人员离开工作区域。

5.4.4　风险较高的科研、检测活动,应做预先危险性分析、制定风险控制措施并经过批准后开展。

二、标准解读

(一) 科研、检测方法的选择

5.4.1　实验室选择科研、检测方法时应考虑方法的安全性,优先选用风险较低的方法及风险较小的工作流程。

科研、检测方法是指实验室用于实施科研、检测工作所依据的标准科研、检测方法和技术规范。科研、检测方法是实验室实施科研、检测工作的主要依据,是开展科研、检测工作所必需的资源,如果方法及程序不同就会造成结果不同。

《实验室资质认定评审准则》5.3.2规定:"实验室应确认能否正确使用所选用的新方法。如果方法发生了变化,应重新进行确认。实验室应确保使用标准的最新有效版本。"GB/T 27025—2019《检测和校准实验室能力的通用要求》中也有相应的规定。实验室采用的检验检测方法包括样品的抽取、处理、运输、存储和制备等环节,应当记录确认所获得的结果、使用的程序、方法等是否适用于预期的用途,必要时还应包括不确定度和分析数据的统计学处理技术。

方法发生变更或颁布新标准时,方法的确认要求如下。

（1）在首次对外出具数据之前应确认标准方法已被正确地运用。

（2）标准方法发生了变化应重新确认。

（3）对标准方法定期查新,以确保使用的是最新有效版本。

1. 检测方法的选择及使用要求

实验室资质认定(或认可)现场考核时确定的检测项目依据是国家标准、行业标准和地方标准。当没有国际、国家、行业、地方规定的检验检测方法时,实验室应尽可能选择已经公布或由知名的技术组织或有关科技文献或杂志上公布的方法,但应经实验室技术主管确认。如果是在实验室计量认证或认可批准业务范围内,因客户的特殊要求而发生的情况,其检验检测结果和报告上应有明确的说明。

此外,需要使用非标准方法时,应征得委托方同意,并形成有效文件,使出具的报告为委托方和用户所接受,即必须在实验室计量认证或认可批准业务范围内使用,而有效文件是指甲乙双方对使用非标准方法检测达成的协议。一般来说应由双方签字盖章,也可以在检测委托(协议)书上注明,实验室在检测报告中也必须加以说明。因此,在检测方法的选择上,优先使用国家标准,然后是行业标准、地方标准,非标准方法仅限于委托方同意才可使用。

对于实验室完成的每一项或每一系列检测结果,均应按照检测方法中的规定,准确、清晰、客观地在检测证书或报告中表述,应采用法定计量单位。证书或报告中还应包括为说明检验检测结果所必需的各种信息、采用方法所要求的全部信息。除上述明确的要求外,检测报告中必须有检测数据和结论。

实验室选择科研、检测方法时还应考虑方法的安全性,优先选用风险较低的方法、风险较小的工作流程,以尽可能降低实验风险,保证实验过程安全。

检测方法选择的核心就是一方面方法要有效,特别注意要使用最新有效的版本,另一方面是要考虑安全性,尽量降低实验安全风险。

2. 检测方法的验证及确认

当实验室将标准方法引入自身的检测工作时,应对引入的标准方法进行验证,并正确有效地运用。

1)标准方法确认

用于确定某方法性能的技术宜是下列情况之一,或是其组合。

（1）使用参考标准或标准物质(参考物质)进行校准。

（2）与其他方法所得的结果进行比较。

（3）实验室间比较。

（4）对影响结果的因素进行系统评审。

(5)根据对方法的理论原理和实践经验的科学理解,对所得结果不确定度进行评定。

实验室应按照制定的相关工作程序选择上述方法进行验证,确认将要使用的检测方法是否满足要求,在确认方法确实可行后,方可投入使用。

方法的确认主要有变更后的标准确认和新方法的确认。在确认时应该绘制方法的标准曲线并进行添加标准回收率试验、最低检出限试验和精密度试验等,考虑方法的特异性和耐用性,必要时还应进行不确定度评估。

2)非标方法的确认

《实验室资质认定评审准则》5.3.5规定:"实验室自行制定的非标方法,经确认后,可以作为资质认定项目,但仅限特定委托方的检测。"非标方法是指未经相应标准化组织批准的检测/校准方法。只有在尚无国家标准、行业标准、地方标准时,实验室方可自制非标检测方法,应经过如下确认步骤。

(1)从理论到实际对方法的理解。

(2)使用标准物质或参考标准进行校准。

(3)与不同方法所得的结果进行比较。

(4)进行实验室间的比较试验。

(5)进行结果不确定度评定。

必要时对方法确认过程得到的测量值是否满足顾客的技术要求进行评审,这些值包括测量结果的不确定度、检出限、方法的选择性、线性、重复性限、复现性限、稳健度和交互灵敏度,可根据具体方法确定。当缺乏信息时,上述指标可以用简化方式给出。经过验证和确认后形成文件,方可使用该方法检测,并应征得客户同意。实验室应使用适当的方法和程序进行所有检测工作及职责范围内的其他有关业务活动(包括样品的抽取、处置、传送和储存、制备,测量不确定度的估算,检验检测数据的分析)。这些方法和程序应与有关检测标准规范一致,目的是建立符合实际的检测流程图,通过流程图找出关键的要素。不同的检测对象应有不同的检测流程图。

3. 检测方法选择示例

1)烟草植株中氮元素含量检测方法选择

烟草及烟草制品中总氮含量是对卷烟劲头和吃味有重要影响的指标,烟草中的含氮化合物包括蛋白质、游离氨基酸、生物碱、硝酸盐和其他含氮杂环化合物等,含氮化合物在燃吸过程中,形成的烟气显碱性,给人以辣、刺、苦的感觉。为了使烟气吃味醇和,无辣、刺、苦的感觉,应保证烟气酸碱适度,必须使烟丝中的糖氮比合适。因此,总氮含量的测定对鉴别烟质好坏具有一定意义,是烟草化学分析的常规检测项目。烟草中总氮的测定就是将烟草中各种含氮化合物中的总氮含量检测出来,总氮的测定常用的方法主要有两类:间接分析法,其代表方法为近红外光谱法;经典化学分析法,分为消化后测铵和燃烧后测氮,其代表方法为凯氏定氮法和杜马斯燃烧法。

与常见的化学分析法不同,近红外光谱分析是一种间接分析技术,是用统计的方法在样品待测属性值与近红外光谱数据之间建立一个关联模型(或称校正模型)。因此在对未知样品进行分析之前需要收集大量用于建立关联模型的校正样品,以获得用近红外光谱分析所获光谱数据与经典化学分析法所获数据的相关关系。傅里叶变换型近红外光谱分析仪的特点包括分辨能力高、扫描速度极快和辐射光通量大等。近红外光谱检测技术适用于多种常规成分含量预测,推进近红外光谱技术的在线使用,可实现对原料和产品的实时监测。

凯氏定氮法中含氮有机物质在催化加热条件下被分解,分解产生的氨与硫酸结合生成硫酸铵,碱化蒸馏使氨游离逸出,硼酸吸收后以硫酸或盐酸标准溶液进行滴定。凯氏定氮法测定分析时间长,对环境不友好。消解过程需要使用浓硫酸,高温下的浓硫酸具有强烈的腐蚀性、氧化性以及脱水性,具有一定的危险性。蒸馏时需要使用高浓度的氢氧化钠溶液,热浓碱具有腐蚀性,对蛋白质有溶解作用,碱烧伤不易愈合。配制浓碱时浓碱释放热量大,有可能会灼伤实验人员。分析过程会产生大量的强碱废液,对环境不友好。烟草自身含有难分解的有机物质,其消解比普通食品消解耗时长,完全消解一个样品耗时 5 小时以上,容易出现消解液溢出或是消解过度的状况。消解过度时,硫酸溶液耗尽,残余晶体在高温下缓慢分解甚至完全分解,因此凯氏定氮法需要耗费大量人力。

杜马斯燃烧法从样品制备到获得含氮量,一个样品耗时仅约 4 分钟,可自动连续不间断进行 60～120 个样品的分析。杜马斯燃烧法是将样品在纯氧环境、900～1200 ℃高温的燃烧管中燃烧,在含有 CuO 的氧化管中进行初级氧化,初级氧化产生氮氧化物、二氧化碳以及少量一氧化碳和甲烷,在 CuO/Pt 催化剂上进行二次氧化,一氧化碳、甲烷被氧化成二氧化碳。银丝除去氯元素带入的氯氧化物的干扰,五氧化二磷除去水分的干扰,钨粒是还原剂,将氮氧化物还原成氮气。样品燃烧产生的混合气体经一级燃烧管、二级氧化管、还原管后,只余氮气和二氧化碳两种气体,两种混合气体由载气二氧化碳带入热导检测器(TCD)进行检测,根据氮气的峰面积对氮含量进行定量测定。杜马斯燃烧法的缺点是总氮不能排除硝态氮的干扰,使用的杜马斯定氮仪的还原管是消耗性的,使用两千多次就需要更换,价格偏贵。但杜马斯燃烧法测定烟草中总氮含量的精密度高,重复性好,分析速度快,操作简便,自动化程度高,对环境友好,风险小,与半自动或全自动蒸馏装置

相比较也有价格优势,因此杜马斯燃烧法在烟草领域的应用将越来越广泛。

2)实验室其他检测方法选择

有些实验中需要加热易燃液体,严禁使用明火加热,应使用温度可控的电热板,使用水浴法或油浴法进行加热。油浴常用的介质有豆油、棉籽油等。油浴最高温度比水浴高,一般在 100～250 ℃之间。油浴操作法与水浴相同,不过进行油浴尤其要操作谨慎,防止油外溢或油浴升温过高,引起失火。

以家用电器的试验流程为例,GB 4706.1—2005《家用和类似用途电器的安全 第 1 部分:通用要求》在第 5 章中规定,除非另有规定,试验均按各章条的顺序进行,其中就包含了工作安全的考虑,如先做标志和说明、对触及带电部件的防护项目,再做通电的试验项目。

物质含量的测定可以先用排除法检测是否含有某种有害物质,如没有就可以判定合格;如果有,再采用进一步的方法判定其含量是否超出限值。

(二) 实验室安全操作规程编制

> 5.4.2 实验室开展的活动应制定文件化的安全操作规程。
>
> 5.4.3 安全操作规程应包括科研、检测流程中的安全检查和安全预警,如工作前进行安全检查,必要时用声、光发出预警,通知周边人员离开工作区域。

实验室安全操作规程是实验室涉及安全的作业指导书。安全操作规程可以单独编制,也可以与质量方面的操作规程、作业指导书一起编制,特别是当某一实验既需要安全方面的考虑又需要质量方面的考虑的时候。

实验室涉及的实验、活动均应建立相关安全操作规程,明确操作流程和控制参数、注意事项,制定文件化的安全操作规程。

编制安全操作规程还应注意规范检测流程中的安全检查和安全预警作业,如试验前进行安全检查,必要时用声、光发出预警,通知周边人员离开试验区域。例如,危险化学品安全操作规程内容应涵盖化学品操作中危险源辨识和风险评估、化学品储存要求、个体防护要求、工艺参数和安全控制要求、仪器设备安全操作要求、危险废物处理要求、应急处置方案和应急设施等。

实验室安全操作规程编制要求如下。

1)编写人员

实验室最高管理者或最高管理者授权的代表组织应参与规程的编写和修订,负责规程的审批发布。实验室安全管理人员协调并参与规程的编写和修订。规程编写人员应包括但不限于实验项目负责人、实验项目参与人、技术人员和其他具有实际操作经验的人员。

2)编写原则

规程用语应简明扼要、精练准确,可采用图片、图解、列表等手段辅助描述。

每条规程宜采用一句话且规定一项操作,包括动作的性质、内容以及目的。规程中应采用法定计量单位,且前后表述一致。操作步骤描述应简洁明了实用,且无歧义,包括操作/实验目的,化学品,需要操作或控制的温度、压力、流量等实验参数,涉及的开关、阀门或所用仪器设备等。

3)编写依据

(1)规程的编写依据。

①法律、法规、规章、标准、规范和有关规定;

②化学品安全技术说明书和化学品安全标签;

③设备、仪器仪表说明书;

④曾经发生的相关事故案例;

⑤实验步骤和方法、操作人员的经验反馈;

⑥操作环境条件;

⑦职业健康相关资料;

⑧操作危害分析以及与安全管理相关的资料等。

(2)规程编写前应从化学品、环境、设施、仪器设备等方面开展危险源辨识和风险评估。

①危险源辨识的内容应包括但不限于以下方面。

a.化学品危险性评价应按照 GB/T 22225—2008《化学品危险性评价通则》的要求;

b.与化学品操作相关的环境要求;

c.应急喷淋与洗眼装置、通排风系统、报警系统、防爆设施、防静电设施、消防设施等;

d.仪器设备;

e.其他有害因素,如机械危害、辐射危害、生物危害等。

②化学品风险评估应按照 GB/T 34708—2017《化学品风险评估通则》的要求。应识别操作者接触化学有害因素种类、接触途径和操作方式等,可按照 GBZ/T 298—2017《工作场所化学有害因素职业健康风险评估技术导则》的要求测评职业健康风险水平,从而采取相应措施,预防并控制工作场所化学有害因素所致的职业病危害。

③明确危险源可能造成的危害/事故后果和伤害的对象,控制风险应采取的有效措施,如在封闭系统里处理化学品、在排风柜或局部通风系统里使用易挥发化学品、带压取样点处安装防护板或隔离板。

4)安全操作规程结构和正文内容

(1)安全操作规程结构。

安全操作规程由封面、目次、前言、正文、附件组成。

(2)正文内容。

规程正文内容应包括但不限于化学品、实验、工艺的名称，化学品危险性，储存要求，人员要求，个体防护，操作步骤，危险废物处理，应急处置等。

①应列明化学品危险性，包括物理参数，如沸点、蒸气压、密度、溶解度、燃点、闪点、爆炸极限等；职业危害接触限值；稳定性和反应活性，如应避免接触的条件、受热是否分解、暴露于空气中或被撞击时是否稳定、禁忌物品、聚合危害、分解产物等。

②应列明实验所用化学品储存要求，包括以下内容：根据化学品的特性、化学品相容性及化学品安全技术说明书的要求储存，明确禁忌物品的信息；规定危险化学品的特殊处理和储存条件，特别是高度易燃、易爆、高反应活性、氧化性及腐蚀性化学品；规定化学品储存区域的温度、湿度、光照、通风等要求。

③应列明人员的要求，包括以下内容：操作人员人数，培训教育情况的要求，对人员实施考核及实验室分级分类管理中的"准入"管理内容；特种作业人员和特种设备作业人员应取得相应操作证书。

④应列明使用化学品时佩戴个体防护装备的要求，包括但不限于防护服、护目镜、防护面罩、防护口罩、防毒面具、防护手套，个体防护装备的配备和选用程序应按照 GB 39800.1—2020《个体防护装备配备规范　第 1 部分：总则》的要求执行。

⑤应列明操作步骤，包括以下内容：安全设施的开启（如开启通排风系统），仪器设备或系统安全检查（如装置气密性检查）的安全操作要求。针对某些仪器设备、仪表，应规定检查和保养的标准。根据危险源辨识、风险评估结果，规定正常情况下的安全操作步骤及安全操作注意事项。规定特殊安全注意事项，应对特定化学品规定个性化安全要求。规定安全操作的禁止性要求。规定操作后的安全要求，包括关闭水、电、气应注意的安全事项，仪器设备和实验室清扫过程应注意的安全事项。

⑥还应列明实验室危险废物处理流程及应急处置要求，包括应急救援物资配备要求、故障及异常情况的安全要求、应急处置措施和事故处置要求。

【应用示例 5-5】　某危化品安全操作规程正文提纲。

1　危险化学品概述

1.1　危险化学品基本信息

1.2　危险性

1.3　象形图

2　储存要求

2.1　通用储存要求

2.2　试剂室储存要求

2.3　实验室暂时存放要求

3　操作人员要求

3.1　基本要求

3.2　操作人员个体防护要求

3.2.1　着装及防护要求

3.2.2　个体防护装备的脱除

4　危险化学品操作要求

4.1　基本操作要求

4.2　样品取用操作要求

4.3　滴定操作要求

5　危险废物处理

6　应急处理

6.1　应急器材及用品配备

6.2　泄漏处理

6.3　紧急救护

6.4　应急通信

7　附件

（三）危险任务的执行

> 5.4.4　风险较高的科研、检测活动,应做预先危险性分析、制定风险控制措施并经过批准后开展。

实验室在建立和实施运行风险控制措施时,除了考虑一般控制措施,还应特别注意危险任务的执行。在进行安全风险较高的检测活动时,相关控制措施的典型示例如下。

（1）程序、工作指令或经核准的工作方法的使用。

（2）合适的设备的使用。

（3）对执行危险任务的人员或承包方的资格预审和(或)培训。

（4）工作许可证制度、事先批准或授权制度的使用。

（5）控制人员进出危险作业现场的程序。

（6）预防健康损害的控制措施。

如压缩机的性能测试时使用的氧-燃气焊接,属于风险较高的检测活动,应经过适当权限人员批准后进行。

第六节　安　全　标　志

安全标志是指用以表达特定安全信息的标志,由图形符号、安全色、几何形状(边框)或文字构成,是警示工作场所或周围环境的危险状况,指导人们采取合理行为的标志,也可称为安全标识。

图形符号是指在安全标志的几何形状之内,以图形为主要特征,用以传递某种信息的视觉符号。图形符号的颜色包括白色和黑色。

颜色常被作为传递安全信息含义的媒介,称为安全色,安全色的作用是使影响安全与健康的对象或环境能够迅速引起人们的注意,并使特定信息获得快速理解。安全色要求醒目,容易识别。国际标准化组织建议采用红色、黄色和绿色三种颜色作为安全色,并用蓝色作为辅助色。我国规定红、蓝、黄、绿四种颜色为安全色。其中红色传递禁止、停止、危险或提示消防设备、设施的信息;蓝色传递必须遵守规定的指令性信息;黄色传递注意警告的信息;绿色传递安全的提示性信息。除安全色之外,还设定了两种颜色作为对比色,是使安全色更加醒目的反衬色,包括黑色、白色。

此外,可以使用文字和(或)图形符号形式的辅助安全信息来描述、补充或阐明安全标志的含义,辅助安全信息应位于单独的辅助标志内或作为组成部分,包含于组合标志或复式标志中。

一、标准条款

5.5　安全标志

5.5.1　一般要求

5.5.1.1　实验室应根据活动类型设置相应安全标志,包括:通用安全标志、职业健康标志、消防标志、化学品作业场所安全警示标志、气瓶标志和设备标志等。紧急通道和出入口应设置紧急疏散的醒目标志。实验室应定期检查和维护安全标志。

5.5.1.2　安全标志及其使用应符合 GB 2894 的规定;消防安全标志及其设置应符合 GB 13495.1 和 GB 15630 的规定;气瓶标志参见 GB/T 7144;工业管道标志应符合 GB 7231 的规定。

5.5.2　安全告示牌

5.5.2.1　应在建筑物内部以及外墙上放置适当的安全告示牌。

5.5.2.2　工作区的安全告示牌应包括以下内容：

a)应急方法；

b)所有的特殊危险；

c)告示牌也可用于事故通报。

二、标准解读

(一)安全标志的设置

安全标志包括通用安全标志、消防标志、化学品作业场所安全警示标志、工业管道标志、气瓶标志、设备标志等。实验室应根据活动类型设置相应安全标志。紧急通道和出入口应设置醒目标志。实验室应定期检查和维护安全标志。

1. 安全标志和报警信号设置原则

GB/T 12801—2008《生产过程安全卫生要求总则》对安全标志和报警信号给出了具体的设置原则规定。

(1)凡容易发生事故的地方,应按 GB 2894—2008《安全标志及其使用导则》的要求设置安全标志,或在建筑物及设备上按 GB 2893—2008《安全色》的要求涂安全色。

(2)在易发生事故和人员不易观察到的地方、场所和装置,应设置声、光或声光结合的事故报警信号。

(3)生产场所、作业点的紧急通道和出入口,应设置醒目的标志。

(4)设备和管线应按有关标志的规定涂识别色、识别符号和安全标识。

2. 安全标志分类

在检测实验室领域,适用的安全标志包括通用安全标志、消防标志、化学品标志、工业管道标志、气瓶标志、设备标志等。安全标志分类和适用标准如表 5-18 所示。

表 5-18　安全标志和适用标准

编号	安全标志	主要的适用标准
1	通用安全标志	GB 2894—2008《安全标志及其使用导则》 GB 2893—2008《安全色》 GB/T 14778—2008《安全色光通用规则》
2	消防标志	GB 15630—1995《消防安全标志设置要求》 GB 13495.1—2015《消防安全标志 第 1 部分:标志》

续表

编号	安全标志	主要的适用标准
3	化学品标志	GB 13690—2009《化学品分类和危险性公示 通则》 GB 15258—2009《化学品安全标签编写规定》 GB/T 16483—2008《化学品安全技术说明书 内容和项目顺序》 GB 190—2009《危险货物包装标志》
4	工业管道标志	GB 7231—2003《工业管道的基本识别色、识别符号和安全标识》
5	气瓶标志	GB/T 7144—2016《气瓶颜色标志》
6	起重机械设备标志	GB/T 15052—2010《起重机 安全标志和危险图形符号 总则》
7	机械设备标志	GB/T 18209.1—2010《机械电气安全 指示、标志和操作 第1部分:关于视觉、听觉和触觉信号的要求》 GB/T 18209.2—2010《机械电气安全 指示、标志和操作 第2部分:标志要求》

安全标志的设置、使用、检查与维修应满足如下要求。

(1)标志牌设置的高度应尽量与人眼的视线高度相一致。

(2)标志牌应设在与安全有关的醒目地方。

(3)标志牌不应设在门、窗、架等可移动的物体上;标志牌前不得放置妨碍认读的障碍物。

(4)标志牌的平面与视线夹角应接近90°。

(5)标志牌应设置在明亮的环境中。

(6)多个标志牌在一起设置时,应按警告、禁止、指令、提示类型的顺序,先左后右、先上后下排列。

(7)安全标志牌至少每半年检查一次,当发现有破损、变形、褪色等不符合要求时应及时修整或更换。修整或更换激光安全标志时应有临时的标志替换,以避免发生意外的伤害。

安全标志基本要素包括图形符号、安全色、几何形状(边框)或文字。图形符号根据不同的管理对象,在具体标准中规定,安全色对所有的安全标志均适用。

安全色使用红、蓝、黄、绿四种颜色来传递安全信息含义,并分别用来表示禁止、指令、警告、指示,使人们能够迅速发现或分辨安全标志。GB 2893—2008《安全色》规定的安全色含义和用途如表5-19所示。

表 5-19　安全色的含义和用途

颜色	含义	用途举例
红色	禁止、停止、危险或提示	禁止标志； 停止信号：机械停止按钮、机械设备转动部件的裸露部位 消防设备设施
蓝色	必须遵守规定的指令	指令标志：如必须佩戴个人防护用具
黄色	注意、警告	警告标志； 警戒标志：如厂内危险机械和坑池边周围的警戒线； 安全帽
绿色	安全提示	提示标志； 车间内的安全通道、急救站、疏散通道； 消防设备和其他安全防护装置的位置

为使安全色更加醒目，使用黑白两种颜色作为对比色。黑色用于安全标志的文字、图形符号和警告标志的几何边框，与黄色安全色一起使用。白色用于红、蓝、绿的背景色，也可用于安全标志的文字和图形符号。

(二)通用安全标志

实验室的通用安全标志的设置和使用原则应符合 GB 2894—2008《安全标志及其使用导则》的规定。

(1)安全标志分为禁止标志、警告标志、指令标志和提示标志等四类，安全标志的含义和示例如表 5-20 所示。

表 5-20　安全标志的含义和示例

标志类型	安全标志和含义	示例
禁止标志	禁止人们的不安全行为的图形标志，基本形式是带斜杠的圆边框，图形为黑色，禁止符号与文字底色为红色，共 40 种，见 GB 2894—2008《安全标志及其使用导则》表 1	 禁止合闸

续表

标志类型	安全标志和含义	示例
警告标志	提醒人们对周围环境引起注意,以避免可能发生危险的图形标志,基本形式是正三角边框,图形、警告符号及字体为黑色,图形底色为黄色,共39种,见GB 2894—2008《安全标志及其使用导则》表2	当心触电
指令标志	强制人们必须做出某种动作或采用防范措施的图形标志,基本形式是圆形边框,图形为白色,指令标志底色均为蓝色,共16种,见GB 2894—2008《安全标志及其使用导则》表3	必须拔出插头
提示标志	向人们提供某种信息(如标明安全设施或场所等)的图形标志,基本形式是正方形边框,提示标志的底色为绿色,图形为白色,共8种,见GB 2894—2008《安全标志及其使用导则》表4,包括紧急出口(左向和右向)、避险处、应急避难场所、可动火区、击碎板面、急救点、应急电话、紧急医疗站。提示目标位置可加方向辅助标志	紧急出口

(2)文字辅助标志与安全图形标志配合使用,基本形式为矩形边框,可根据需要采用横写或竖写。文字辅助标志使用要求如表5-21所示。

表5-21 文字辅助标志使用要求

形式	使用要求
横写	文字辅助标志写在标志下方,可以与标志连在一起或分开。颜色要求:禁止标志、指令标志为白色字,衬底色为标志颜色;警告标志:黑色字,白色衬底
竖写	文字辅助标志写在标志上方,各种标志均为白色衬底,黑色字

(3)实验室适用的禁止标志如表5-22所示。实验室适用的警告标志如表5-23所示。实验室适用的指令标志如表5-24所示。实验室适用的提示标志如表5-25所示。

表 5-22 实验室适用的禁止标志

GB 2894—2008 中表 1 的编号	标志名称（图形标志见 GB 2894—2008）	涉及的地点（举例）	GB 2894—2008 中表 1 的编号	标志名称（图形标志见 GB 2894—2008）	涉及的地点（举例）
1-1	禁止吸烟	全部	1-10	禁止叉车和厂内机动车辆通行	办公楼
1-2	禁止烟火	全部	1-11	禁止乘人	货梯
1-3	禁止带火种	发电房、材料试验室、制冷实验室、压缩机实验室	1-12	禁止靠近	高压房、变压器房、高压试验区
1-4	禁止用水灭火	发电房、变压器房、材料试验室、制冷实验室、压缩机实验室	1-13	禁止入内	变压器房、高压试验区、环境试验室洁净区
1-5	禁止放置易燃物	材料试验室、制冷实验室、压缩机实验室	1-24	禁止触摸	电机试验室、材料试验室
1-6	禁止堆放	消防器材存放处、消防通道及实验室主通道	1-26	禁止饮用	材料试验室
1-7	禁止启动	停用的设备	1-33	禁止佩戴心脏起搏器者靠近	EMC 实验室
1-8	禁止合闸	设备或线路检修时，相应的开关附近			

表 5-23 实验室适用的警告标志

GB 2894—2008 中表 2 的编号	标志名称（图形标志见 GB 2894—2008）	涉及的地点（举例）	GB 2894—2008 中表 2 的编号	标志名称（图形标志见 GB 2894—2008）	涉及的地点（举例）
2-1	注意安全	全部	2-2	当心火灾	全部

续表

GB 2894—2008 中表 2 的编号	标志名称（图形标志见 GB 2894—2008）	涉及的地点（举例）	GB 2894—2008 中表 2 的编号	标志名称（图形标志见 GB 2894—2008）	涉及的地点(举例)
2-3	当心爆炸	电线电缆试验室、电池实验室、电容器试验室	2-23	当心弧光	制冷试验室、压缩机试验室
2-4	当心腐蚀	材料试验室	2-25	当心低温	电线电缆试验室
2-5	当心中毒	材料试验室、环境实验室	2-27	当心电离辐射	
2-7	当心触电	全部	2-29	当心激光	信息电子试验室、风扇实验室
2-15	当心吊物	电机试验室、环境试验室	2-30	当心微波	小家电试验室
2-17	当心挤压	大厅、电梯	2-31	当心叉车	全部试验室主通道
2-20	当心夹手	大厅、电梯	2-36	当心跌落	楼梯(在楼梯的第一级和最后一级的踏步前沿)

表 5-24　实验室适用的指令标志

GB 2894—2008 中表 3 的编号	标志名称（图形标志见 GB 2894—2008）	涉及的地点（举例）	GB 2894—2008 中表 3 的编号	标志名称（图形标志见 GB 2894—2008）	涉及的地点(举例)
3-1	必须戴防护眼镜	材料试验室	3-2	必须佩戴遮光护目镜	老化实验室

续表

GB 2894—2008 中表3 的编号	标志名称（图形标志见 GB 2894—2008）	涉及的地点（举例）	GB 2894—2008 中表3 的编号	标志名称（图形标志见 GB 2894—2008）	涉及的地点（举例）
3-3	必须戴防尘口罩	环境试验室	3-12	必须穿防护鞋	高压试验室
3-4	必须戴防毒面具	材料试验室、环境试验室	3-13	必须洗手	材料试验室
3-5	必须戴护耳器	环境试验室	3-14	必须加锁	化学品仓库
3-6	必须戴安全帽	环境试验室	3-15	必须接地	EMC 实验室、供电电源
3-10	必须穿防护服	小家电试验室、微波炉试验室	3-16	必须拔出插头	维修设备、停用设备
3-11	必须戴防护手套	电缆试验室、环境试验室、材料试验室、高压试验室			

表 5-25　实验室适用的提示标志

GB 2894—2008 中表4 的编号	标志名称（图形标志见 GB 2894—2008）	涉及的地点（举例）	GB 2894—2008 中表4 的编号	标志名称（图形标志见 GB 2894—2008）	涉及的地点（举例）
4-1	紧急出口	全部通向紧急出口的通道、楼梯口	4-6	急救点	各楼层
4-4	可动火区	制冷试验室、压缩机试验室	4-7	应急电话	安装应急电话的地点

（三）消防安全标志

消防安全标志由几何形状、安全色、表示特定消防安全信息的图形符号构成，分为火灾报警装置标志、紧急疏散逃生标志、灭火设备标志、禁止和警告标志、方向辅助标志和文字辅助标志 6 类。消防安全标志的类别、几何形状、安全色、对比

色、图形符号色及含义如表 5-26 所示。

表 5-26 消防安全标志的类别、几何形状、安全色、对比色、图形符号色及含义

功能	类别	几何形状	安全色	对比色	图形符号色	含义
火灾报警装置标志	提示标志	正方形	红色	白色	白色	标示消防设施，共 4 个图形标志
紧急疏散逃生标志	提示标志	正方形	绿色	白色	白色	提示安全状况，共 6 个图形标志
灭火设备标志	提示标志	正方形	红色	白色	白色	标示消防设施，共 8 个图形标志
禁止和警告标志	禁止标志	带斜杠的圆形	红色	白色	黑色	表示禁止，共 7 个图形标志
	警告标志	等边三角形	黄色	黑色	黑色	表示警告，共 3 个图形标志
方向辅助标志	提示标志	正方形	红色或绿色	白色	白色	提示安全状况，共 2 个图形标志
文字辅助标志	辅助标志	矩形	背景色:白色或安全标志的安全色 文字颜色:白色或黑色			消防安全标志的文字辅助说明，通常与消防安全标志组合使用

（四）工业管道的基本识别色、识别符号和安全标识

实验室使用的气管、水管、消防管道应按照 GB 7231—2003《工业管道的基本识别色、识别符号和安全标识》规定进行标示，包括基本识别色、识别符号、安全标识。

管道识别色是识别管道内物质种类的重要依据,根据管道内物质特性分为八类,其识别色和相应颜色标准编号及色样应符合 GB 7231—2003《工业管道的基本识别色、识别符号和安全标识》的规定。

识别符号是识别管道内物质名称和状态的记号,由物质名称、流向和主要工艺参数等组成。

如果管道内的物质属于 GB 13690—2009《化学品分类和危险性公示 通则》所列的危险化学品,其管道还应设置危险标识。

消防标志表示管道内的物质专门用于灭火,应遵守 GB 13495.1—2015《消防安全标志 第 1 部分:标志》的规定,在管道上标识"消防专用"识别符号。

【应用示例 5-6】 管道标志识别如表 5-27 所示。

表 5-27　管道标志识别

物质种类	基本识别色	标识方法
气管	淡灰色 (颜色标准编号为 B03)	(1)管道全长上标识; (2)在管道上以宽为 150 mm 的色环标识; (3)在管道上以长方形的识别色标牌标识;
水管	艳绿 (颜色标准编号为 G03)	(4)在管道上以带箭头的长方形识别色标牌标识; (5)在管道上以系挂的识别色标牌标识
消防管道		在管道上标识"消防专用"

注:①采用 (1)、(2)、(3)、(4)方法时,两个标识的最小距离为 10 m;

②采用 (2)、(3)、(4)方法时,标牌的最小尺寸应以能清楚观察识别色来确定;

③采用 (1)、(2)、(3)、(4) 方法时,其标识的场所应该包括所有管道的起点、终点、交叉点、转弯点、阀门和穿墙孔两侧等和其他需要标识的部位。

(五)气瓶标志

实验室使用的充装气体的钢瓶应按照 GB/T 7144—2016《气瓶颜色标志》的要求管理,按标准要求对外表面涂色和标出字样的识别标志,在气体的采购文件、验收检查、在用气瓶的检查以及人员应知应会等环节予以落实。

气瓶颜色标志由文字、色环和颜色组成。气瓶外表面涂的字样内容、色环数目和涂膜颜色应按充装气体的特性进行组合,GB/T 7144—2016《气瓶颜色标志》规定了各种气体钢瓶的字样和字色等。色环是公称工作压力不同的气瓶的识别标志,气瓶应按 GB/T 7144—2016《气瓶颜色标志》的规定涂色环。气瓶涂膜颜色,应使用 GB/T 7144—2016《气瓶颜色标志》规定的颜色编号、名称和色卡。

按照国家特种设备管理要求,气瓶应定期检验,符合要求方能投入使用。我国采用检验色标作为识别工具。检验色标是气瓶检验钢印标志上的年份颜色标志,检验色标每 10 年为一个循环周期。气瓶检验色标如表 5-28 所示。

表 5-28　气瓶检验色标

检验年份	颜色	形状
2020	粉红色(RP01)	椭圆形
2021	铁红色(R01)	椭圆形
2022	铁黄色(Y09)	椭圆形
2023	淡紫色(P01)	椭圆形
2024	深绿色(G05)	椭圆形
2025	粉红色(RP01)	矩形
2026	铁红色(R01)	矩形
2027	铁黄色(Y09)	矩形
2028	淡紫色(P01)	矩形
2029	深绿色(G05)	矩形

注:括号内的符号和数字表示该颜色的代号。

(六)安全告示牌

应在建筑物内部以及外墙上放置适当的安全告示牌,起到重要的警示及救援参照作用。一旦发生安全事故,安全告示牌就能为事故救援起到重要的指示作用。每个工作区的安全告示牌应包括以下内容。

(1)列出应急方法。

(2)强调所有的特殊危险。

第七节　隔离状态下工作管理

5.6　隔离状态下工作管理

5.6.1　应对在隔离状态下进行的所有工作进行风险评价。评价应考虑计划的工作涉及人员的经验、健康状况、培训以及应急反应能力。对于刚开始在隔离状态下工作的人有必要进行附加的培训与指导。

5.6.2　当风险评价评定为高风险时,在隔离状态下工作的人员不应承担这些任务,这也适用于分包方、参观者或实习学生。

5.6.3　按照法律规定,某些任务无论何时都不允许单独执行。

5.6.4　对于患有由于在隔离状态下工作可能引发危险或威胁生命的疾病的员工,宜告知监督人员自身的身体状况。

5.6.5　应为隔离状态下工作的员工提供呼救方式,并在工作期间应随时以适当的方式监视呼救。

(一)隔离状态下工作定义

隔离状态下工作是指场所工作的人员与其他员工不能通过普通的方式(如言语、视觉)接触,因此应警惕已存在的危险源所导致的潜在风险,包括工作时间以内或工作时间以外在隔离区域或远场所工作。

隔离状态下工作是一种特殊的工作状态。该场所的工作人员因为被隔离,与其他员工不能通过普通的方式接触,因此应考虑为该状态下工作的人员配备与外界交流的特殊工具,以预备紧急情况用于呼救、报警等。评价隔离状态下工作的风险时,应考虑工作时间内以及工作时间以外的风险。

(二)隔离状态下工作的风险评价

应依据危险源辨识和风险评价方法对隔离状态下进行的所有工作进行风险评价,对于刚开始在隔离状态下工作的人员有必要进行附加的培训与指导。

当风险评价评定为高风险时,在隔离状态下工作的人员不得承担这些任务,该规定也适用于相关方、参观者或学生。可能遇到的高风险情况包括以下方面。

(1)操作实验室仪器设备。

(2)操作或靠近有毒、有害或腐蚀性物质。

(3)使用仪器暴露、破裂,或释放高能量碎片、大量有毒或对环境有害的物质。

(4)操作那些暴露的额定交流电压超过 50 V 或额定直流电压超过 120 V 的电气或电子系统。

(三)隔离状态下事故的处理

对于患有在隔离状态下工作可能引发危险或威胁生命的疾病的员工,宜告知监督人员自身的身体状况,便于在必要时采取合适的救助措施。

应为隔离状态下工作的员工提供呼救方式,并在工作期间随时以适当的方式监视呼救措施,如对讲、视频监控等。

(四)隔离状态下工作的示例

1. 简单的区域隔离

以电气强度试验的隔离为例,为防止试验时因高压或其他潜在因素对周围人员、设备造成危险,而单独划分的功能区域,不需要物理上的完全隔离,仅需要在

地上划分分隔线或用简易的隔离装置分开即可。此类隔离采取的安全措施如下。

（1）对试验人员进行培训，获得该项能力资格后再允许进行试验。

（2）必要的操作规程及警示：应确认在隔离区域内无其他非相关的人员、设备等再进行试验。

（3）当发生因意外而闯入隔离区域事件时，有相应的分级应对措施，如停止试验等。

（4）试验后隔离状态的处置。

2. 完全的隔离状态

为满足特定的试验要求，必须设立一个封闭空间用以进行相应试验的隔离，如湿热试验箱、消音室、空调焓差室等。采取的安全措施如下。

（1）隔离空间应设置可从里面打开门的装置或设置可对外联络的装置，以防止在做试验前的准备工作时门意外关闭而造成事故。

（2）对平时处于封闭状态的区域，每次使用前应先确认隔离区域内的环境条件适宜，试验人员才能进入以完成试验前的相关准备工作。

（3）在隔离区域开始试验后，应有防止区域非正常打开的措施，除非试验允许或打开后不致引起危险，当试验的封闭区域可能产生危险时，如压力试验、高温试验等，应有明确的"试验正在进行"等相关指示。

（4）应编制隔离区域试验操作规程及安全注意事项。

应定期检查隔离区域的隔离完整性、有效性，以保证试验质量及人员安全。

第六章
职业健康安全管理

本章明确了实验室职业健康安全管理的相关要求,包括总体要求、个体防护装备管理要求、服装、眼面部防护、手套以及呼吸防护等六个方面,如图 6-1 所示。

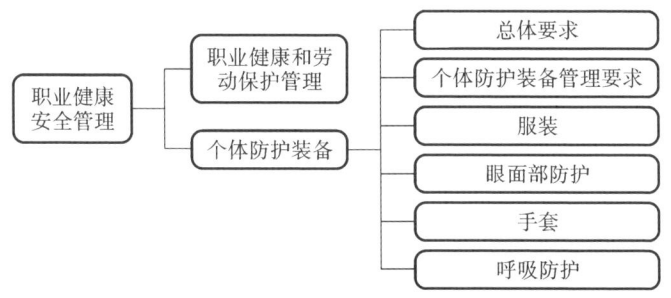

图 6-1　职业健康安全管理框架

▷

第一节　概　　述

职业健康与劳动保护直接涉及员工的生命安全与身体健康,是员工应当且必须享有的基本权益,也是企业应当承担的社会责任。实验室科研人员、科研辅助人员在从事科研/检测活动中,不得不使用一些仪器/设备或试剂等,不可避免地存在一定的危险和风险,而且这种情况一旦得不到有效控制就有可能发生事故。本章主要从职业健康和劳动保护管理及个体防护装备等方面进行阐述。

第二节 职业健康和劳动保护管理

一、概述

《中华人民共和国劳动法》第六章第五十四条规定:用人单位必须为劳动者提供符合国家规定的劳动安全卫生条件和必要的劳动防护用品,对从事有职业危害作业的劳动者应当定期进行健康检查。因此,职业健康和劳动保护的目的是预防和保护劳动者免受职业性有害因素所致的健康影响和危险。

二、标准条款

6.1 职业健康和劳动保护管理
职业健康和劳动保护管理应按 YC/T 384.1—2018 中 4.4.4 的要求执行。

三、标准解读

YC/T 384.1—2018《烟草企业安全生产标准化规范 第 1 部分:基础管理规范》4.4.4 包括职业危害识别和申报、告知,职业病危害因素日常监测的职责、要求和方法,职业病危害因素的年度检测,职业危害作业岗位人员的职业健康监护等内容。

(一)职业危害识别和申报、告知

(1)依据 GBZ/T 229《工业场所职业病危害作业分级》第 1～4 部分,确定本单位职业危害作业场所、作业岗位及其危害分级。其中,接触噪声(存在有损听力,有害健康或有其他危害的声音,且 8 h/d 或 40 h/周噪声暴露等效声级不小于 80 dB 的作业)、烟草加工过程中接触烟草粉尘、接触高于豁免值的放射源和微波辐射的作业岗位,以及焊接、高温、熏蒸杀虫作业岗位等,应确定为职业危害作业岗位。

(2)建立职业危害作业岗位清单,登记岗位接触的职业病危害因素、所在部门及作业场所、作业人员姓名、性别、防护设施和个体防护用品、职业病危害因素日常监测和定期检测周期等。

（3）单位工作场所存在政府有关部门发布的《职业病危害因素分类目录》所列职业病危害因素的，应及时、如实向当地政府主管部门申报危害项目。

（4）与员工签订、变更劳动合同时，应将其工作过程中可能产生的职业病危害因素及其后果、职业病危害防护措施和待遇等如实告知员工，并在劳动合同或合同附件中写明。

（二）职业病危害因素日常监测的职责、要求和方法

工作周期内每月至少进行 1 次危害因素控制情况的检查，能使用检测仪器进行测量的，每季度至少对职业病危害因素检测一次，并保存记录；日常监测发现的问题，应组织整改，必要时由具有资质的职业卫生技术服务机构追加检测。

（三）职业病危害因素的年度检测

（1）委托具有资质的职业卫生技术服务机构，每年至少进行 1 次职业危害作业场所的职业病危害因素检测。

（2）检测范围应当包含用人单位产生职业病危害的全部工作场所，用人单位应当在确保正常生产的状况下，配合职业卫生技术服务机构做好采样前的现场调查和工作日写实工作，并由陪同人员在技术服务机构现场记录表上签字确认。

（3）职业卫生技术服务机构在进行现场采样检测时，用人单位应当保证生产过程处于正常状态，不得故意减少生产负荷或停产、停机；用人单位应当对技术服务机构现场采样检测过程进行拍照或摄像留证；采样检测结束时，用人单位陪同人员应当对现场采样检测记录进行确认并签字。

（4）职业病危害因素的强度或者浓度不符合 GBZ 1—2010《工业企业设计卫生标准》、GBZ 2.1—2019《工作场所有害因素职业接触限值 第 1 部分：化学有害因素》、GBZ 2.2—2007《工作场所有害因素职业接触限值 第 2 部分：物理因素》等标准要求的，应当采取治理措施或有效的职业病防护措施。

（5）检测及整改资料应当存入本单位职业卫生档案备查，并向从业人员（含被派遣劳动者）公布。

（四）职业危害作业岗位人员的职业健康监护

（1）职业危害作业岗位人员应按期到职业健康体检医疗机构进行职业健康监护体检，包括上岗前、在岗期间定期、离岗时、离岗后医学随访和应急健康检查；体检的周期和项目，执行 GBZ 188—2014《职业健康监护技术规范》的要求。

（2）对于体检发现异常的应进行复查，确定有职业病危害因素禁忌证和疑似职业病的人员，应调离原岗位；每年监护体检后，应对结果及其趋势进行分析，形成分析报告，并组织制定措施和对策。

(3)建立职业危害作业岗位人员的职业健康监护档案,包括:劳动者的职业史、职业病危害接触史、职业健康监护体检和职业病诊疗等有关个人健康资料;档案应由专人负责管理,保存期不应低于 GBZ 188—2014《职业健康监护技术规范》规定的各类职业危害人员离岗后随访期,并确保资料的机密性和维护劳动者的隐私权、保密权。

(五)特殊作业人员的上岗前和在岗期间体检

(1)依据 GBZ 188—2014《职业健康监护技术规范》,电工、职业机动车驾驶员、压力容器作业人员应进行上岗前和在岗期间体检;体检要求应执行 GBZ 188—2014《职业健康监护技术规范》及相关国家和地方规定;保存每次体检资料。

(2)体检应按 GBZ 188—2014《职业健康监护技术规范》确定的目标疾病和禁忌证,按期到职业健康体检医疗机构进行,并保存体检资料;对于体检发现异常的应进行复查,确定有特定职业禁忌证的人员,应调离原岗位。

(六)劳动防护用品管理

(1)应根据劳动者工作场所中存在的危险、有害因素种类及危害程度、劳动环境条件、劳动防护用品有效使用时间,制定本单位各类岗位的劳动防护用品配备标准。

(2)劳动防护用品配备的品种、数量和发放、报废周期等应符合 GB 39800《个体防护装备配备规范》和国家和地方相关规定要求,并符合 YC/T 384.2—2018《烟草企业安全生产标准化规范 第 2 部分:安全技术和现场规范》的相关规定。

(3)应根据劳动防护用品配备标准制订采购计划。购买符合标准的合格产品,宜购买、使用获得安全标志的劳动防护用品。

(4)购买的劳动防护用品应经过检查验收后,方可入库,查验并保存劳动防护用品的检验合格证或检验报告等质量证明文件的原件或复印件。

(5)应填写并保存劳动防护用品发放的记录,包括使用部门领用记录和发放到使用者的签收记录。

(6)劳动防护用品由生产性业务外包相关方发放的,本单位应对其发放标准、发放记录等进行监督检查,确保符合法规标准要求。

(7)各工种各类劳动防护用品发放后的使用期限应符合 GB 39800《个体防护装备配备规范》的要求,并同时符合产品说明书、产品标志规定的出厂使用年限。

(8)共用的劳动防护用品应明确保管和管理人员,定点保存并定期检查其有效性。

第三节 个体防护装备

一、概述

个体防护装备是从业人员在工作中为防御物理、化学、生物等外界因素伤害所穿戴、配备和使用的各种防护用品的总称,也称个人防护用品、劳动防护用品、劳动保护用品等。个体防护装备在实验室安全管理中具有举足轻重的地位和作用,需要为参加实验活动的所有人员配备个体防护装备,以达到保护实验人员人身安全的目的。按照所涉及的防护部位分类,实验室个体防护装备可分为头部防护装备、眼部防护装备、呼吸防护装备、手部防护装备和躯体防护装备等类型。

(一)头部防护装备

头部防护装备是用来保护人体头部,使其免受冲击、刺穿、挤压、绞碾、擦伤和脏污等伤害的各种防护装备,包括工作帽、安全帽、安全头盔等。防护面罩如图6-2所示。

(二)眼部防护装备

为避免眼部受伤或尽可能降低眼部受伤的危害,化学实验过程中实验者必须佩戴防护眼镜,以防飞溅的液体、颗粒物

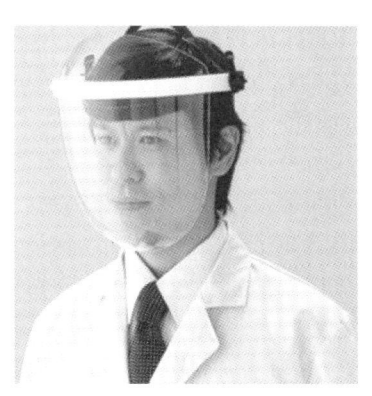

图6-2 防护面罩

及碎屑等对眼部的冲击或刺激,以及毒害性气体对眼睛的伤害。普通的视力矫正眼镜不能起到可靠的防护作用,实验过程中应在校正眼镜外另戴防护眼镜。不要在化学实验过程中佩戴隐形眼镜。对于某些易溅、易爆等极易伤害眼部的高危险性实验操作,一般的防护眼镜防护能力不够,应采取佩戴面罩、在实验装置与操作者之间安装透明的防护板等更安全的防护措施。操作各种能量大、对眼睛有害的光线时,则需使用特殊眼罩来保护眼睛。护目镜如图6-3所示。

【事故案例】 某实验室研究人员在进行封管实验时,玻璃封管内有氨水、硫酸亚铁和反应原料,油浴温度加热到160 ℃时,封管突然发生爆炸,整个反应体系被完全炸碎。当事人额头受伤,幸亏当时戴了防护眼镜,才使双眼没有受到伤害。

图 6-3   护目镜

本次事故中操作人员安全意识强,佩戴护目镜,避免了严重伤害发生。

(三)呼吸防护装备

呼吸防护装备是防御空气缺氧和空气污染物进入人体呼吸道,从而保护呼吸系统免受伤害的防护装备。正确选择和使用呼吸防护装备是防止实验室恶性事故发生的重要保障。根据其工作原理可分为过滤式和隔离式两大类。过滤式呼吸防护装备是根据过滤吸收的原理,利用过滤材料滤除空气中的有毒、有害物质,将受污染的空气转变成清洁空气供人员呼吸的防护装备,如防尘口罩、防毒口罩、过滤式防毒面具等。隔离式呼吸防护装备是根据隔绝的原理,使人员呼吸器官、眼睛和面部与外界受污染物隔绝,依靠自身附带的气源或导气管引入受污染环境以外的洁净空气为气源供气,保障人员的正常呼吸的呼吸防护装备。

根据供气原理和供气方式,可将呼吸防护装备分为自吸式、自给式和动力送风式三种。自吸式呼吸防护装备是指依靠佩戴者自主呼吸克服部件阻力的呼吸防护装备,如普通的防尘口罩、防毒口罩、过滤式防毒面具和防化学品口罩(见图6-4)。自给式呼吸防护装备是指以压缩气体钢瓶为气压动力,保障人员正常呼吸的防护装备,如储气式防毒面具、储氧式防毒面具。动力送风式呼吸防护装备依靠动力克服部件阻力,提供气源,保障人员正常呼吸。

按照防护部位及气源与呼吸器官连接的方式,呼吸防护装备分为口罩式、面具式、口具式三类。口罩式呼吸防护装备主要指通过保护呼吸器官口、鼻来避免有毒、有害物质吸入对人体造成伤害的呼吸防护装备,包括平面式、半立体式和立体式等,如普通医用口罩、防尘口罩、防毒口罩等。面具式呼吸防护装备(见图6-5)在保护呼吸器官的同时也保护眼睛和面部,如各种过滤式和隔绝式防毒面具。口具式呼吸防护装备也称口部呼吸器,与前两者不同之处在于佩戴这类呼吸防护装备时,鼻子要用鼻夹夹住,必须用口呼吸,外界受污染空气经过滤后直接进入口部。

图 6-4　防化学品口罩

图 6-5　面具式呼吸防护装备

（四）手部防护装备

实验室工作人员在工作时可能受到各种有害因素的影响，如实验操作过程中可能接触有毒有害物质、各种化学试剂、传染源、被上述物质污染的实验物品或仪器设备、高温或超低温物品等都能成为造成大部分实验暴露于危险中的重要因素。手部防护装备可以在实验人员和危险物之间形成初级保护屏障，是保护手部位和前臂免受伤害的防护装备，包括各种防护手套（见图 6-6、图 6-7）和袖套等。在实验室工作时应戴好手部防护装备以防止化学品、微生物、放射性物质的伤害和烧伤、冻伤、烫伤、擦伤、电击等伤害的发生。在实验室工作时，必须根据实际情况选择和使用合适的手套保护工作人员免受伤害。如果手套被污染，应尽早脱下，妥善处理后丢弃。手套应按照所从事操作的性质，符合舒适、灵活、握牢、耐磨、耐扎和耐撕的要求，能对所涉及的危险提供足够的防护。

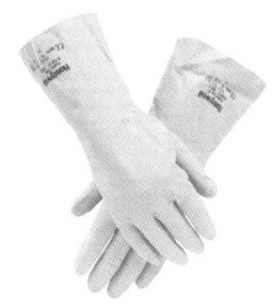

图 6-6　防化学品手套

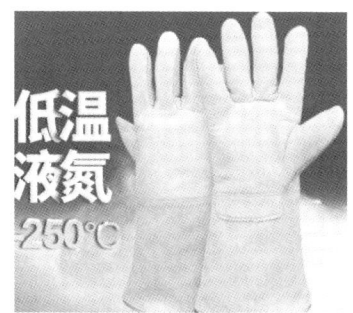

图 6-7　防低温手套

（五）躯体防护装备

躯体防护装备是保护穿用者躯干部位免受物理、化学和生物等有害因素伤害的防护装备，主要有工作服和各种功能的防护服等。防护服包括实验服、隔离衣、连体衣、围裙以及正压防护服。实验室的工作人员应该一直或者持续穿着防护

服。清洁的防护服应该放置在专用存放处,污染的防护服应该放置在有标志的防泄漏的容器中,每隔一定的时间应更换防护服以确保清洁,当防护服已被危险物质污染后应立即更换。离开实验室区域之前应该脱去防护服。防护服最好能完全扣住。防护服的清洗和消毒必须与其他衣物完全分开,避免其他衣物受到污染。禁止在实验室中穿短袖衬衫、短裤或者裙装。

化学实验过程中实验者必须穿着防护服,以防止躯体皮肤受到各种伤害,同时保护日常着装不受污染。普通的防护服(俗称实验服)一般都是长袖、过膝,多以棉或麻作为材料,颜色多为白色。进行一些对身体伤害较大的危险性实验操作时,必须穿着专门的防护服。不可穿着已污染的防护服进入办公室、会议室、食堂等公共场所。防护服应经常清洗,但不应带到普通洗衣店或家中洗涤。此外,实验者不得在实验室穿拖鞋、短裤,应穿不露脚面的鞋和长裤,实验过程中长发应束起。

二、标准条款

6.2 个体防护装备

6.2.1 总要求

实验室应识别和确定各岗位个体防护装备的需求,并配备相应的个体防护装备。实验室应定期检查个体防护装备,确保其状态完好。应根据 GB/T 11651 的要求更换和报废个体防护装备,避免个体防护装备使用过期和失效。实验室应根据所进行的科学研究、实验、检测及相关活动进行风险评价,结合从相关的 SDS 和 GB/T 27476 系列标准以及 GB/T 11651 中获取的信息,决定是否需要使用额外的或更专业化的个体防护装备。

6.2.2 个体防护装备管理要求

个体防护装备管理要求按照 YC/T 384.1—2018 中 4.4.4.6 的要求执行。

6.2.3 服装

参见 GB/T 27476.1—2014 中 5.4.2.2 条款的要求。

6.2.4 眼面部防护

参见 GB/T 27476.1—2014 中 5.4.2.3 条款的要求。

6.2.5 手套

参见 GB/T 27476.1—2014 中 5.4.2.5 条款的要求。

6.2.6 呼吸防护

参见 GB/T 27476.1—2014 中 5.4.2.7 条款的要求。

三、标准解读

（一）总要求

> 6.2.1　总要求
>
> 实验室应识别和确定各岗位个体防护装备的需求,并配备相应的个体防护装备。实验室应定期检查个体防护装备,确保其状态完好。应根据 GB/T 11651 的要求更换和报废个体防护装备,避免个体防护装备使用过期和失效。实验室应根据所进行的科学研究、实验、检测及相关活动进行风险评价,结合从相关的 SDS 和 GB/T 27476 系列标准以及 GB/T 11651 中获取的信息,决定是否需要使用额外的或更专业化的个体防护装备。

实验室应根据所进行的科学研究、实验、检测及相关活动进行风险评价,应识别和确定各岗位个体防护装备的需求,并配备相应的个体防护装备。风险控制措施的层次按有效性顺序选择,在采用其他有效控制措施不可行时,使用合适的个体防护装备。个体防护装备是检测实验室常用的风险控制手段,然而,采用个体防护装备是属于有效性层次较低的控制措施。个体防护装备的使用,不应取代安全管理系统的实施,或更高层次的风险控制手段。实验室应根据所进行的风险评价,确定个体防护装备的需求,结合作业类别和个体防护装备的防护性能,为工作人员选择和配备充分的个体防护装备,有关信息可参考相关危险化学品的安全技术说明书,以及 GB 39800.1—2020《个体防护装备配备规范 第 1 部分:总则》中的相关内容。实验室应建立选择、使用、维护和报废个体防护装备的程序性要求,并实施日常检查和定期检查、检验,确保其性能符合标准要求,按要求更换和报废,避免使用过期和失效的个体防护装备。

1. 概述

个体防护装备是指从业人员为防御物理、化学、生物等外界因素伤害所穿戴、配备和使用的各种防护品的总称。个体防护装备又称劳动防护用品,是指生产经营单位为从业人员配备的,使其在劳动过程中免遭或者减轻事故伤害及职业危害的个人防护装备。劳动防护用品分为特种劳动防护用品(见表 6-1)和一般防护用品。

表 6-1　特种劳动防护用品目录

序号	类别	产品
1	头部护具类	安全帽
2	呼吸护具类	防尘口罩、过滤式防毒面具、自给式空气呼吸器、长管面具
3	眼(面)护具类	焊接眼面防护具、防冲击眼护具
4	防护服类	阻燃防护服、防酸工作服、防静电工作服

序号	类别	产品
5	防护鞋类	保护足趾安全鞋、防静电鞋、导电鞋、防刺穿鞋、胶面防砸安全靴、电绝缘鞋、耐酸碱皮鞋、耐酸碱胶靴、耐酸碱塑料模压靴
6	防坠落护具类	安全带、安全网、密目式安全立网

特种劳动防护用品实行安全标志管理,由中华人民共和国应急管理部指定的特种劳动防护用品安全标志管理机构核发安全标志。使用单位必须采购和使用带安全标志的特种劳动防护用品,购买的特种劳动防护用品须经本单位的安全生产技术部门或者管理人员检查验收。

特种劳动防护用品以外的为一般劳动防护用品,实验室常用的一般劳动防护用品包括普通防护服、普通工作帽、普通工作鞋、劳动防护手套、防寒服、胶靴、耳塞等。

实验室管理和使用个体防护装备的基本原则要求如下。

(1)实验室应根据风险评价,按 GB 39800《个体防护装备配备规范》和国家劳动用品配备标准及有关规定,为实验室人员配备个体防护装备。

(2)配备的个体防护装备应符合国家标准或行业标准,不得超过使用期限。

(3)实验室应对使用者开展充分的培训,确保使用人员正确佩戴和使用个体防护装备。

(4)员工在工作过程中,应按照安全生产规章制度和相关使用规定,正确佩戴和使用个体防护装备,未按规定佩戴和使用个体防护装备,不得上岗。

(5)实验室应建立个体防护装备的采购、保管、发放、使用、报废等管理制度。

防护服和封闭性的鞋子是实验室应配备的个体防护装备的最低要求,以保护实验室工作人员的基本安全。合适的工作服应能覆盖人体的主要肢体(一般情况下可不包括头、手和脚)。对于某些测试来说,佩戴护目镜也是必不可少的。实验室应能按照相关标准或制造商提供的指引维护装备,确保其随时处于良好状态。

2. 个体防护装备的选用

实验室应根据 GB 39800《个体防护装备配备规范》的规定,从作业类别和个体防护装备的防护性能两方面结合考虑,选用个体防护装备。GB 39800《个体防护装备配备规范》按照工作环境中主要危险特征及工作条件特点,识别出 35 种作业类别(见表 6-2)。个体防护装备的选用与实验室的工作环境、作业类别有关,实验室在危险源识别和风险评价基础上,根据识别出来的风险,参照表 6-2 选择合适或接近的作业类别,再结合表 6-3 个体防护装备防护性能的说明,选择需要配备的合适的个体防护装备。需要注意的是,实验室常常对个体防护装备的防护性能了解不够,导致个体防护装备的选择不合适或者误用。例如,对护目镜的选择,根据防护性能分为防水护目镜、防冲击护目镜、防强光/紫外线/红外线护目镜、防腐蚀护目镜、防激光护目镜、防微波护目镜等,实验室应根据需求,区分不同的个体防护装备的防护性能差异,加以合理选用。

表 6-2　作业类别及主要危险特征举例

编号	作业类别	说明	举例	可能造成的事故或伤害
B01	存在物体坠落、撞击的作业	物体坠落或横向上可能有物体相撞的作业	建筑安装、桥梁建设、采矿、钻探、造船、机械、起重、管路维修、非煤矿山、森林采伐	物体打击、起重伤害等
B02	有碎屑或液体飞溅的作业	作业过程中可能有切削碎屑或液体飞溅的作业	破碎、锤击、铸件切削、铸轧、砂轮打磨、高压流体清洗	物体打击等
B03	操作转动机械作业	机械设备运行中引起的绞、碾等伤害的作业	机床、传动机械	机械伤害等
B04	接触锋利器具作业	生产中使用的生产工具或加工产品易对操作者产生割伤、刺伤等伤害的作业	金属加工的打毛清边、玻璃装配与加工	
B05	地面存在尖利器物的作业	作业平面上可能存在对工作者脚部或腿部产生刺伤伤害的作业	森林作业、建筑工地	
B06	手持振动机械作业	生产中使用手持振动工具,直接作用于人的手臂系统的机械振动或冲击作业	风钻、风铲、油锯	振动伤害等
B07	人承受全身振动的作业	承受振动或处于不易忍受的振动环境中的作业	田间机械作业驾驶、林业作业	
B08	铲、装、吊、推机械操作作业	重型采掘、建筑、装载起重设备的操作与驾驶作业	操作铲机、推土机、装卸机、天车、龙门吊、塔吊、单臂起重机等机械	车辆伤害、起重伤害等

续表

编号	作业类别	说明	举例	可能造成的事故或伤害
B09	带电作业	工作人员接触带电部分的作业,或工作人员身体的任一部分或使用的工具、装置、设备进入带电作业区域内的作业	高、低压设备或线路带电维修	触电、电弧伤害等
B10	高温作业	作业地点平均 WBGT 指数等于或大于 25 ℃的作业	高温天气户外作业、高温车间作业	中暑等
B11	高温热接触或热辐射作业	存在热的液体、气体对人体的烫伤,热的固体与人体接触引起的灼伤,火焰对人体的烧伤以及炽热源的热辐射对人体的伤害等情况的作业	熔炼、浇注、热轧、锻造、炉窑作业	高温伤害等
B12	易燃易爆场所作业	作业场所存在甲、乙类易燃易爆物质并可能引起燃烧、爆炸	接触火工材料、易挥发易燃的液体及化学品、可燃性气体、可燃性粉尘的作业,如汽油、甲烷、铝镁粉等	火灾、爆炸等
B13	高处作业	在距坠落高度基准面 2 m 及 2 m 以上,且有坠落风险的场所作业	室内/室外建筑安装、架线、货物堆砌	高处坠落等
B14	井下作业	存在矿山工作面、巷道侧壁的支护不当、压力过大造成的坍塌或顶板坍塌,以及高势能水意外流向低势能区域的作业	井下采掘、运输、安装	冒顶片帮、粉尘伤害、透水、中毒和窒息等
B15	地下作业	进行地下管网的铺设及地下挖掘的作业	地下开拓、建筑安装	

续表

编号	作业类别	说明	举例	可能造成的事故或伤害
B16	水上作业	有落水危险的水上作业	水上作业平台、水上运输、木材水运、水产养殖与捕捞	高处坠落、淹溺等
B17	吸入性气相毒物作业	接触常温、常压下呈气体或蒸气状态,经呼吸道吸入能产生毒害物质的作业,包括刺激性气体和窒息性气体	接触氯气、一氧化碳、硫化氢、氯乙烯、光气、汞的作业	中毒、窒息等
B18	有限空间作业	在空气不流通的场所中作业,包括在缺氧即空气中含氧浓度小于19.5%和毒气、有毒气溶胶超过标准并不能排出等场所中作业	密闭的罐体、房仓、孔道或排水系统、炉窑、存放耗氧器具或生物体进行耗氧过程的密闭空间	中毒、窒息等
B19	吸入性粉尘作业	接触粉尘、烟、雾等颗粒物,经呼吸道吸入对人体产生伤害的作业	接触铝、铬、铍、锰、镉等有毒金属及其化合物的烟雾和粉尘、沥青烟雾、煤尘、矽尘、石棉尘、油漆、木屑粉尘的作业	粉尘伤害、中毒等
B20	沾染性毒物作业	接触能粘附于皮肤、衣物上,经皮肤吸收产生伤害或对皮肤产生毒害物质的作业	接触有机磷农药、有机汞化合物、苯和苯的二及三硝基化合物、放射性物质的作业	中毒、辐射伤害等
B21	生物性毒物作业	作业场所中有感染或吸收生物毒素危险的作业	有毒性动植物养殖、生物毒素培养制剂、带菌或含有生物毒素的制品加工处理、腐烂物品处理、防疫检验	中毒等

续表

编号	作业类别	说明	举例	可能造成的事故或伤害
B22	噪声作业	存在有损听力、有害健康或有其他危害的声音,且每天 8 h 或每周 40 h 噪声暴露等效声级大于或等于 80 dB(A)的作业	风钻、气锤、铆接、钢筒内的敲击或铲锈、钻修井	听力损伤等
B23	强光作业	强光源或产生强烈红外辐射和紫外辐射的作业	弧光、电弧焊、炉窑作业	辐射伤害等
B24	激光作业	激光发射与加工的作业	激光加工金属、激光焊接、激光测量、激光通信	
B25	荧光屏作业	长期从事荧光屏操作与识别的作业	电脑操作、电视机调试	
B26	射线作业	作业环境中存在电离辐射、辐射剂量可能会超过标准的作业	放射性矿物的开采、选矿、冶炼、加工,核废料或核事故处理,放射性物质使用,X 射线检测	
B27	腐蚀性作业	产生或使用腐蚀性物质的作业	二氧化硫气体净化、酸洗、化学镀膜	化学性烧灼、中毒等
B28	易污作业	容易污秽皮肤或衣物的作业	炭黑、染色、油漆、有关的卫生工程	其他伤害
B29	恶味作业	产生难闻气味或恶味不易清除的作业	熬胶、恶臭物质处理与加工	中毒等
B30	低温作业	作业地点平均气温等于或低于 5 ℃的作业;或接触低温物体造成伤害的作业	冰库	低温伤害等
B31	人工搬运作业	通过人力搬运的作业	人力抬、扛、推、搬移	物体打击等
B32	野外作业	野外露天作业	地质勘探、大地测量、钻修井、测井、固井	紫外伤害、高低温伤害等

续表

编号	作业类别	说明	举例	可能造成的事故或伤害
B33	涉水作业	作业中需接触大量水或须立于水中	矿井、隧道、水力采掘、地质钻探、下水工程、污水处理	淹溺、低温伤害等
B34	车辆驾驶作业	各类机动车辆驾驶的作业	汽车驾驶	车辆伤害等
B35	其他作业	B01～B34 以外的作业	—	—

表 6-3　个体防护装备防护性能的说明

防护分类	防护分类编号	个体防护装备的类别	类别编号	产品标准号	防护装备说明	参考适用范围
头部防护	TB	安全帽	TB-01	GB 2811	对人头部受坠物及其他特定因素引起的伤害起防护作用的装备。还可包含防静电、阻燃、电绝缘、侧向刚性、耐低温等一种或一种以上特殊功能	造船、煤矿、冶金、有色、石油、天然气、化工、建材、电力、汽车、机械等存在坠物或对头部产生碰撞风险的作业场所,选用规范参见 GB/T 30041
		防静电工作帽	TB-02	GB/T 31421	以防静电织物为主要原料,为防止帽体上的静电荷积聚而制成的工作帽	电子、造船、煤矿、石油、天然气、烟花爆竹、化工、轻工、烟草、电力、汽车等静电敏感区域或火灾和爆炸危险场所

续表

防护分类	防护分类编号	个体防护装备的类别	类别编号	产品标准号	防护装备说明	参考适用范围
眼面防护	YM	焊接眼护具	YM-01	GB/T 3609.1 GB/T 3609.2	保护佩戴者免受由焊接或其他相关作业所产生的有害光辐射及其他特殊危害的防护用具（包括焊接眼护具和滤光片）	造船、建材、轻工、机械、电力、汽车、石油、化工、天然气等存在电焊、气弧焊、气焊及气割的作业场所
		激光防护镜	YM-02	GB 30863	衰减或吸收意外激光辐射能量	造船、冶金、轻工、激光加工、汽车、光学实验室等存在意外激光辐射（激光辐射波长在 180 nm～ 1000 μm 范围内）危害的场所。不适用于直接观察激光光束的眼护具、作为观察窗用于激光设备上的激光防护产品、光学设备（如显微镜）中的激光防护滤光片
		强光源防护镜	YM-03	GB/T 38696.1	用于强光源（非激光）防护	造船、煤矿、冶金、有色、石油、天然气、汽车等防御辐射波长介于 250～3000 nm 之间强光危害。参见 GB/T 38696.2

续表

防护分类	防护分类编号	个体防护装备的类别	类别编号	产品标准号	防护装备说明	参考适用范围
眼面防护	YM	职业眼面部防护具	YM-04	GB 32166.1	具有防护不同程度的强烈冲击、光辐射、热、火焰、液滴、飞溅物等一种或一种以上的眼面部伤害风险的防护用品	造船、煤矿、冶金、有色、石油、天然气、烟花爆竹、化工、建材、水泥、非煤矿山、轻工、烟草、电力、汽车等存在光辐射、机械切削加工、金属切割、碎石等的作业场所。不适用于：a)一般用途太阳镜和太阳镜片或带有视力矫正效果的眼面部防护具；b)患者在进行诊断或治疗时用来防护曝光的眼面部防护具；c)直接观测太阳的产品，如观测日食等的眼部防护具；d)运动眼面部防护具；e)短路电弧眼面部防护具；f)焊接眼面部防护具；g)激光眼面部防护具

续表

防护分类	防护分类编号	个体防护装备的类别	类别编号	产品标准号	防护装备说明	参考适用范围
听力防护	TL	耳塞	TL-01	GB/T 31422	塞入外耳道内,或堵住外耳道入口,避免作业者的听力损伤	造船、煤矿、冶金、有色、石油、天然气、烟花爆竹、化工、建材、水泥、非煤矿山、电力、汽车、机械等存在噪声的作业场所。不适用于脉冲噪声的防护。参见 GB/T 23466
		耳罩	TL-02		由压紧耳郭或围住耳郭四周并紧贴头部的罩杯等组成,避免作业者的听力损伤	
呼吸防护	HX	长管呼吸器	HX-01	GB 6220	使佩戴者的呼吸器官与周围空气隔绝,通过长管输送清洁空气供呼吸的防护用品,其进风口必须放置在有害作业环境外	造船、煤矿、冶金、有色、石油、天然气、烟花爆竹、化工、建材、水泥、非煤矿山、轻工、电力、机械等存在各类颗粒物和有毒有害气体环境的作业场所。不适用于消防和救援用。适用浓度范围参见 GB/T 18664
		动力送风过滤式呼吸器	HX-02	GB 30864	靠电动风机提供气流克服部件阻力的过滤式呼吸器,用于防御有毒、有害气体或蒸气、颗粒物等对呼吸系统的伤害	造船、煤矿、冶金、有色、石油、天然气、化工、建材、水泥、非煤矿山、电力、机械等存在有毒气体、蒸气和(或)颗粒物的作业场所。不适用于燃烧、爆炸和缺氧环境用及逃生用。适用浓度范围参见 GB/T 18664

续表

防护分类	防护分类编号	个体防护装备的类别	类别编号	产品标准号	防护装备说明	参考适用范围
呼吸防护	HX	自给闭路式压缩氧气呼吸器	HX-03	GB 23394	利用面罩使佩戴人员的呼吸器官与外界有害环境空气隔离,依靠呼吸器本身携带的压缩氧气或压缩氧-氮混合气作为呼吸气源,将人体呼出气体中的二氧化碳吸收,补充氧气后再供人员呼吸,形成完整的呼吸循环	造船、煤矿、冶金、有色、石油、天然气、烟花爆竹、化工、建材、水泥、非煤矿山、轻工、电力、机械等存在各类颗粒物和有毒有害气体环境的作业场所。不适用于潜水和逃生用。适用浓度范围参见 GB/T 18664
		自给闭路式氧气逃生呼吸器	HX-04	GB/T 38228	将人的呼吸器官与大气环境隔绝,采用化学生氧剂或压缩氧气为供气源,并将呼出的二氧化碳吸收,形成一个完整呼吸循环,供佩戴者在缺氧或有毒有害气体环境下逃生使用	造船、冶金、有色、石油、天然气、烟花爆竹、化工、建材、水泥、非煤矿山、轻工、电力、机械等作业场所发生意外事故逃生用。不适用于潜水作业逃生用。适用浓度范围参见 GB/T 18664

续表

防护分类	防护分类编号	个体防护装备的类别	类别编号	产品标准号	防护装备说明	参考适用范围
呼吸防护	HX	自给开路式压缩空气呼吸器	HX-05	GB/T 16556	利用面罩与佩戴人员面部周边密合,使人员呼吸器官、眼睛和面部与外界染毒空气或缺氧环境完全隔离,自带压缩空气源供给人员呼吸所用的洁净空气,呼出的气体直接排入大气	造船、煤矿、冶金、有色、石油、天然气、烟花爆竹、化工、建材、水泥、非煤矿山、轻工、电力、机械等存在各类颗粒物和有毒有害气体环境的作业场所。不适用于潜水和逃生用。适用浓度范围参见 GB/T 18664
		自吸过滤式防毒面具	HX-06	GB 2890	靠佩戴者呼吸克服部件阻力,防御有毒、有害气体或蒸气、颗粒物等对呼吸系统或眼面部的伤害	造船、煤矿、冶金、有色、石油、天然气、烟花爆竹、化工、轻工、电力等存在有毒气体、蒸气和(或)颗粒物的作业场所。不适用于缺氧环境、水下作业、逃生和消防热区用。适用浓度范围参见 GB/T 18664
		自给开路式压缩空气逃生呼吸器	HX-07	GB 38451	具有自带的压缩空气源,能供给人员呼吸所用的洁净空气,呼出的气体直接排入大气,用于逃生的一种呼吸器	造船、冶金、有色、石油、天然气、烟花爆竹、化工、建材、水泥、非煤矿山、轻工、电力、机械等作业场所发生意外事故逃生用。适用浓度范围参见 GB/T 18664

防护分类	防护分类编号	个体防护装备的类别	类别编号	产品标准号	防护装备说明	参考适用范围
呼吸防护	HX	自吸过滤式防颗粒物呼吸器	HX-08	GB 2626	又称防尘口罩。靠佩戴者呼吸克服部件气流阻力的过滤式呼吸器,用于防御颗粒物的伤害	造船、煤矿、冶金、有色、石油、天然气、烟花爆竹、化工、建材、水泥、非煤矿山等存在各类颗粒污染物的作业场所。不适用于防护有害气体和蒸气,也不适用于缺氧环境、水下作业、逃生和消防用。适用浓度范围参见 GB/T 18664
防护服装	FZ	防电弧服	FZ-01	DL/T 320	用于保护可能暴露于电弧和相关高温危害中人员的防护服	电力、冶金、有色、造船、汽车、电子等可能发生电弧伤害的场所,包括发电、输电、变电、配电和用电过程中从事运行、调试、检修和维护等相关作业场所
		防静电服	FZ-02	GB 12014	以防静电织物为面料,按规定的款式和结构制成的以减少服装上静电积聚为目的的防护服,可与防静电工作帽、防静电鞋、防静电手套等配套穿用	造船、电子、煤矿、冶金、有色、石油、天然气、烟花爆竹、化工、轻工等可能因静电引发电击、火灾及爆炸危险的作业场所
		职业用防雨服[a]	FZ-03	—	用于防护作业过程中的降水(雨、雪、雾等)对人体的影响	石油、天然气、煤矿、非煤矿山等户外作业场所

续表

防护分类	防护分类编号	个体防护装备的类别	类别编号	产品标准号	防护装备说明	参考适用范围
防护服装	FZ	高可视性警示服	FZ-04	GB 20653	利用荧光材料和反光材料进行特殊设计制作,以增强穿着者在可见性较差的高风险环境中的可视性、并起警示作用的服装	铁路、公安、工矿、消防、环卫、建筑、港口、码头、机场、园林、路政、救援、石油等需要提高作业人员可视性以保障个人安全的场所
		隔热服	FZ-05	GB 38453	按规定的款式和结构缝制的以避免或减轻工作过程中的接触热、对流热和热辐射对人体的伤害	冶金、有色、机械、建材、水泥等存在高温作业的场所,如金属热加工、工业炉窑、高温炉前等
		焊接服	FZ-06	GB 8965.2	用于防护焊接过程中的熔融金属飞溅及其热伤害	造船、汽车、建材、机械、轻工、煤矿、非煤矿山等焊接及相关作业场所
		化学防护服	FZ-07	GB 24539	用于防护化学物质对人体伤害的服装	造船、冶金、有色、石油、天然气、烟花爆竹、化工、水泥、汽车、机械等可能接触化学品和颗粒物的场所。参见 GB/T 24536
		抗油易去污防静电防护服	FZ-08	GB/T 28895	具有抗油和易去污功能的防静电服	适用于石油、石化等重油污且有静电防护需求的作业场所

续表

防护分类	防护分类编号	个体防护装备的类别	类别编号	产品标准号	防护装备说明	参考适用范围
防护服装	FZ	冷环境防护服	FZ-09	GB/T 38300	用于避免低温环境对人体的伤害	轻工、石油、天然气、煤矿、非煤矿山、商贸等低温环境作业或冬季室外作业
		熔融金属飞溅防护服 a	FZ-10	—	用于防护工作过程中的熔融金属等对人体的伤害	冶金、有色、机械、非煤矿山等存在熔融金属飞溅危害的场所,不适用于消防和应急救援场所使用
		微波辐射防护服	FZ-11	GB/T 23463	在微波波段具有屏蔽作用的防护服,可衰减或消除作用于人体的电磁能量	电子、轻工、电力、机械等存在微波辐射伤害的作业场所,如大功率雷达制造、维修、操作;各种发射台工作作业,包括卫星地面站、移动通信、集群专业网络通信、通信发射台站、广播电视发射台站等。适用防护频率范围为300 MHz～300 GHz的微波辐射
		阻燃服	FZ-12	GB 8965.1	在接触火焰及炽热物体后,在一定时间内能阻止本体被点燃、有焰燃烧和无焰燃烧	煤矿、冶金、有色、石油、天然气、烟花爆竹、化工、烟草、非煤矿山等有明火、散发火花,或在有易燃物质并有轰燃风险的场所

续表

防护分类	防护分类编号	个体防护装备的类别	类别编号	产品标准号	防护装备说明	参考适用范围
手部防护	SF	带电作业用绝缘手套	SF-01	GB/T 17622	具有良好的绝缘和耐高压功能	电力、冶金、有色、建材、机械、造船、汽车、电子等带电作业或可能接触电源电压的场所,适用于交流 35 kV 及以下电压等级的电气设备上的带电作业
		防寒手套	SF-02	GB/T 38304	用于避免低温环境对人员手部的伤害	轻工、石油、天然气、煤矿、非煤矿山、商贸等低温环境作业或冬季室外作业,适用于最低至－50 ℃的气候环境或作业环境
		防化学品手套	SF-03	GB 28881	能够对各类化学品和不包括病毒在内的其他各类微生物形成有效屏障,从而避免化学品和微生物对手部或手臂的伤害	造船、冶金、有色、石油、天然气、烟花爆竹、化工等手部可能接触化学品或微生物的场所,如接触氯气、汞、有机磷农药、苯和苯的二及三硝基化合物等的作业;酸洗作业;染色、油漆、有关的卫生工程,设备维护,注油作业等

续表

防护分类	防护分类编号	个体防护装备的类别	类别编号	产品标准号	防护装备说明	参考适用范围
手部防护	SF	防静电手套	SF-04	GB/T 22845	用于需要戴手套操作的防静电环境,用防静电针织物为面料缝制或用防静电纱线编织而成的手套	电子、仪表、石化、煤矿、非煤矿山、轻工等行业存在静电危害的场所,如接触火工材料、易挥发易燃的液体及化学品,可燃性气体作业,如汽油、甲烷等;接触可燃性化学粉尘的作业,如镁铝粉;井下作业等
		防热伤害手套	SF-05	GB/T 38306	用于防护火焰、接触热、对流热、辐射热、少量熔融金属飞溅或大量熔融金属泼溅等一种或多种形式热伤害的手套	冶金、有色、机械、建材、水泥等存在高温作业的场所,如金属热加工、工业炉窑、高温炉前等
		电离辐射及放射性污染物防护手套	SF-06	GB 38452	具有电离屏蔽作用的防护手套,保护穿戴者的手部免遭作业区域电离辐射及放射性污染物危害	机械、煤矿、建材、轻工、电力等存在电离辐射或放射性污染物危害的作业场所,如射线探伤、放射源运输、安装、计量、检测,不适用于医用辐射防护

续表

防护分类	防护分类编号	个体防护装备的类别	类别编号	产品标准号	防护装备说明	参考适用范围
手部防护	SF	焊工防护手套	SF-07	AQ 6103	保护手部和腕部免遭熔融金属滴、短时接触有限火焰、对流热、传导热和弧光的紫外线辐射以及机械性伤害,且其材料具有能耐受高达 100 V(直流)的电弧焊的最小电阻的这样一种手套	造船、汽车、建材、机械、轻工、煤矿、非煤矿山等焊接及相关作业场所
		机械危害防护手套	SF-08	GB 24541	用于保护手或手臂免受摩擦、切割、穿刺或能量冲击至少一种机械危害	造船、煤矿、冶金、有色、石油、天然气、烟花爆竹、化工、建材、水泥、非煤矿山、轻工、商贸、电力、汽车、机械等接触、使用锋利器物的作业场所,如金属加工打毛清边、玻璃加工与装配
足部防护	ZB	安全鞋	ZB-01	GB 21148	具有保护足趾、防刺穿、防静电、导电、电绝缘、隔热、防寒、防水、踝保护、耐油、耐热接触、防滑等一种或多种功能	造船、煤矿、冶金、有色、石油、天然气、烟花爆竹、化工、建材、水泥、非煤矿山、轻工、电力、机械等存在足部伤害的作业场所,参见 GB/T 28409

续表

防护分类	防护分类编号	个体防护装备的类别	类别编号	产品标准号	防护装备说明	参考适用范围
足部防护	ZB	防化学品鞋	ZB-02	GB 20265	防护足部免受酸、碱及相关化学品的腐蚀或刺激	冶金、有色、石油、天然气、烟花爆竹、化工等涉及酸、碱及相关化学品的作业场所
坠落防护	ZL	安全带	ZL-01	GB 6095	在高处作业、攀登及悬吊作业中,将作业人员绑定在固定构造物附近、限制作业人员活动范围或在发生坠落时将作业人员安全悬挂	造船、煤矿、冶金、有色、石油、天然气、化工、建材、水泥、非煤矿山、电力、汽车等存在坠落风险的作业场所,参见 GB/T 23468
		安全绳	ZL-02	GB 24543	可与缓冲器配合使用,通过约束佩戴者活动范围、缓解冲击能量,实现对作业人员的防护功能	
		缓冲器	ZL-03	GB/T 24538	串联在系带和挂点之间,发生坠落时吸收部分冲击能量,降低作业人员受到的冲击力	
		缓降装置	ZL-04	GB/T 38230	可供使用者以一定速度自行或由他人辅助从高处作业平面降落地面的装置	
		连接器	ZL-05	GB/T 23469	可以将两种或两种以上元件连接在一起,具有常闭活门的环状零件	

续表

防护分类	防护分类编号	个体防护装备的类别	类别编号	产品标准号	防护装备说明	参考适用范围
坠落防护	ZL	水平生命线装置	ZL-06	GB 38454	以两个或多个挂点固定且任意两挂点间连线的水平角度不大于15°的,由钢丝绳、纤维绳、织带等柔性导轨或不锈钢、铝合金等刚性导轨构成的用于连接坠落防护装备与附着物(墙、地面、脚手架等固定设施)的装置,通过与其他坠落防护装备配套使用实现坠落防护	造船、煤矿、冶金、有色、石油、天然气、化工、建材、水泥、非煤矿山、电力、汽车等存在坠落风险的作业场所,参见 GB/T 23468
		速差自控器	ZL-07	GB 24544	安装在挂点上,装有可伸缩长度的绳(带、钢丝绳),串联在系带和挂点之间,在坠落发生时因速度变化引发制动作用的装备	
		自锁器	ZL-08	GB 24542 GB/T 24537	附着在刚性或柔性导轨上,可随使用者的移动沿导轨滑动,由坠落动作引发制动作用,从而防止作业人员坠落	
		安全网	ZL-09	GB 5725	安全平网:安装平面不垂直于水平面,宽度不小于 3 m,防止人、物坠落,或避免、减轻坠落及物击伤害	

续表

防护分类	防护分类编号	个体防护装备的类别	类别编号	产品标准号	防护装备说明	参考适用范围
坠落防护	ZL	安全网	ZL-09	GB 5725	安全立网:安装平面垂直于水平面,宽(高)度不小于1.2 m,防止人、物坠落,或避免、减轻坠落及物击伤害	造船、煤矿、冶金、有色、石油、天然气、化工、建材、水泥、非煤矿山、电力、汽车等存在坠落风险的作业场所,参见GB/T 23468
					密目式安全立网:网眼孔径不大于φ12 mm,垂直于水平面安装,防止人、物坠落,或避免坠物伤害	
		登杆脚扣	ZL-10	AQ 6109	穿戴于脚部,供作业者从事电杆攀登作业的专用工具	电力、通信及广播电视等行业从事电杆(或称线杆)攀登作业使用的脚扣,不适用于木质电杆攀登用脚扣
		挂点装置	ZL-11	GB 30862	由一个或多个挂点和部件组成的,用于连接坠落防护装备与附着物(墙、脚手架、地面等固定设施)的装置	造船、煤矿、冶金、有色、石油、天然气、化工、建材、水泥、非煤矿山、电力、汽车等存在坠落风险需要另外配备挂点的作业场所

注:ª 此个体防护装备的产品标准正在制定中。

3. 个体防护装备的采购、验收和使用

实验室在采购、验收、使用个体防护装备时,应遵循以下规定。

(1)识别和确认作业类别和合理配置个体防护装备。

(2)列入特种劳动保护用品目录的个体防护装备只能采购具有安全标志的

产品。

(3)只能购买符合国家标准或行业标准的产品,不符合标准的产品不得使用。

(4)采购的个体防护装备必须经过检查验收方能使用。

(5)须执行相关的管理制度,使用人员接受相关培训,掌握应知应会。

(6)正确佩戴和使用劳动防护用品。未按规定佩戴和使用劳动防护用品的,不得上岗作业。

(7)使用前检查个体防护装备,在规定的周期内,检查个体防护装备的防护性能,保证性能符合要求。

(8)个体防护装备损坏或到期,应及时更换。

4. 个体防护装备的报废

对使用或者储存期内遭到损害或判废、超过有效使用期限等情况的个体防护装备,应进行报废;报废的个体防护装备应立即封存,并建立记录。

当出现下列情况之一时,应进行报废。

(1)所选用的个体防护装备技术指标不符合国家相关标准或行业标准要求。

(2)所选用的个体防护装备与所从事的工作类型不匹配。

(3)个体防护装备产品标识不符合产品要求或国家法律法规的要求。

(4)个体防护装备在使用或保管储存期内遭到破损或超过有效使用期。

(5)所选用的个体防护装备定期检验和抽查为不合格。

(6)发生使用说明书中规定的其他报废条件。

【应用示例】 个体防护用品的管理程序示例。

个体防护用品的管理程序

1 目的

为了加强对个体防护用品的规范管理,保证个体防护用品的正确选用,其采购、验收、保管、发放、使用、报废等满足相关法规标准要求,保障实验室人员以及外来人员的人身安全,特制定本程序文件。

2 范围

本程序文件适用于本机构的个体防护用品的选用、采购、验收、保管、发放、使用、报废管理。

3 职责

3.1 本机构所有实验室人员应负责本程序文件得以贯彻实施。

3.2 质量控制中心应负责并监督本程序文件的正确实施。

4 定义

4.1 个体防护用品。从业人员为防御物理、化学、生物等外界因素伤害所穿戴、配备和使用的各种防护品的总称。

4.2 特种劳动防护用品。国家安全生产监督管理总局确定并公布的特种劳动防护用品目录里规定的劳动防护用品。

4.3 一般劳动防护用品。未列入特种劳动防护用品目录的劳动防护用品。

5 管理程序

5.1 个体防护用品的选用

5.1.1 由实验室技术负责人根据本实验室的工作环境、作业类别,进行危险源识别,在风险评价的基础上,根据识别出的风险,参考个体防护用品的防护性能,提出需要配备的个体防护用品。

5.2 个体防护用品的采购

5.2.1 应按照关键物资的采购程序进行申购。

5.2.2 特种劳动防护用品应采购和使用带有国家安全生产监督管理总局指定的特种劳动防护用品安全标志管理机构核发的安全标志的特种劳动防护用品。

5.2.3 采购的劳动防护用品应由国家授权的检验机构检验合格,符合国家标准或者行业标准。

5.3 个体防护用品的验收

应按照关键物质的验收程序进行验收。

5.4 个体防护用品的保管和发放

5.4.1 个体防护用品的保管和发放应按照关键物质的要求储存并发放。

5.4.2 个体防护用品应由实验室统一保管、专人管理。

5.5 个体防护用品的发放

个体防护用品的发放应按照关键物资的要求发放。

5.6 个体防护用品的使用

5.6.1 个体防护用品的使用者包括实验室人员以及进入实验室相关区域的外来人员,如维护人员、参观者、学生、清洁工和保安人员。

5.6.2 个体防护用品的使用者在使用前应接受相关培训。

5.6.3 实验室人员应正确佩戴和使用劳动防护用品,未按规定佩戴和使用劳动防护用品者,不得上岗作业。

5.6.4 个体防护用品使用前应检查。规定周期内,应检查个体防护用品的防护性能,以保证个体防护用品的防护性能;检查或抽查合格的个体防护用品才能继续使用,对检查或抽查不合格的个体防护用品进行报废处理。

5.6.5 个体防护用品的使用期限不得超过产品说明书的使用年限和规定的使用年限。

5.6.6 损坏或到期的个体防护用品应更换。

5.7 个体防护用品的报废

5.7.1 对使用或者储存期内遭到损害或判废、超过有效使用期限等情况的个体防护用品,应进行报废。

5.7.2 判废的个体防护用品应立即封存,并建立记录。

参考文件:

(1)国家安全生产监督管理总局令第 1 号《劳动防护用品监督管理规定》

(2)《劳动防护用品配备标准(试行)》

(3)《特种劳动防护用品安全标志实施细则》

(4)中华人民共和国国务院令第 797 号《使用有毒物品作业场所劳动保护条例》

(5)GB 39800《个体防护装备配备规范》

(二)个体防护装备管理要求

6.2.2 个体防护装备管理要求

个体防护装备管理要求按照 YC/T 384.1—2018 中 4.4.4.6 的要求执行。

YC/T 384.1—2018《烟草企业安全生产标准化规范 第 1 部分:基础管理规范》中 4.4.4.6 的要求如下:应根据劳动者工作场所中存在的危险、有害因素种类及危害程度、劳动环境条件、劳动防护用品有效使用时间,制定本单位各类岗位的劳动防护用品配备标准;劳动防护用品配备的品种、数量和发放、报废周期等应符合 GB 39800《个体防护装备配备规范》、国家和地方相关规定要求,并符合 YC/T 384.2—2018《烟草企业安全生产标准化规范 第 2 部分:安全技术和现场规范》相关要素的要求;应根据劳动防护用品配备标准制定采购计划,购买符合标准的合格产品,宜购买、使用获得安全标志的劳动防护用品;购买的劳动防护用品应经过检查验收后,方可入库,查验并保存劳动防护用品的检验合格证或检验报告等质量证明文件的原件或复印件;应填写并保存劳动防护用品发放的记录,包括使用部门领用记录和发放到使用者的签收记录;劳动防护用品由生产性业务外包相关方发放的,本单位应对其发放标准、发放记录等进行监督检查,确保符合法规标准要求;各工种各类劳动防护用品发放后的使用期限应符合 GB 39800《个体防护装备配备规范》的要求,并同时符合产品说明书、产品标志规定的出厂使用年限;共用的劳动防护用品应明确保管和管理人员,定点保存并定期检查其有效性。

1. 个体防护装备的配备原则

个体防护装备的配备应遵循以下 3 个原则。

(1)针对性。根据不同的工作环境、不同的职业危害因素以及有害物质及拟防护的具体部位配备合适的个体防护装备。

(2)适用性。个体防护装备具有很强的个体适用性,要根据个体的体型差异、对危害因素的敏感度、工作现场危害因素等配备适合的个体防护装备。

(3)高标准。在配备、使用和管理个体防护装备时,必须执行高标准,以最大限度地保护实验室人员的安全与健康。

2. 个体防护装备的配备步骤

个体防护装备的配备应遵循以下 4 个步骤。

(1)识别危险因素。确认实验室内以及某项实验活动中所存在危险因素的种类,认真、仔细加以分析和识别。

(2)评估危害程度。对实验室现场的危害信息进行分析评估,有针对性地选择适合的个体防护装备。

(3)选择合适的个体防护装备。根据危险因素识别和危害程度评估结果,为每个参与实验室活动的人员(包括外来的访客)选择配备具有相应功能的、适用的个体防护装备。

(4)使用方法的培训。使用个体防护装备的所有人员必须经过使用方法的培训和定期的再培训。培训内容包括个体防护装备的选择、如何正确穿戴、使用、保养、保存以及个体防护装备的优缺点等。

个体防护装备在实验室职业健康安全管理中具有十分重要的地位和作用,它是保障实验室人员生命安全和健康的重要装备,为使个体防护装备发挥其应有的效用,在采购、验收、保管、发放、使用、保养、更新和报废等环节要加强管理,确保其能发挥最大的功效。

(三)服装

> 6.2.3　服装
> 参见 GB/T 27476.1—2014 中 5.4.2.2 条款的要求。

GB/T 27476.1—2014《检测实验室安全 第 1 部分:总则》的 5.4.2.2 条款如下。

> 5.4.2.2　服装
> 员工应根据实验穿着适当的防护服,防护服的选择可参考标准 GB 12014、GB 8965.1 和 GB 8965.2。为了避免污染其他非实验区域,员工在离开实验室前应脱下防护服和其他防护装备。
> 一般的实验操作中,建议穿长袖棉质或棉质/聚酯的工作服、外披型长褂或其他实验服。外披型长袍褂建议采用能快速解开的纺织物系带方式。尼龙制品在热或酸环境下容易被破坏,建议不要选用。许多合成纤维的防渗透性

较差,液体可完全透过而极少量被吸收或不被吸收。同样,在火灾中,合成纺织品易熔化而烧伤人体。同时,还宜考虑到合成材料服装产生的静电危害。

实验室的所有人员,包括外来人员应根据实验区工作类型,穿着合适的防护服,以保护自己不受伤害或减少、减轻伤害。在离开实验室前应脱下防护服和其他防护装备,避免污染其他非实验区域。

工作服的类别包括但不限于防静电服、阻燃服、焊接服等。防静电服是指为了防止服装上的静电积聚,以防静电织物为面料,按规定的款式和结构而缝制的工作服。防静电服适用于可能引发电击、火灾及爆炸危险场所穿着。防静电服的测试要求应满足 GB 12014—2019《防护服装 防静电服》的规定。阻燃服是指在接触火焰及炽热物体后,在一定时间内能阻止本身被点燃、有焰燃烧和阴燃的防护服,适用于有明火、散发火花、在熔融金属附近操作和有易燃物质并有发火危险的场所穿着。阻燃服的测试要求应满足 GB 8965.1—2020《防护服装 阻燃服》的规定。

防护服宜放在合适的环境洗涤,不应在可能产生再次污染的室内洗涤,应考虑消除洗涤过程和之后对非实验区域的污染。

(四)眼面部防护

> 6.2.4 眼面部防护
> 参见 GB/T 27476.1—2014 中 5.4.2.3 条款的要求。

GB/T 27476.1—2014《检测实验室安全 第 1 部分:总则》的 5.4.2.3 条款如下。

> 5.4.2.3 眼面部防护
> 当存在对眼睛造成损伤或通过眼睛对人体产生损害的风险时,实验人员应使用眼护具。根据不同类型的损害来源,比如冲击、液体喷溅、异物进入眼睛或辐射损害等,应按照 GB/T 3609.1、GB/T 3609.2 和 GB 14866 的规定,选用不同的眼面部防护用具。当存在液体喷溅对眼睛造成损伤或通过眼睛对人体产生损害的风险时,应佩戴专业化的眼护具(比如封闭型眼罩或护目镜)。
> 在任何情况下,佩戴隐形眼镜或其他的光学眼镜都不能代替眼护具。
> 对于既需要矫正视力又需要眼部防护的员工,规定的眼护具能够提供低的冲击防护。眼镜外围型防护装备、眼罩或面罩(如适用)可佩戴在普通光学眼镜外,或合适的眼护具也能佩戴在隐形眼镜外。
> 下述情况宜使用面部防护装备(如面罩):
> a)玻璃器皿放气、充气或加压;
> b)倾倒腐蚀性物质;

c)使用超低温液体；

d)进行燃烧操作；

e)存在爆炸或内爆的风险；

f)使用可能对皮肤造成直接损伤的化学品；

g)使用能通过诸如皮肤、眼睛或鼻子等任何渠道迅速被人体吸收的化学品。

选择何种层次的防护装备,还应考虑附近正在进行的其他工作,在该距离可能对工作人员的眼睛或面部造成伤害,而操作者已隔离的情况。

眼面部护具是实验室个体防护装备的最低要求之一。当存在液体喷溅对眼睛造成损伤或通过眼睛对工作人员身体产生损害的风险时,应该配置和佩戴合适类型的专业化的眼护具。眼面部护具是指用于防御烟雾、化学物质和粉尘等伤害眼睛、面部的防护用品。眼面部的防护对于实验室人员来说非常重要,实验室应根据危险源类型,如冲击、液体喷溅、异物进入眼睛或辐射损害等,以及相关标准要求,选择和使用合适类型的眼面部护具,有效防护眼睛和面部。眼面部防护装备说明如表 6-4 所示。相应的技术性能要求和测试方法见 GB 14866—2023《眼面防护具通用技术规范》。

表 6-4　眼面部防护装备

定义	功能	分类	适用范围	技术要求
防御烟雾、化学物质、金属火花、飞屑和粉尘等伤害眼睛、面部的防护用品	提供保护或降低遭受不同强度的冲击；可见辐射光；熔融金属飞溅；液体雾滴和飞溅；粉尘；刺激性气体,或这些类型伤害的任何组合	按外形结构类型可分为眼镜、眼罩、面罩。眼镜分为普通型、带测光板型；眼罩分为开放型、封闭型；面罩分为手持式(全面)、头戴式(全面罩、半面罩)、安全帽与面罩组合式(全面罩、半面罩)、头盔式	适用于除核辐射、X 射线、激光、紫外线、红外线及其他辐射以外的各类个人用眼防护	GB 14866—2023《眼面防护具通用技术规范》

因个人需要佩戴的隐形眼镜或其他的光学眼镜不能代替眼护具。配置和佩戴合适类型的眼护具,能有效防护灰尘、有害液体或蒸气进入眼睛。当灰尘、有害液体或蒸气进入眼中时,隐形眼镜反而会加剧对眼睛的伤害,而普通的光学眼镜

一般情况下也不足以抵挡飞入的物体或微粒,如引起镜片破碎甚至可能引起更大的伤害。实验室人员应意识到佩戴专用眼护具的重要性。

对于既需矫正视力又需眼面部防护的员工,特定的眼护具能提供低冲击防护。眼镜外围型防护装备、眼罩或面罩(如适用)可佩戴在普通光学眼镜外,或合适的眼护具也能佩戴在隐形眼镜外。实验室人员可选择和使用戴在已佩戴的眼镜和面部上的合适类型的眼护具,起到有效防护眼睛和面部的作用。

下述情况宜使用面部防护装备。

(1)玻璃器皿放气、充气或加压,可能造成玻璃器皿破碎的碎片对眼面部的伤害。

(2)倾倒腐蚀性物质及其与其他物质产生过激反应对眼面部可能造成伤害。

(3)使用超低温液体,可能对眼面部造成灼伤。

(4)进行燃烧操作,火焰及物质可能对眼面部造成灼伤。

(5)存在爆炸或内爆的风险,可能对眼面部造成伤害。

(6)使用可能对皮肤造成直接损伤的化学品,如氢氟酸等。

(7)使用能通过诸如皮肤、眼睛或鼻子等任何渠道迅速被人体吸收的化学品,如硫酸等。

在某些工作场合建议使用能有效防护额部、颌部或两者兼顾的面罩。对个体防护不仅要考虑个体工作类型、特征和环境,还应关注个体工作周边的其他正在工作的工作类型、特征和环境,因为周边的工作可能在该距离内存在对其他工作人员的眼睛或面部造成伤害的情况。

(五)手套

> 6.2.5 手套
> 参见 GB/T 27476.1—2014 中 5.4.2.5 条款的要求。

GB/T 27476.1—2014《检测实验室安全 第 1 部分:总则》的 5.4.2.5 条款如下。

> 5.4.2.5 手套
> 对于某些实验操作,宜使用适当材料、长度和重量的手套,如处理超低温物质。某些情况下,劳动护肤剂可提供充分的防护,但不宜用其来替代手套的防护。有关不同危险源选择何种手套的信息,可参考相关 SDS 和制造商提供的渗透能力表,以及 GB/T 12624、GB/T 17622、GB/T 22845 等标准。

对于实验室中的某些实验操作,包括处理超低温物质的操作,应根据防护对象和功能要求选择使用适当材料、长度和重量的防护手套,如采用隔热、耐化学腐蚀、防静电、绝缘手套等。不能用一种防护功能的手套代替另外一种防护功能的手套。同时,还要考虑手套本身的无害性,不应损害使用者的安全和健康。

防护手套至少应能起到降低危害的防护作用,其防护的危害类型如下。

(1)影响皮肤表面的机械工作。

(2)清洁剂等轻腐蚀的影响。

(3)操作灼热工件时,操作者暴露在不超过 50 ℃ 的高温环境中。

(4)既非异常又非极端的自然大气条件。

(5)不会产生致命影响也不会产生无法消除影响的小型冲击和震动。

防静电手套是用于需要戴手套操作的防静电环境,用防静电针织物为面料缝制或用防静电纱线编织而成的手套,具体见 GB/T 22845—2009《防静电手套》。在某些情况下,劳动护肤剂可提供充分的防护,但不宜用其来替代手套的防护功能。

一般的手套也具有一定的防护功能,如能暂时阻挡皮肤过敏,阻挡与灰尘和纤维直接接触,但不能作为具有更高要求的专用防护手套。

(六) 呼吸防护

6.2.6　呼吸防护

参见 GB/T 27476.1—2014 中 5.4.2.7 条款的要求。

GB/T 27476.1—2014《检测实验室安全　第 1 部分:总则》的 5.4.2.7 条款如下。

5.4.2.7　呼吸防护

当实验室中存在有害的灰尘、雾、烟和蒸气时,应按 GB/T 18664、GB 2890、GB 6220、GB 2626 和 GB/T 16556 标准的相关规定选择并使用合适的呼吸防护用品。当某一操作者需要持续性(每天)使用呼吸器时,宜调整该操作以最大限度降低或消除其对呼吸系统的危害。

当实验室中存在有害的灰尘、雾、烟和蒸气时,应根据工作环境和工作特征选择合适的呼吸防护用品,做好呼吸防护。呼吸防护用品适用于预防作业场所缺氧和空气污染等对人体有危害的场所。当实验室中的某一操作需要持续性地(每天)使用呼吸器时,实验室宜考虑调整该操作或改善措施,以最大限度降低或消除其对呼吸系统的危害。

1. 呼吸防护用品的分类

呼吸防护用品可分为自吸过滤式呼吸防护用品、送风过滤式呼吸防护用品、供气隔绝式呼吸防护用品、携气隔绝式呼吸防护用品等,呼吸防护用品说明如表6-5 所示。

表 6-5　呼吸防护用品说明

呼吸防护用品类别			定义	功能	技术要求
过滤式呼吸防护用品	自吸过滤式	半面罩、全面罩	指靠佩戴者呼吸克服部件气流阻力的带过滤功能的呼吸防护用品	防御有毒、有害气体或蒸气、颗粒物（如毒烟、毒雾）等危害其呼吸系统或眼面部的净气式防护用品	GB 2890—2022《呼吸防护 自吸过滤式防毒面具》
	送风过滤式		指靠动力（如电动风机或手动风机）克服部件阻力的过滤式呼吸防护用品		GB 30864—2014《呼吸防护 动力送风过滤式呼吸器》
隔绝式呼吸防护用品	供气隔绝式	正压式、负压式	指佩戴者靠呼吸或借助机械力通过导气管引入清洁空气的隔绝式呼吸防护用品		GB/T 18664—2002《呼吸防护用品的选择、使用与维护》
		正压式、负压式	指佩戴者携带空气瓶、氧气瓶或生氧器等作为气源的隔绝式呼吸防护用品		GB/T 18664—2002《呼吸防护用品的选择、使用与维护》
	携气隔绝式	自给开路式压缩空气呼吸器	利用面罩与佩戴人员面部周边密合，使人员呼吸器官、眼睛和面部与外界染毒空气或缺氧环境完全隔离，具有自带压缩空气源供给人员呼吸所用的洁净空气，呼出的气体直接排入大气中的一种呼吸器		GB/T 16556—2007《自给开路式压缩空气呼吸器》

2. 呼吸防护用品的选择

1）选择呼吸防护用品的一般原则

（1）任何人都不应在没有保护的情况下暴露在能够或可能危害健康的空气环

境中。

(2)应对工作环境中的空气进行评价,识别有害环境性质,判断危害程度。

(3)应选择国家认可的、符合标准要求的呼吸防护用品。

(4)根据环境空气的特征、个体特征及尺寸、使用的时间长短、专人或非专人使用等情况,配备维护良好的自吸式呼吸器供使用,并建立规范的呼吸保护计划。

2)根据有害环境选择

应识别作业中的有害环境,了解以下情况。

(1)是否能够识别有害环境。

(2)是否缺氧及氧气浓度值。

(3)是否存在空气污染物及其浓度。

(4)空气污染物存在形态,是颗粒物、气体或蒸气,还是它们的组合。

①若是颗粒物,应了解是固态还是液态,其沸点和蒸气气压,在作业温度下是否明显挥发,是否具有放射性,是否为油性,可能的分散度,是否有职业卫生标准,是否有立即危害生命与超出健康浓度(见 GB/T 18664—2002《呼吸防护用品的选择、使用与维护》附录 B),是否可经皮肤吸收,是否对皮肤致敏,是否刺激或腐蚀皮肤和眼睛等。

②若是气体或蒸气,应了解是否具有明显的刺激性或警示性气味等(见 GB/T 18664—2002《呼吸防护用品的选择、使用与维护》附录 C),是否符合职业卫生标准,是否有立即危害生命与超出健康浓度(见 GB/T 18664—2002《呼吸防护用品的选择、使用与维护》附录 B),是否可经皮肤吸收,是否对皮肤致敏,是否刺激或腐蚀皮肤和眼睛等。

GB/T 18664—2002《呼吸防护用品的选择、使用与维护》附录 C 条款如下。

C.1 依靠嗅觉感觉有害气体存在的局限性

依靠嗅觉感觉有害气体存在的局限性:

a)嗅觉的个体差异很大,部分人员不能凭嗅觉察觉出某些有害气体或蒸气的存在,如有人对氰化氢的苦杏仁味不敏感,或感觉不到这种味道;

b)伤风或各种鼻炎均能使人的嗅觉下降;

c)空气污染物的气味有可能被其他气味遮盖;

d)在浓度逐渐累积的情况下,由于产生嗅觉疲劳,一些高浓度的空气污染物不能被察觉,如硫化氢,人若一直在一个硫化氢逐渐累积达到危险浓度的环境中工作,有可能感觉不到任何味道,而当人从外面进入到这个环境中时,会感到很强的味道;

e)人对某些物质的嗅阈远高于国家职业卫生标准规定的浓度,当嗅到污染物时,人实际已暴露于有害环境中或已经受到伤害;

f)某些有害气体无味,如一氧化碳,无法靠这种方法察觉;

g)有些气体有令人讨厌的味道,其嗅阈远低于国家职业卫生标准规定的浓度,当察觉其味道时,尚未构成危害。

C.2 依靠对污染物刺激性的感觉的局限性

某些空气污染物对人呼吸道或眼睛具有局部刺激作用,人的感觉是不舒适感、烧灼感或刺激感,其存在具有一定警示性,但不足以保护一个具有相当耐受力的人。

C.3 人对某些空气污染物的嗅阈

各种文献对空气污染物嗅阈数据的报道各不相同,有些差别很大,实验方法的不同和人类嗅觉反应的不同等可能是造成这些差别的主要原因。

3)判定危害程度

按照下述方法判定危害程度。

(1)如果有害环境性质未知,应作为立即危害生命与健康环境。

(2)如果缺氧,或无法确定是否缺氧,应作为立即危害生命与健康环境。

(3)如果空气污染物浓度未知、达到或超过立即危害生命与健康浓度,应作为立即危害生命与健康环境。

(4)若空气污染物浓度未超过立即危害生命与健康的浓度,应根据国家有关的职业卫生标准规定浓度,按式(6-1)确定危害因数;若同时存在两种及以上的空气污染物,应分别计算每种空气污染物的危害因数,取数值最大的作为危害因数。

$$危害因数 = \frac{空气污染物浓度}{国家职业卫生标准规定浓度} \tag{6-1}$$

呼吸防护用品的选择可参照 GB/T 18664—2002《呼吸防护用品的选择、使用与维护》。

参考文献

[1] 福建师范大学环境材料开发研究所.含有毒有害物质的材料及其替代技术[M].北京：科学出版社，2012.

[2] 李晓丽.危险化学品安全管理[M].成都:西南财经大学出版社，2016.

[3] 宋桂兰.GB/T 27476.1—2014《检测实验室安全 第1部分:总则》理解与实施[M].北京:中国质检出版社,2015.

[4] 金龙哲,汪澍.安全工程理论与方法[M].北京:化学工业出版社,2017.

[5] 金峰,桑志国.实验室安全技术与管理研究[M].北京:中国原子能出版社.2019.

[6] 宋永吉.危险化学品安全管理基础知识[M].北京:化学工业出版社,2015.

[7] 牛祎铉,牛相林.基于零缺陷理念的科研院实验室安全管理探索与实践[J].现代商贸工业,2022,43(19):215-216.

[8] 张娜,毕玉春,杨晓婷.实验室认可常见不符合项分析[J].中国检验检测,2019,27(05):39-44.

[9] 王钰."三全育人"背景下高职院校实验室安全教育管理策略[J].现代商贸工业,2022,43(15):241-242.

[10] 李士明,张家栋.高校实验室安全信息管理的思考[J].实验技术与管理,2022,39(02):239-242.

[11] 崔国印,高志华,聂小鹏,等.基于"双一流"视角的高校实验室仪器设备采购质量控制研究[J].实验技术与管理,2020,37(12):257-260.

[12] 潘辉.检测实验室的内务管理[J].现代食品,2016(19):11-13.

［13］ 黄远丽,温文娟,黄伟乾.杜马斯燃烧法与凯氏定氮法测定烟草中总氮含量的比较研究[J].广东化工,2019,46(70):199-200.

［14］ 朱春晖,索卫国,黄卫东,等.烟草及烟草制品中总氮测定方法研究进展[J].农业与技术,2020,40(02):16-18.